工程项目施工安全精益管理理论和实务

袁太平 著

GONGCHENG XIANGMU SHIGONG ANQUAN
JINGYI GUANLI LILUN HE SHIWU

企业管理出版社
EMPH ENTERPRISE MANAGEMENT PUBLISHING HOUSE

图书在版编目（CIP）数据

工程项目施工安全精益管理理论和实务/袁太平著. —北京：企业管理出版社，2017.8

ISBN 978-7-5164-1582-5

Ⅰ. ①工… Ⅱ. ①袁… Ⅲ. ①建筑工程－工程施工－安全管理－研究 Ⅳ. ①TU714

中国版本图书馆 CIP 数据核字（2017）第 212710 号

书　　名：工程项目施工安全精益管理理论和实务
作　　者：袁太平
责任编辑：张　平　田　天
书　　号：ISBN 978-7-5164-1582-5
出版发行：企业管理出版社
地　　址：北京市海淀区紫竹院南路 17 号　邮编：100048
网　　址：http://www.emph.cn
电　　话：编辑部（010）68701638　发行部（010）68701816
电子信箱：qyglcbs@emph.cn
印　　刷：三河市百盛印装有限公司
经　　销：新华书店
规　　格：170 毫米×240 毫米　16 开本　23.25 印张　366 千字
版　　次：2017 年 8 月第 1 版　2017 年 8 月第 1 次印刷
定　　价：49.00 元

前　言

安全是人类生存的最基本条件之一，是社会进步、可持续发展的前提和基础。安全没有及格，只有满分。对于个人来说，安全就是生命；对于企业来说，安全就是发展；对于工程项目来说，安全就是底线。在追求安全精益管理的过程中，企业必须从整个生产过程的人、机、料、法、环等环节进行全面有效的控制。对于工程项目管理而言，推行施工安全精益管理是确保工程项目施工安全的必由之路。

本书是一部系统介绍工程项目施工安全精益管理的实操类书籍，撰写本书的目的主要是为广大工程管理人员提供施工安全精益管理的理论支撑和科学指引，可以助力强化现场施工安全精益管理，具有较强的实用价值。本书作者通过总结多年的工作经验，系统对工程项目施工安全精益管理要素进行了梳理和阐述，并将精益安全管理理念融入现场管理之中，使其潜移默化地影响和规范现场人员的日常安全行为。本书作者长期从事中央企业工程施工安全管理研究，并直接从事工程项目施工安全管理工作，积累了丰富的管理经验，作者在实际工作中推行的多项措施得到国家有关部委的充分肯定并向全国进行推广。

本书共 13 章。包括概论，精益安全管理，实现安全目标的精益化管理，构建完备的工程项目安全管理制度标准，建立有效的工程项目安全生产责任制，实现项目安全检查的标准化，推进安全生产风险管理体系建设，开展项目施工现场安全标准化管理，开展班组施工安全精益管理活动，特色安全文化创建本质安全型企业，严格承包商管理，安全事故防范、紧急救援及事故调查处理，展望等内容。本书还注重强调了安全目标、制度标准、责任制、管理体系、现场标准化作业、承诺、文化保障等管理在施工安全精益管理中的重要作用。本书既适合企业领导、各级工程现场管理人员和作业人员使用，也可作为大中院校和各种机构的教材使用。

限于作者的知识修养和学术水平，本书难免存在缺陷和不足之处，恳请各位同仁和读者批评指正。

作　者

2017 年 3 月

目 录

第一章

概　　论

第一节 安全的定义

1. 安全的含义

安。ān。甲骨文=（宀，新房）+（女，新娘），表示新房中有新娘，如图 1-1 所示。造字本义：男子建房娶亲成家，内心踏实过日子。在古代的农业社会，兴宅、娶亲，是男子一生中至关重要的两大事件，直接而深刻地影响到男子个人的心理状态，顺利兴宅、娶亲，便能安居乐业，反之内心则焦虑不宁。金文、篆文承续甲骨文字形。隶化后楷书将篆文字形中的写成，将篆文字形中的写成，如图 1-2 所示。古人称娶亲成家、宁神度日为“安”，称衣食充足而娱乐养心为“宁”（寧），“安”是“宁”的基础，“宁”是“安”的高级境界会意。字从宀（mián），从女。“宀”本指房屋，引申指后院。“女”指妇孺、家眷。“宀”与“女”联合起来表示“家属有住所”。本义：家属有稳定住处。引申义：后院平静、后方稳定。

图 1-1 “安”字象形图

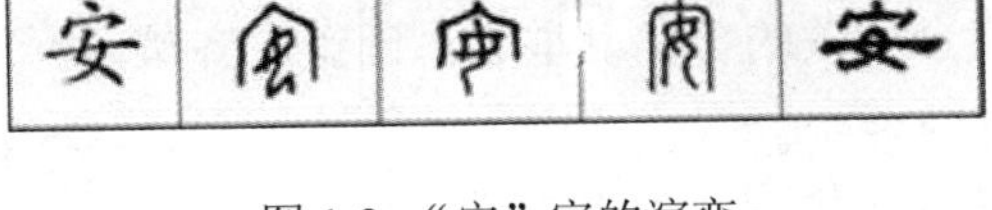

图 1-2 “安”字的演变

全。quán。会意。篆文从入，从王（玉）。盖谓交纳的玉完整无缺，如图1-3所示。本义：纯色玉。

图 1-3 “全”字的演变

在古代汉语中，并没有“安全”一词，但“安”字却在许多场合下表达着现代汉语中“安全”的意义，表达了人们通常理解的“安全”这一概念。例如，“是故君子安而不忘危，存而不忘亡，治而不忘乱，是以身安而国家可保也。”（《易·系辞下》）这里的“安”是与“危”相对的，并且如同“危”表达了现代汉语的“危险”一样，“安”所表达的就是“安全”的概念。

“安全”作为现代汉语的一个基本语词，在各种现代汉语辞书中有着基本相同的解释。《现代汉语词典》对“安”字的第4个释义是：“平安；安全（跟‘危’相对）”，并举出“公安”“治安”“转危为安”作为例词。对“安全”的解释是：“没有危险；不受威胁；不出事故。”《辞海》对“安”字的第一个释义就是“安全”，并在与国家安全相关的含义上举了《国策·齐策六》的一句话作为例证：“今国已定，而社稷已安矣。”

当汉语的“安全”一词用来译指英文时，可以与其对应的主要有 safety 和

security 两个单词，虽然这两个单词的含义及用法有所不同，但都可在不同意义上与中文“安全”相对应。在这里，与国家安全联系的“安全”一词，是 security。按照英文词典解释，security 也有多种含义，其中经常被研究国家安全的专家学者提到的含义有两个方面：一方面是指安全的状态，即免于危险，没有恐惧；另一方面是指对安全的维护，指安全措施和安全机构。

2. 安全的社会学概念

安全是指没有受到威胁、没有危险、危害、损失。人类的整体与生存环境资源的和谐相处，互相不伤害，不存在危险、危害的隐患，是免除了不可接受的损害风险的状态。安全是在人类生产过程中，将系统的运行状态对人类的生命、财产、环境可能产生的损害控制在人类能接受水平以下的状态。

中国当前的国家的安全观有：政治安全、国土安全、军事安全、经济安全、文化安全、社会安全、科技安全、信息安全、生态安全、资源安全、核安全 11 种。

3. 安全的基本定义

国家标准［《职业健康安全管理体系要求》（GB/T 28001）］对“安全”给出的定义是：“免除了不可接受的损害风险的状态”。

国际民航组织对安全的定义：安全是一种状态，即通过持续的危险识别和风险管理过程，将人员伤害或财产损失的风险降低并保持在可接受的水平或其以下。

4. 安全的认识阶段

（1）无知（不自觉）的安全认识阶段。

无知（不自觉）的安全认识阶段是指工业革命以前，生产力和仅有的自然科学都处于自然和分散的状态。

（2）局部的安全认识阶段。

局部的安全认识阶段是指工业革命以后，生产中已使用大型动力机械和能源，导致生产力与危害因素的同步增长，促使人们局部认识安全并采取措施。

（3）系统的安全认识阶段。

系统的安全认识阶段是由于形成了军事工业、航天工业，特别是原子能和航天技术等复杂的大型生产系统和机器系统，局部安全认识已无法满足生产生活中对安全的需要，必须发展与生产力相适应的生产系统并采取安全措施。

（4）动态的安全认识阶段。

动态的安全认识阶段是当今生产和科学技术的发展，特别是高科技的发展，静态的安全系统安全技术措施和安全系统认识即系统安全工程理论已不能满足动态过程中发生的，具有随机性的安全问题，必须采用更加深刻的安全技术措施和安全系统认识。

5. 安全教育

安全，是人类的本能欲望。中国人一向以安心、安身为基本人生观，并以居安思危的态度促其实现。因而，视安全为教育的一个重要环节。由于社会的进步，人类生活方式越趋复杂，可能危害身体生命安全的情况随之增加。因此，国际公益机构积极呼吁各级学校加强实施安全教育，并增设课程，而与各有关课程及课外活动配合实施。其目标为：

（1）控制、预防、排除及避免意外伤害事件，以维护身体生命安全。

（2）提高警觉心态，养成良好习惯，以确保生活的安全，以及工作的顺利。

（3）由个人身体、生命，与生活之安全，进而达到团体活动、社会运作、国家生存之安全。

其要项为：

（1）生活安全教育：包括衣、食、住、行、工作、运动、急救、护理、防病、防伤、防毒、防水、防火、防风、防电、防震等。

（2）交通安全教育：由于道路交通频繁，需特别加强教育，以防止行路、乘车之意外事件。

（3）培养应变避难、防空疏散等知识与技能。安全教育实施方式，则以教学活动为主，行政措施为辅。行政措施主要是提供安全的设备与环境；教学则是注重心理状态，培养行为习惯。其预期教育效果，是寄望于个人安全、团体安全、社会安全、国家安全的总体目标。

6. 安全的绝对性和相对性

理论上来说，绝对的安全在无条件情况下是不存在的。那么，在一个固定阶段里的本质安全的状态下，我们可以认为此条件下是绝对安全的。如果放置在一个长时期的历史状态下，安全则只能是相对的。绝对安全和相对安全是一种辩证关系。

7. 安全的特有属性

人们之所以把英文中的“Safety”翻译成中文的“安全”，同时把中文的“安全”翻译成英文的“Safety”，就是因为“安全”和“Safety”具有共同的含义，具体来说就是它们都具有表示一种存在状态的共同含义，即表示“免于危险”或“没有危险”的状态。这种共同含义，就是“安全”一词的基本含义。因此，没有危险是安全的特有属性，也是本质属性。

需要指出的是，无论是在辞书中，还是在学术研究中，人们经常把安全与“不受威胁”“不出事故”等联系在一起，但是，我们不能因此认为“不存在威胁”“不出事故”“不受侵害”就是安全的特有属性。安全肯定是不受威胁、不出事故、不受侵害的，但是不受威胁、不出事故、不受侵害并不一定就安全。某些不安全状态也可能有“不存在威胁”或“不受威胁”的属性。例如，当某一主体没有受到外部威胁但却因内在因素而不安全时，不受威胁便成了这种特殊情况下不安全的属性。这是一种不受威胁或没有威胁状态下的不安全。

因此，“不存在隐患”“不存在威胁”“不受威胁”“不出事故”“不受侵害”等，并不是安全的特有属性。

那么，什么是安全的特有属性呢？安全的特有属性就是“没有危险”。单是没有外在威胁，并不是安全的特有属性；单是没有内在的疾患，也不是安全的特有属性。但是，包括了没有威胁和没有疾患这样内外两个方面的“没有危险”，则是安全的特有属性了。

不过，有危险并不代表不安全，只要“危险、威胁、隐患”等在人们的可控范围内，就可以认为其是安全的。所以，对于“安全”一词大家可能在理解上有一些误区或者是理解不完全，例如，在工作、生活等环境中，危险是无处不在的，相信大家也能举出很多危险的例子（开车、乘飞机、操作设备等），但是不能因为这些危险的存在就说不安全，我认为：面对危险是否有对策？对策是否有效？对策是否已落实？这才是判断安全的有效方法。没有危险的安全状态几乎不存在，如果（盲目）地追求没有危险，大家试想一下我们的工作和生活将如何进行？

安全具有空间属性和时间属性：空间和时间同时具备的情况下，产生安全状态或者危险状态；空间和时间二者不同时具备时，产生安全状态或者危险状态。

例如：十字路口等红灯，红灯提示纵向行驶车辆在60秒内，在停车线以内让行，在这60秒内，停车线以内的车辆、横行的车辆和斑马线上行人都是安全的状态，行车线以内停车就是空间的定位，60秒就是时间，二者同时作用，才能保证安全状态。相反，如果在这60秒内，有车闯红灯了，空间位置发生了变化，与时间同时发生了作用，那么就会产生危险，不安全状态，导致事故的发生。这就是空间和时间同时作用产生的安全或者不安全状态。

再如：每天全国都在发生安全事故，那么在发生安全事故的瞬间，我们在家里或者单位，这就是具备发生事故的时间，而空间不具备发生事故的条件，二者没有同时具备条件时，我们是安全的。我们在事故空间地点期间，没有发生安全事故，时间上不具备条件，空间和时间没有同时作用，那么我们是安全的。

所以，安全是具有空间和时间属性的。二者对立或者统一时必然产生安全或者不安全状态。

第二节　安全生产管理的基本原理

安全生产管理作为管理的主要组成部分，遵循管理的普遍规律，既服从管理的基本原理和原则，又有其特殊的原理和原则。安全生产管理原理是从生产管理的共性出发，对生产管理中安全工作的实质内容进行科学分析、综合、抽象概括所得出的安全生产管理规律。

安全生产管理的原理主要有：系统原理、人本原理、预防原理、强制原理和责任原理。

1. 系统原理

（1）系统原理的概念。

系统原理是指人们在从事管理工作时，运用系统的理论、观点和方法，对管理活动进行充分的分析，以达到管理的优化目的，即用系统的理论观点和方法来认识和处理管理中出现的问题。

系统是指由若干个相互联系、相互作用的要素组成的具有特定结构和功能的有机整体。一个系统可分为若干个子系统和要素，如安全生产管理系统是企业管理的一个子系统，安全生产管理系统又包括各级安全管理人员、安全防护设施与设备、安全管理规章制度、安全生产操作规范和规程及各类安全生产管理信息等。

系统理论认为现代管理的管理对象总是处于各个不同的大系统之中，任何一个管理对象均可看成一个系统，人们在分析和解决问题时，应从整体出发去研究事物间的联系。

（2）系统原理的运用原则。

运用系统原理时应遵循整分合原则、动态相关性原则、反馈原则和封闭原则。

1）整分合原则。

整分合原则是指首先在整体规划下明确分工，在分工基础上再进行有效的综合。该原则在安全管理工作中的意义如下：

整——企业领导确定整体目标、制订规划与计划、进行宏观决策。此阶段，要把安全放在首要位置加以考虑。

分——明确分工，层层落实。

合——展现全员的凝聚力，对各部分人员进行协调控制，实现有效的全面的安全管理。

运用该原则，要求企业管理者在制定整体目标和进行宏观决策时，必须把安全生产纳入其中，在考虑资金、人员和体系时，都必须将安全生产作为一项重要内容考虑。

2）动态相关性原则。

动态相关性原则是指任何安全管理系统的正常运转，不仅要受到系统自身的条件和因素的制约，而且还要受到其他有关系统的影响，并随着时间、地点及人们的不同努力程度而发生变化。因此，要提高安全生产管理的效果，必须掌握各个管理对象要素之间的动态相关特征，充分利用各要素之间的相互作用。安全管理应从以下两个方面来认识动态相关性原则。

①系统各要素的动态相关性是事故发生的潜在原因，由于企业内部各要素

处于动态变化中，并相互影响，才使得事故有发生的可能性。

②掌握与安全有关的所有管理要素之间的动态相关特征，充分利用相关因素的作用，做好安全管理工作。

3）反馈原则。

反馈是指被控制过程对控制机构的反作用，即由控制系统把信息输送出去，又把其作用结果返送回来，并对信息的再输出发生影响，起到控制作用，以达到预定的目的。

管理中的反馈原则是指为了实现系统目标，把行为结果传回决策机构，使因果关系相互作用，实行动态控制的行为准则。

成功高效的安全管理工作，离不开灵活、准确、迅速的信息反馈。现代企业管理是一个复杂的系统工程，其内部条件和外部环境在不断变化，管理系统必须及时捕获、反馈各种安全生产信息，及时采取行动，保证安全目标的实现。

4）封闭原则。

封闭原则是指在任何一个管理系统内部，管理手段、管理过程等必须构成一个连续封闭的回路，才能形成有效的管理活动。

2. 人本原理

（1）人本原理的概念。

人本原理就是在管理活动中必须把人的因素放在首位，体现以人为本的指导思想。以人为本有两层含义：“一切为了人”和“一切依靠人”。

①“一切为了人”是指一切管理活动均是以人的需要为目的展开的。人既是管理者，又是被管理者，每个人都处在一定的管理层次上，离开人的需要，就没有管理的目的。

②“一切依靠人”是指在管理活动中，作为管理对象的诸要素（资金、物质、时间、信息等）和管理系统的诸环节（组织机构、规章制度等），都是需要人去掌管、运作、推动和实施的。

（2）人本原理的运用原则。

运用人本原理时应遵循能级原则、动力原则和激励原则。

1）能级原则。

能级原则是指一个稳定而高效的管理系统必须是由若干分别具有不同能级的不同层次有规律地组合而成的。

现代管理的任务就是建立一个合理的能级，使管理的内容动态地处于相应的能级中。在现代管理系统中，各元素的活动必须满足高效率、高可靠的要求，所以管理系统，能级的划分不是随意的，它们的组合也不是随意的。

稳定的管理能级结构一般分为四个层次：决策层、管理层、执行层和操作层。四个层次能级不同，使命各异，必须划分清楚，不可混淆。

能级原则告诉我们：在管理系统中要根据各单位和个人能量的大小安排其地位和任务，即建立一套合理的能级，做到才职相称，才能发挥不同能级的能量，保证管理结构的稳定性和高效性，也是我们常说的“因材适用”。

2）动力原则。

动力原则是指推动管理活动的基本力量是人，管理必须有能激发人的工作能力的动力。动力的产生来自于物质、精神和信息，相应就有三类基本动力，即

①物质动力：以适当的物质利益刺激人的行为动机。

②精神动力：运用理想、信念、鼓励等精神力量刺激人的行为动机。

③信息动力：通过信息的获取与交流产生奋起直追或领先他人的行为动机。

管理者要综合协调运用这三种动力，正确认识处理个体动力与集体动力、暂时动力与持久动力的关系，掌握好各种刺激的量值，才能实现有效的管理。

3）激励原则。

激励原则是指利用某种外部诱因的刺激调动人的积极性和创造性，以科学的手段，激发人的内在潜力，使其充分发挥出积极性、主动性和创造性。

企业管理者运用激励原则时，要采用符合人的心理活动和行为活动规律的各种有效的激励措施和手段。企业员工积极性发挥的动力主要来自于三个方面：内在动力、外在压力和吸引力。这三种动力是相互联系的，管理者要善于体察和引导，因人而异、科学合理地采取各种激励方法和激励强度，从而最大限度地发挥出员工的内在潜力。

3．预防原理

（1）预防原理的概念。

预防原理是指安全管理工作应当以预防为主，即通过有效的管理和技术手段，防止人的不安全行为和物的不安全状态出现，从而使事故发生的概率降到最低。在可能发生人身伤害、设备或设施损坏及环境破坏的场合，事先采取措施，防止事故的发生。

（2）预防原理的运用原则。

运用预防原理时应遵循偶然损失原则、因果关系原则、3E 原则和本质安全化原则。

1）偶然损失原则。

偶然损失原则是指事故所产生的后果（人员伤亡、健康损害、物质损失等）以及后果的大小都是随机的，是难以准确预测的。反复发生的同类事故，并不一定产生相同的后果。

美国学者海因里希根据对跌倒人身事故调查统计得到了这样的结果：对于跌倒这样的事故，如果反复发生，则存在这样的后果：在 330 次跌倒中，无伤害 300 次，轻伤 29 次，重伤 1 次，这就是著名的海因里希法则，或者称为 1∶29∶300 法则。该法则指出了事故与伤害后果之间存在着偶然性的概率原则。

根据事故损失的偶然性，无论事故是否造成了损失，为了防止事故损失的发生，必须采取措施防止事故再次发生。偶然损失原则强调，在安全生产管理实践中，必须重视包括险肇事故的各类事故，才能真正防止事故发生。

2）因果关系原则。

因果关系原则是指事故的发生是许多因素互为因果连续发生的最终结果，只要诱发事故的因素存在，发生事故是必然的，只是时间或早或迟而已。

一个因素是前一因素的结果，而又是后一因素的原因，环环相扣，导致事故的发生。事故的因果关系决定了事故发生的必然性，即事故因素及其因果关系的存在决定了事故或早或迟，但必然要发生。

在安全生产管理中，要从事故的因果关系中认识必然性，发现事故发生的规律性，变不安全条件为安全条件，把事故消灭在早期起因阶段。

因果关系原则的应用：工人甲，长期违章不戴安全帽进行作业，一直没出什么事故，他也一直毫不在乎，还经常在工友面前炫耀。可是有一天，在其收工回家过春节时，右岸某边坡出现落石，正好砸到甲头上，导致甲重伤，并留下轻度脑震荡后遗症。

3）3E 原则。

3E 原则是指针对不安全行为和物的不安全状态所采取的三种防止对策，即工程技术（Engineering）对策、教育（Education）对策和法制（Enforcement）对策。

①工程技术对策：运用工程技术手段消除生产设施设备的不安全因素，改善作业环境条件，完善防护与报警装置，实现生产条件的安全和卫生。

②教育对策：提供各种层次、各种形式和内容的教育及训练，使员工牢固树立“安全第一”的思想，掌握安全生产所必需的知识和技能。

③法制对策：利用法规、标准以及规章制度等必要的强制性手段约束人们的行为，从而达到消除不重视安全、违章作业等现象的目的。

在应用 3E 原则时，要针对人的不安全行为和物的不安全状态的四种原因，综合灵活运用这三种对策，不要片面强调其中某一个对策。具体改进的顺序是：首先是工程技术对策，其次是教育对策，最后才是法制对策。

4）本质安全化原则。

本质安全化原则是指从一开始和从本质上实现安全化，从根本上消除事故发生的可能性，从而达到预防事故发生的目的。

本质安全化的概念不仅局限于设备、设施的本质安全化，而应扩展到诸如新建工程项目，新技术、新工艺、新材料的应用，甚至包括人们的日常生活等各个领域。

4. 强制原理

（1）强制原理的概念。

强制原理是指采取强制管理的手段控制人的意愿和行动，使个人的活动、行为等受到安全管理要求的约束，从而实现有效的安全管理。

所谓强制，就是无须做很多的思想工作来统一认识、讲清道理，被管理者必须绝对服从，不必经过被管理者同意便可采取行动。

一般来说，管理均带有一定的强制性，只有强制才能有效地抑制被管理者的无拘个性，使其调动到符合整体管理利益和目的的轨道上来。由于事故损失的偶然性、人的“冒险”心理和事故损失的不可挽回性，安全管理更需要具有强制性。

（2）强制原理的运用原则。

运用强制原理时应遵循安全第一原则和监督原则。

1）安全第一原则。

安全第一原则是指当生产和其他工业与安全发生矛盾时，要以安全为主，生产和其他工作要服从安全。

该原则就是要求企业的领导者要高度重视安全，把安全工作当作头等大事来抓，将安全作为一项有“否决权”的指标，把保证安全作为完成各项任务、做好各项工作的前提条件，即不安全不准生产。

2）监督原则。

监督原则是指在安全工作中，为了使安全生产法律法规得到落实，必须明确安全生产监督职责，对企业生产中的守法和执法情况进行监督。

安全管理带有较多的强制性，只要求执行系统自动贯彻实施安全法规，而缺乏强有力的监督系统去监督执行，则法规的强制威力是难以发挥的。在这种情况下，必须建立专门的监督机构，配备合格的监督人员，赋予必要的强制威力，以保证其履行监督职责，才能保证安全管理工作落到实处。

监督原则的应用：某日，某施工现场，张某在高台进行拆除作业，既不系安全带，又未采取其他安全防护措施。安监员发现后立即向张某发出警告，并要求他立刻停工，佩戴好安全带、安全帽等防护措施方可继续作业。张某听从安监员的指示，佩戴好安全带、安全帽，继续作业，在即将完工时，张某站立不稳，从平台上坠落，因其佩戴了安全带和安全帽，身上只有轻微擦伤，并无大碍。如果当时没有安监员的及时制止，后果将不堪设想。

5. 责任原理

安全管理的责任原理是指在安全管理活动中，为实现管理过程的有效性，管理工作需要在合理分工的基础上，明确规定组织各级部门和个人必须完成的工作任务和相应责任。责任原理与整分合原则相辅相成，有分工就必须有各自的责任，否则所谓的分工就是“分”而无“工”。责任既包含个人，又包含单位（集体）的责任，通常可以从以下两个层面来理解：

（1）责任主体必须完成的工作，如岗位职责；

（2）责任主体没有完成自己的工作应承担的后果，如事故责任。

根据责任原理的要求，企业安全管理应做到以下三点：

（1）明确每个人的安全职责；

（2）责、权、利、能四者要匹配；

（3）奖惩要公开、公正而及时。

在安全管理活动中，运用责任原理，建立健全安全管理责任制，构建落实安全管理责任的保障机制，促使安全管理责任主体到位，且强制性地安全问责、奖罚分明，才能推动企业履行应有的社会责任，提高安全监管部门监管力度和效果，激发和引导好广大社会成员的责任心。

此外，国际社会推行的SA8000社会责任标准，也是责任原理的具体体现。SA8000即“社会责任标准”，是全球首个道德规范国际标准，是以保护劳动环境和条件、保障劳工权利等为主要内容的管理标准体系，其主要内容包括对童工、强迫性劳动、健康与安全、结社自由和集体谈判权、歧视、惩罚性措施、工作时间、工资报酬、管理系统等方面的要求。其中与安全相关的有：

（1）企业不应使用或者支持使用童工，不得将其置于不安全或不健康的工作环境或条件下；

（2）企业应具备避免各种工业与特定危害的知识，为员工提供健康、安全的工作环境，采取足够的措施，最大限度地降低工作中的危害隐患，尽量防止意外或伤害的发生；为所有员工提供安全卫生的生活环境，包括干净的浴室、厕所、可饮用的水；洁净安全的宿舍；卫生的食品存储设备等；

（3）企业支付给员工的工资不应低于法律或行业的最低标准，必须足以满足员工的基本需求，对工资的扣除不能是惩罚性的。

SA8000 规定了企业必须承担的对社会和利益相关者的责任，其中有许多与安全生产紧密相关。目前，我国的许多企业均发布了年度社会责任报告。在安全管理活动中，运用责任原理，建立健全安全管理责任制，构建落实安全管理责任的保障机制，促使安全管理责任主体到位，且强制性地安全问责、奖罚分明，才能推动企业履行应有的社会责任，提高安全监管部门监管力度和效果，激发和引导好广大社会成员的责任心。

第三节　安全生产管理经典法则、定律及启示

安全重于泰山。企业安全管理是企业系统管理的一部分，创造性地运用管理定律完善安全工作理念，可降低管理纰漏给安全工作带来的各类风险，进而有效地减少伤害事故的发生次数，提升安全管理工作的绩效，进一步提升本质安全水平。笔者梳理了国际通用的安全生产管理经典法则、定律和理论，摘录如下，相信对读者理解安全管理会有所裨益。

1. 不等式法则

10 000−1≠9 999，安全是 1，位子、车子、房子、票子等都是 0，有了安全，就是 10 000；没有了安全，其他的 0 再多也没有意义。要以此教育员工，生命是第一位的，安全是第一位的，失去生命一切全无。所以，无论在工作岗位上，还是在业余生活中，时时刻刻要判断自己是否处在安全状态下，分分秒秒要让自己置于安全环境中，这就是要求每名员工在工作中必须严格安全操作规程，严格安全工作标准，这是保护自我生命的根本，这是通往幸福生活、尊严人生的前提。

2. 90 法则

90%×90%×90%×90%×90%=？（59.049%）安全生产工作不能打任何折扣，安全生产工作 90 分不算合格。主要负责人安排工作，分管领导、主管部门负责人、队长、班组长、一线人员如果人人按 90 分完成，安全生产执行力层层递减，最终的结果就是不及格（59.049），就会出事故，出大问题。

该法则告诉我们，安全生产责任、安全生产工作、安全生产管理，绝不能发生层层递减。如果按 90%的速度递减，递减到第五层就是 59.049%，完全不及格，就会出问题。

3. 罗式法则

1∶5∶∞。即 1 元的安全投入，可创造 5 元的经济效益，创造出无穷大的生命效益。

任何有效的安全投入（人力、物力、财力、精力等）都会产生巨大的有形和无形的效益。安全投入是第一投入，安全管理是第一管理，生产经营活动的目的是让人们生活得更加安全、舒适和幸福，安全生产的目的就是保障人的生命安全和人身健康。生产任务一时没完成，可以补。一旦发生事故，将造成不可挽回的损失，特别是员工的生命健康无可挽救。所以，在安全生产中，各级、各部门、各岗位就是要多重视、多投入，投入一分，回报无限。

4. 金字塔法则（成本法则）

系统设计 1 分安全性=10 倍制造安全性=1 000 倍应用安全性。意为企业在生产前发现一项缺陷并加以弥补，仅需 1 元；如果在生产线上被发现，需要花 10 元的代价来弥补；如果在市场上被消费者发现，则需要花费 1 000 元的代价来弥补。

安全要提前做，安全要提前控，就是抓住安全的根本，预防为先，提前行动。在安全生产工作中，要以预防为主，把任何问题都消灭在萌芽状态，把任何事故都消灭在隐患之中。

5. 海因里希法则

1∶29∶300∶1 000，每一起严重的事故背后，必然有 29 起较轻微事故和 300 起未遂先兆，以及 1 000 起事故隐患相随。对待事故，要举一反三，不能就事论事。任何事故的发生都不是偶然的，事故的背后必然存在大量的隐患、大量的不安全因素。所以，我们的安全管理，排除身边人的不安全行为、物的不安全状态等各种隐患是我们的首要任务，隐患排查要做到预知，隐患整改要做到预控，从而消除一切不安全因素，确保不发生事故。

6. 事故链理论

世间的事都有一个前因后果，事故这个结果也有原因，原因就在于事故相关的各个环节，就是说，事故是一系列事件发生的后果。这些事件是一系列的，一件接一件发生的，就是“一连串的事件”。所以，安全管理上就有了“事故链”原理。事故让人们看到了一个锁链：初始原因→间接原因→直接原因→事故→伤害。这是一个链条，传统、社会环境、人的不安全行为或物的不安全状态、人的失误、事故伤害。按照“事故链”原理的解释，事故是因为某个环节在连续的时间内出现了缺陷，这些不止一个的缺陷构成了整个安全体系的失效，酿成大祸。

大工业生产的连续工艺把管理者和作业者组合成协作劳动的群体，即环环相扣的链条。任何一个链环的断裂，都会危及上下链环以及整个链条。安全是一个闭合的链条，每一个链环都是人主宰的岗位。安全的系数是由各个岗位链环的闭合程度决定的，千万不要去做那个不合格的链环。

7. 冰山理论

萨提亚用了一个非常形象的比喻：这就像一座漂浮在水面上的巨大冰山，能够被外界看到的行为表现或应对方式，只是露在水面上很小的一部分，大约有 1/8 露出水面，另外的 7/8 藏在水底。而暗涌在水面之下更大的山体，则是长期压抑并被我们忽略的“内在”。揭开冰山的秘密，我们会看到生命中的渴望、期待、观点和感受，看到真正的自我。

8. 多米诺法则

在多米诺骨牌系列中，一枚骨牌被碰倒了，则将发生连锁反应，其余所有骨牌相继被碰倒。如果移去中间的一枚骨牌，则连锁被破坏，骨牌依次碰倒的过程被中止。事故的发生往往是由于人的不安全行为，机械、物质等各种不安全状态，管理的缺陷，以及环境的不安全因素等诸多原因同时存在缺陷造成的。如果消除或避免其中任何一个因素的存在，中断事故连锁的进程，就能避免事故的发生。在安全生产管理中，就是要采取一切措施，想方设法，消除一个又一个隐患。在每个隐患消除的过程中，就消除了事故链中的某一个因素，可能就避免了一个重大事故的发生。所以，我们的任务就是发现隐患，不断消除隐患，不断避免事故，确保员工平安。

9. 破窗理论

破窗效应（Broken Windows Theory）是犯罪学的一个理论，该理论由詹姆士・威尔逊（James Q. Wilson）及乔治・凯林（George L. Kelling）提出，并刊于《The Atlantic Monthly》1982 年 3 月版的一篇题为《Broken Windows》的文章。此理论认为环境中的不良现象如果被放任存在，会诱使人们仿效，甚至变本加厉。

这一理论认为：如果有人打坏了一个建筑物窗户的玻璃，而这扇窗户又未能得到及时维修，别人就可能受到暗示性的纵容去打烂更多的玻璃；久而久之，这些破窗就给人造成一种无序的感觉。那么在这种公众麻木不仁的氛围中，犯罪或违规就会蔓延、滋生。同样的道理，完好的东西，一般没有人去破坏，久而久之便养成一种好习惯、形成一种文明的习惯；而破坏了的东西，稍一忽略就会遭受更大的破坏。

没有“漏洞”的时候，没有人去钻“漏洞”；而一旦有了一个“小漏洞”，就会有一群人一起去把它变成“大漏洞”。现实生产和生活中总有一些漏洞被越变越大，乱扔垃圾、乱闯红灯、乱停车、说脏话、踩草地、公共场合大声喧哗、禁烟区吸烟，等等。更让人愤恨和无奈的是，有很多不自觉的人，不仅没有受到及时的制止和惩罚，而且还白白捡了一个又一个大便宜，于是依然为所欲为，我行我素，风气被越带越坏，工作质量越来越差，不安全行为越来越多，安全事故居高不下，人心越来越散，经济效益自然滑落。

10. 热炉定律

热炉定律是指当人要用手去碰烧热的火炉时，就会受到“烫”的处罚；每个企业在进行安全管理工作时都有相应的规程和规章制度，任何人触犯了这些条款都应受到相应的惩戒和处罚。企业首先应完善安全管理方面的有关文件，其次本着所写的原则严格予以实施，最后应对实施效果进行全方位评价，热炉定律应先警告后立即处罚，以制度条款面前人人平等、不搞特殊化的原则来保证员工现场作业规范化和标准化，进而减少事故的发生。

11. 市场法则

1∶8∶25。1 个人如果对安全生产工作满意的话，他可能将这种好感告诉 8 个人；如果他不满意的话，他可能向 25 个人诉说其不满。

安全管理就是要不断地加强安全文化建设，创新安全环境、安全氛围，提升员工安全责任、安全意识和安全技能，提高员工对安全的满意度。该法则也说明，生产安全事故是好事不出门，坏事传千里，安全事故影响大、影响坏、影响时间长。

12. 慧眼法则

有一次，福特汽车公司一大型电机发生故障，很多技师都不能排除，最后请德国著名的科学家斯特曼斯进行检查，他在认真听了电机自转声后在一个地方画了条线，并让人去掉 16 圈线圈，电机果然正常运转了。他随后向福特公司要1万美元做酬劳。有人认为画条线值1美元而不是1万美元，斯特曼斯在单子上写道：画条线值1美元，知道在哪儿画线值9 999美元。在安全隐患检查排查上确实需要“9 999美元”的慧眼。

各级领导和管理人员要了解掌握本单位生产实际和安全生产管理现状，熟知与本单位生产经营活动相关的法律法规、标准规范、安全操作规程和事故案例，造就一双“慧眼”，结合本单位实际，熟练准确发现安全问题和隐患所在，采取措施，及时整改问题和隐患，不断改进和加强本单位安全生产工作。

13. 南风法则（温暖法则）

北风和南风比威力，看谁能把行人身上的大衣吹掉。北风呼啸凛冽刺骨，结果令行人把大衣裹得更紧了；而南风徐徐吹动，人感觉春意融融，慢慢解开纽扣，继而脱掉大衣。这则故事给管理者的启示是：在安全工作中，有时以人为本的温暖管理带来的效果会胜过严厉无情的批评教育。

在安全生产工作中，安全培训、安全管理要以人为本，讲究实效，注重方法，要因人而教，因人而管。决不能生冷硬粗，以罚代管，以批代管，更不能放手不管。在安全培训、安全管理上，要把工作做在员工心里，创新方式，确保实效。

14. 桥墩法则

一座大桥的一个桥墩被损坏了，上报损失往往只报一个桥墩的价值，而事实上很多时候真正的损失是整个桥梁都报废了。

安全事故往往只分析直接损失、表面损失、单一损失，而忽略事故的间接损失、潜在损失、全面损失。实际上，很多时候事故的损失和破坏是巨大的、长期的、潜在的。

所以，任何一个安全事故的损失，我们只是看到了冰山一角，可能更大的损失我们无法计算。我们唯一可以做的就是不发生事故，不产生损失，这是我们追求的，更是我们持之以恒、永不懈怠、一点一滴从自我做起的。

15. 帕累托定律

帕累托定律又称为80/20法则，其原理是在投入与产出、努力与收获、原因与结果之间存在着一种不平衡的关系，往往是关键的少数决定着事件发展态势。在安全工作中，企业应辨识和评价危险源，按ABC法分类控制，来匹配相应的安全投入；强化班组长的安全意识和安全技能，每层级按 80/20 原则来进行重点管理与控制；对易发生事故的 20%人群进行重点管理，规范其作业行为，提高其安全素质；对少数设备与环境的不安全状态进行重点治理，以提高整体设备与环境的运行状态；充分发挥管理的能动性，运用统计规律找准事故发生的主要原因，采取相应的纠正与预防措施来改善整体安全工作状态；在考核时应本着 80/20 法则来配置责权利的关系；控制关键的少数可以取得事半功倍的管理效能。

16. 酒与污水定律

酒与污水定律是指一杯酒倒进一桶污水，得到的是一桶污水；如若把一杯污水倒进一桶酒中，得到的还是一桶污水。在企业安全工作中，往往存在极少数的“三违”（违章指挥、违章作业和违反劳动纪律）人员，这部分人员会起到连锁性的示范效应，进而直接影响到其他人员的作业行为，弱化了安全管理方案和措施的有效落实，具有很大的破坏力，对这部分人员实行亮牌警告制（亮黄牌或亮红牌），若效果仍然不明显便应及时将其解雇，以提高安全管理工作在各层面的执行能力。同时，企业各层级管理者应注重自身的素质培养，为员工做正面的示范作用，在潜移默化中提高安全管理工作的质量。

17. 木桶定律

木桶定律是指一个木桶能装多少水，不是取决于最长的那块木板，而是取决于最短的那块木板。由此演绎出弱项管理的概念，在安全管理工作中也应实施弱项管理，识别影响安全工作的主要原因或薄弱环节，集中优势资源加以改进，对企业发生的事故案例进行剖析，举一反三从中吸取经验和教训；同时，应对间接事故案例进行分析，从中找出安全工作中存在的差距和问题，及时进行纠正与整改；当然，在改进的过程中又会出现新的短板或弱项，对此应本着持续改进的管理思想，使企业的安全管理水平呈现出螺旋式上升的良好态势。

18. 蝴蝶效应定律

蝴蝶效应定律是指微小的起因加之相应因素的相互作用，极易产成巨大的和复杂的现象，也就是说一个微小的事件容易连锁造成极大的事故。在安全管理工作中企业应注重细节管理，建立健全动态跟踪与考核管理体系，在领导重视、全员参与的基础上真正务实地做到防微杜渐，将事故消除在萌芽状态之中，将危险源控制在能量受控状态；安全工作无小事，有时一次人身伤亡事故在进行原因分析时，往往是由于一时的疏漏造成的事故，企业应树立安全工作无小事，安全管理应该小题大做的管理理念，从抓细节着手进而以点带面来提升企业的整体安全管理水平。

19. 水坝定律

筑建水坝意在阻拦和储存河川的水，因为必须保持必要的蓄水量才可以适应季节或气候的变化；企业应建立这种调节和运行机制，确保企业长期稳定发展。企业在安全管理工作中，应营造良好的安全管理氛围，建立和完善相应的安全管理制度，并强化安全过程动态监督与考核，对危险源进行不定期辨识和评价，以期达成控制事故的目的；安全管理应推进细节化管理，通过管理人员细致的工作来预测和预防事故；同时，企业各层级管理者应对安全工作给予足够的重视，在全员广泛参与的基础上，达到人人管安全、人人学安全、人人会安全的管理环境，达到固安全之基而根繁叶茂的管理绩效。

20. 螺旋定律

螺旋定律是指企业的安全管理工作应像螺旋一样不断地提升档次和水平。本着持续改进的管理思想，不断对存在的显在和潜在危险源进行有效控制，从人、机、料、法、环等方面不断进行事故的预知和预防工作，广泛开展全员性的安全合理化建议活动，充分运用奖惩机制对安全工作进行激励或约束，使安全管理工作呈现出螺旋式上升的良好态势，兑现企业的安全承诺，减少人身伤害事故给企业带来的不良损失。

第二章

精益安全管理

第一节 安全管理的发展历程

人类要生存、要发展，就需要认识自然、改造自然，通过生产活动和科学研究，掌握自然变化规律。科学技术的不断进步，生产力的不断发展，使人类生活越来越丰富，但也产生了威胁人类安全与健康的安全问题。

人类“钻木取火”的目的是利用火，如果不对火进行管理，火就会给使用火的人们带来灾难。在公元前27世纪，古埃及第三王朝在建造金字塔时，组织10万人用20年的时间开凿地下甬道和墓穴及建造地面塔体。对于如此庞大的工程，生产过程中没有管理是不可想象的。在古罗马和古希腊时代，维护社会治安和救火的工作由禁卫军和值班团承担。到公元12世纪，英国颁布了《防火法令》，17世纪颁布了《人身保护法》，安全管理有了自己的内容。

我国早在先秦时期，《周易》一书中就有“水火相忌”“水在火上，既济”的记载，说明了用水灭火的道理。自秦人开始兴修水利以来，几乎历朝历代都设有专门管理水利的机构。到北宋时代，消防组织已相当严密。据《东京梦华录》一书记载，当时的首都汴京的消防组织相当完善，消防管理机构不仅是政府机构，而且由军队担负值勤任务。

18世纪中叶，蒸汽机的发明引起了工业革命，大规模的机器化生产开始出现，工人们在极其恶劣的作业环境中从事超过10小时的劳动，工人的安全和健康时刻受到机器的威胁，伤亡事故和职业病不断出现。为了确保生产过程中工人的安全与健康，人们采用了很多种手段改善作业环境，一些学者也开始研究劳动安全卫生问题。安全生产管理的内容和范畴有了很大发展。

20世纪初，现代工业兴起并快速发展，重大生产事故和环境污染相继发生，造成了大量的人员伤亡和巨大的财产损失，给社会带来了极大危害，使人们不得不在一些企业设置专职安全人员从事安全管理工作，一些企业主不得不花费一定的资金和时间对工人进行安全教育。到了20世纪30年代，很多国家设立了安全生产管理的政府机构，发布了劳动安全卫生的法律法规，逐步建立了较完善的安全教育、管理和技术体系，初具现代安全生产管理雏形。

进入 20 世纪 50 年代，经济的快速增长，使人们的生活水平迅速提高，创造就业机会、改进工作条件、公平分配国民生产总值等问题，引起了越来越多经济学家、管理学家、安全工程专家和政治家的注意。工人强烈要求不仅要有工作机会，还要有安全与健康的工作环境。一些工业化国家，进一步加强了安全生产法律法规体系建设，在安全生产方面投入大量的资金进行科学研究，产生了一些安全生产管理原理、事故致因理论和事故预防原理等风险管理理论，以系统安全理论为核心的现代安全管理方法、模式、思想、理论基本形成。

到 20 世纪末，随着现代制造业和航空航天技术的飞速发展，人们对职业安全卫生问题的认识也发生了很大变化，安全生产成本、环境成本等成为产品成本的重要组成部分，职业安全卫生问题成为非官方贸易壁垒的利器。在这种背景下，“持续改进”“以人为本”的健康安全管理理念逐渐被企业管理者所接受，以职业健康安全管理体系为代表的企业安全生产风险管理思想开始形成，现代安全生产管理的内容更加丰富，现代安全生产管理理论、方法、模式及相应的标准、规范更加成熟。

现代安全生产管理理论、方法、模式是 20 世纪 50 年代进入我国的。在 20 世纪 60～70 年代，我国开始吸收并研究事故致因理论、事故预防理论和现代安全生产管理思想。20 世纪 80～90 年代，开始研究企业安全生产风险评价、危险源辨识和监控，一些企业管理者开始尝试安全生产风险管理。20 世纪末，我国几乎与世界工业化国家同步研究并推行了职业健康安全管理体系。进入 21 世纪以来，我国有些学者提出了系统化的企业安全生产风险管理理论雏形，认为企业安全生产管理是风险管理，管理的内容包括危险源辨识、风险评价、危险预警与监测管理、事故预防与风险控制管理及应急管理等。该理论将现代风险管理完全融入了安全生产管理之中。

第二节 精益管理的起源

精益管理源于精益生产。精益生产（LP，Lean Production）是美国麻省理工学院教授詹姆斯·P. 沃麦克等专家通过“国际汽车计划（IMVP）”对全世界17个国家90多个汽车制造厂的调查和对比分析，认为日本丰田汽车公司的生产方式是最适用于现代制造企业的一种生产组织管理方式。

1985年，IMVP组织了一支国际性的研究队伍，耗资500万美元，历时5年，对全世界17个国家和地区（北美、西欧、日本以及韩国、墨西哥和中国台湾等）90多个汽车制造厂的调查和对比分析，写出了大量研究报告，最后出版了一本名为《改变世界机器》的著作，推出了一种以日本丰田生产方式为原型的“精益生产方式”。

精益管理由最初的在生产系统的管理实践成功，已经逐步延伸到企业的各项管理业务，也由最初的具体业务管理方法，上升为战略管理理念。它能够通过提高顾客满意度、降低成本、提高质量、加快流程速度和改善资本投入，使股东价值实现最大化。

精益思想（Lean Thinking）源于精益生产方式。精益思想更进一步从理论的高度归纳了精益生产中所包含的新的管理思维，并将精益方式扩大到制造业以外的所有领域，尤其是第三产业，把精益生产方法外延到企业活动的各个方面，不再局限于生产领域，从而促使管理人员重新思考企业流程，消灭浪费，创造价值。沃麦克、琼斯和鲁斯（Womack，Jones&Roos，1996）在《精益思想》中指出，所谓精益思想，就是根据用户需求定义企业生产价值，按照价值流组织全部生产活动，使要保留下来的、创造价值的各个活动流动起来，让用户的需求拉动产品生产。

第三节 精益管理的内涵

（一）精益管理思想

美国麻省理工学院的项目研究人员认为日本丰田汽车公司的生产方式是最适用于现代制造企业的一种生产组织管理方式，其核心思想就是精益生产理论。借用这一理论，精益管理思想基本定义如下：

精益管理的核心思想就是消灭故障、消除一切浪费，向零事故、零缺陷、零亏损、零投诉进军。要做到精益管理，没有施工企业信息系统的支持是难以实现的。在指导思想上，要保证质量和施工安全、注重保护环境，在此前提下，有机协调工期与成本的关系，通过人员、机械设备、材料等资源的有效配置，做到控制成本时心中有数、保证盈利；做到控制进度时实时对比，保证不延期；做到材料设备等物资管理时精准、低库存、不浪费；最终达到低成本、高效益的目标。

精益是与“粗放”相对，精益管理与粗放式管理、粗放式经营相对。对于具体的施工企业，通过投标承担某施工项目，一般来说利润并不可观。讲求精益管理，就是要挖掘内部潜力，加强价值链的管理，利用尽可能“精简”的设备资源，利用“够用”的人力资源，借助于信息系统的辅助管理，与粗放式管理相比，可能只需要一半的劳动强度、一半的设备投资、按计划的施工工期、库存的大量减少、浪费的大量减少和利润的适量增加。两者的最大区别在于它们的最终目标上：粗放式管理强调“足够”多的设备和人力资源，强调“足够”多的库存，因此总是存在着浪费；而精益管理则追求适时、适量、精准、高效，追求过程化管理下的低成本和高效益。

精益管理要求企业的各项活动都必须运用“精益思维”。“精益思维”的核心就是以最小资源投入，包括人力、设备、资金、材料、时间和空间，创造出尽可能多的价值，为顾客提供新产品和及时的服务。

精益管理的目标可以概括为：企业在为顾客提供满意的产品与服务的同时，把浪费降到最低程度。企业生产活动中的浪费现象很多，常见的有：错误——提供有缺陷的产品或不满意的服务；积压——因无需求造成的积压和多余的库存；过度加工——实际上不需要的加工和程序；多余搬运——不必要的物品移动；等候——因生产活动的上游不能按时交货或提供服务而等候；多余的运动——人员在工作中不必要的动作；提供顾客并不需要的服务和产品。努力消除这些浪费现象是精益管理的最重要的内容。

在实施精益管理过程中，要遵循自上而下的管理理念与自下而上的管理方法相结合的原则。具体来讲，管理理念的贯彻实施采取自上而下的管理方式，从客户需求出发逐步细化、量化、精益化，达到施工的精细与精益，是由笼统到具体的管理思维；而提升精益管理的效用则需采取自下而上的管理办法，从精益施工管理的方法与工具着手，从小处、细处着眼，从完成小目标开始层层拓展，最终实现精益管理的目的，满足客户需求。

精益管理是建立在常规管理的基础上，并将常规管理引向深入的基本思想和管理模式。是一种以最大限度地减少管理所占用资源和降低管理成本为主要目标的管理方式。“认真做能把事情做对，用心做才能把事情做好。”精益更是一种意识、一种观念、一种认真的态度、一种精益求精的文化。部分现代企业对精益管理的定义是“五精四细”，即精华（文化、技术、智慧）、精髓（管理的精髓、掌握管理精髓的管理者）、精品（质量、品牌）、精通（专家型管理者和员工）、精密（各种管理、生产关系链接有序、精准），以及细分对象、细分职能和岗位、细化分解每一项具体工作、细化管理制度的各个落实环节。“精”可以理解为更好、更优，精益求精；“细”可以解释为更加具体，细针密缕，细大不捐。精益管理最基本的特征就是重细节、重过程、重基础、重具体、重落实、重质量、重效果，讲究专注地做好每一件事，在每一个细节上精益求精、力争最佳。精细不只是细节：事情不能只做细，而且要做好、做实、做深、做透，培养和树立一个追求卓越的精神、求真务实的科学态度，精益求精、一丝不苟的工作作风和良好的生活习惯。

精益管理的关键工作是在于执行力。企业（项目）有无执行力是企业精益管理所面临的最大问题和挑战。企业（项目）的执行力是企业的生命力，没有执行力的企业（项目）就没有战斗力，没有执行力，企业（项目）就没有竞争力，具体表现为检查与落实。开会+不落实=0，布置工作+不检查=0，抓住不落实的事+抓住不落实的人=落实，不折不扣的执行=没有借口的贯彻+按质按量地完成。精益管理就是落实管理责任，将管理责任具体化、明确化，它要求每一个管理者都要到位、尽职。第一次就把工作做到位，工作要日清日结，每天都要对当天的情况进行检查，发现问题及时纠正、及时处理等。

值得关注的是，目前国内外部分企业已在稳步推进精益六西格玛管理。精益六西格玛项目主要是针对复杂问题，把精益生产的方法和工具与六西格玛的方法和工具结合起来，实施流程采用新的“定义—测量—分析—改进—控制”流程，称为 DMAIC II，它与传统的 DMAIC 过程的区别是它在实施中加入了精益的哲理、方法和工具。

（二）精益生产主要实施步骤

1. 组织流程再造

对企业流程进行再造，即通过适当合并关系紧密的部门实现组织的扁平化、建立跨部门的团队使全员参与管理，目的是建立起快速、灵活、高效率的组织机制。

2. 生产流程优化

生产流程优化的成功实施将改善企业的核心竞争力，改善企业内部经营环境。生产流程优化的具体内容：优化核心生产流程，是提高企业竞争力的关键所在；平衡系统工序协同环节，以保证整个生产过程有条不紊、均衡稳定；完善价值链，建立适应市场的采购和营销新机制；构建快捷、高效、高质的物流管理系统。

3. 采用后工序拉动方式

按订单组织生产，强化过程控制，减少中间产品库存，降低过程损耗。

4. 准时化生产

推行准时生产方式，各生产厂运用适时适量生产、弹性配置生产作业等手段，保证质量、实现零库存。相关措施有：评估生产工艺设备能力，根据设备能力，制定包含产品的资源结构、钢种规格、关键工序的能力等的月计划资源结构；实施六西格玛管理，缩短交货期，提高合同兑现率；盘活库存，杜绝“死库存”，实施“精准库存”管理；提高生产的柔性生产能力，以满足顾客的需求。

5. 贯彻质量方针，推行全面质量管理

致力于“以质量管理为核心的生产管理模式”的建立，全方位突出预知性管理。坚持质量与效益并举、兼顾的原则，形成部门联动机制，突出设备状况对生产和质量的保障。

6. 强化生产现场“5S”管理

营造安全舒适的工作环境。

7. 做好风险控制

以提升风险控制体系能力为目标，推进风险控制工作。以风险为导向，不断优化内部控制评估标准，通过持续的内部控制自我评估和改进，推进内管控体系能力的不断提升。

8. 建立精益生产决策管控体系

（三）精益管理带给企业的益处

对于制造型企业而言，在以下方面已经有无数的实践证明是取得成效的：库存大幅降低，生产周期减短，质量稳定提高，各种资源（能源、空间、材料、人力）等的使用效率提高，各种浪费减少、生产成本下降，企业利润增加。同时，员工士气、企业文化、领导力、生产技术都在实施中得到提升，最终增强了企业的竞争力。

对于服务型企业而言，提升企业内部流程效率，做到对顾客需求的快速反应，可以缩短从顾客需求产生到实现的过程时间，大大提高了顾客的满意度，从而稳定和不断扩展市场占有率。

（四）中国企业的精益管理推行

推行精益管理模式，对于促进企业改革发展有非常重要的意义。

首先，精益管理有利于实现两个根本性转变。一方面精益管理的出发点就是强调顾客确定价值和顾客拉动，而市场经济的基本动力是用户的需求；另一方面，粗放型与集约型最本质的区别在于是否最大限度地减少各种形式的浪费，合理利用社会资源，提高国民经济的整体效益。

其次，精益管理有利于企业运行模式的改革。在部分企业中，浪费现象还是存在，产品开发周期长，成功率低，生产过程库存过大，物资积压，造成资金沉淀。运用精益管理方法，将有助于企业改革原有运行模式，消除浪费，使之运转起来。

最后，精益管理有利于企业集团的战略实施，发展企业集团是企业改革的一个重要战略，企业集团往往由处在生产过程上、中、下游的一组企业形成，如果在企业集团中运用精益管理，则使每一个企业之间相互协作关系更和谐、更紧密，使每个企业都减少库存，提高资金效率，社会资源浪费会大大减少。

目前，我国企业对精益管理的运用正处在起步阶段。2016 年 6 月 7 日，国务院国有资产监督管理委员会提出要求，中央企业要大力推进精益管理，提高企业发展质量和效益，打好提质增效攻坚战。中央企业要大力推进精益管理文化建设，把精益管理理念融入企业战略、目标、愿景和使命，坚持“全员参与、持续改善”，建立有效的绩效激励机制。同时，要根据企业实际情况创新运用、灵活运用精益管理工具，将精益管理理念和方法全面融入企业生产经营全过程，激发企业内在经营活力。

当前，推行精益管理模式中，需要明确以下几个问题：

1. 革新观念，树立精益意识

有些企业过分强调扩大生产规模，在引进国外先进技术装备时，片面追求高自动化和高生产效率，而不考虑整个生产过程和需求的均衡性，企业重技术轻管理现象也比较普遍。革新观念，树立精益意识，企业才能有效地遏制浪费，提高资金运用效率，增强竞争能力。

2. 加强对精益思维的学习和研究

精益思维是精益管理的核心。西方国家曾建立示范中心，推广精益管理。许多企业对精益管理比较陌生，政府和社会应积极引导企业，鼓励企业运用精益管理方法，建立精益企业研究中心和示范中心，举办培训研讨班，灌输精益管理，让企业结合自身情况，按照精益思维原理进行改进和改造活动。

3. 推行精益管理模式应循序渐进

精益管理不是企业管理活动的全部，它应与企业的其他管理活动相协调，同时，不同行业不同企业的客观环境不一样，企业管理适宜方法也不一致。精益管理只是生产管理的一种较好模式，具体实施要因地制宜。只有每一个企业都有自己的“精益原则”，这才真正得到了精益管理的精髓。

第四节　精益安全管理的提出

精益安全管理，即以先进的精益管理理念为指导，以追求零缺陷、零隐患、零伤害为目的，运用精益管理的方法和工具，通过不断学习和持续改善，彻底消除浪费和现场隐患，实现现场清洁、过程稳定、指标先进、团队卓越的绩效改进目标，努力创建思想无懈怠、制度无漏洞、工艺无缺陷、行为无差错，设备无隐患的本质安全型企业。

精益安全管理主要特征如下：①以作业现场为中心；②以行为控制为重点；③以流程优化为手段；④以绩效改进为目标；⑤重行动体验和细节。

企业在追求安全管理的过程中，必须要从整个生产过程的人、机、料、法、环等各个环节都进行全面有效的控制，以企业安全化生产为主要管理手段，从而将企业与安全相关的目标、制度、承诺、责任及文化保障等体系进一步完善，规范员工在企业运作过程中的行为，并强化对企业生产中的危险环节的预警和监控管理，如此才能将企业的安全管理更精益化、规范化和标准化。所以，就具体企业生产中的安全管理如何将其精益化的内容来说，主要包括以下几个方面：安全管理目标和指标，安全法规体系建设，安全制度体系建设，安全责任体系建设，安全文化建设，运行与控制体系和应急与救援体系建设。

1. 安全目标管理是精益安全管理的精髓

企业在分析外部环境及内部生产条件的基础上，必须要建立有安全目标的管理模式，并且根据企业的整体市场目标来确定安全生产所需要达到的标准和目标，以及在过程中使用相对应的安全管理方案和技术工艺来实现这个目标和指标过程。

企业所需的安全目标主要包括以下三点：

第一，制定安全生产目标和指标，必须从总体上都围绕着企业的安全生产为首要目标，将每个部分层层分解，使得企业生产的各个环节都有各自的安全目标和指标；

第二，生产责任明确，必须要按照指定的安全目标和安全指标落实到生产中的技术和管理方案上；

第三，奖罚分明，建立严格的考核奖惩制度，以此来激励员工的生产热情，并督促以更严谨的态度投入生产过程中。要实现以上的要求就必须要以安全管理决策作为安全生产的第一目标和第一生产前提，将生产环节分解开来，以保证每一个环节都能够落实管理措施，真正做到目标和指标的定量化、保证措施具体化，从而保证安全指标和目标相对应的方案能够落到实处并不断地完善，实现企业安全管理的精益化及持续改进机制。

2. 安全生产制度与标准建设是精益安全管理的依据

企业中安全管理制度体系的大力建设，也是企业能否顺利展开安全生产管理模式的根本和依据，是企业员工在日常工作的行为标准，也是企业落实精益安全管理生产的重要依据。

（1）企业必须及时识别适用的安全法规和标准，通过宣贯和教育培训，使员工知法懂标准，明确自己工作所要达到的规范要求，从而自觉地遵章守纪。

（2）及时根据法规要求修订相关的安全管理制度。企业应建立健全安全生产的主要管理制度应包括：危险源辨识与风险控制、隐患排查与事故责任追究、安全与职业健康的教育培训、特种设备的安全管理、“三同时”管理、危险作业管理等安全管理制度，以此来规范企业的安全管理程序，确保各项活动有章可循，各负其责。

（3）不断完善安全技术操作规程，及时明确岗位存在的风险，以及岗位的安全技术操作方法、日常注意事项及应急处置方法，细化各项作业的程序和规范、标准。通过推行标准化作业，完善精益安全作业管理，杜绝违章行为。

3. 安全责任体系建设是精益安全管理的基础

建立健全安全责任制度体系是实现精益安全管理的基础，而安全责任体系的核心是完善安全承诺和安全考核制度。因此，首先，企业应按照“谁主管，谁负责”的原则，将年度安全目标和指标逐级分解并签订安全生产承诺书，在全员范围内承诺各自的安全义务与责任，做到责任无盲区、管理无死角；其次，应建立健全安全标准、工作业绩、工作态度、工作能力等评价模型，按照“以岗位安全绩效考核为重点，以落实岗位安全责任为主线，以杜绝岗位安全责任事故为目标”的全员安全生产责任考核办法，通过全程式的安全考核评价，激励或约束全员日常的安全生产行为。最后，结合开展安全风险抵押金、安全管理责任追究、安全标准化动态考评、重大责任事项一票否决等履职问责等措施，促使安全责任落实到每个环节、每个岗位、每位员工，使各项安全管理更加精益、更加规范。

4. 安全文化建设是精益安全管理的保障

大力弘扬先进的安全文化，把安全文化融入企业管理思想、管理理念、管理模式和管理方法之中。通过安全文化建设，使其潜移默化地影响和规范全员的日常安全生产行为，这是实现精益安全管理的基本保障。

安全文化保障体系的核心是创建安全文化氛围、规范安全行为和态度。通过日常不间断的宣传教育活动，培育“凡事有章可循、凡事有人负责、凡事有人监督、凡事有据可查”的精益安全管理思想，用安全氛围影响安全态度，用安全态度指导安全行为，使领导层“诚信履职”、管理层“诚信做事”、执行层“诚信作业”，变“要我安全”为“我要安全”。精益安全管理依赖于较高素质的管理和技术人才，要求员工在掌握操作技能的同时善于发现问题和解决问题，不仅是“我要安全”，还要做到“我会安全”。

5. 运行与控制体系建设是精益安全管理的根本

精益安全管理的重点是安全风险管控，而加强各岗位的风险辨识与控制是实现“零事故”的根本。这就要求企业在生产过程中注重运行与控制体系建设（如开展一日安全员活动、隐患提案活动、站班会、低频次作业管控、指名作业、现场5S及管理板目视化等活动），强化对不安全行为的控制、对设备设施和作业环境等不安全状态的控制，以及对相关方的控制、对危险点与重大危险源的控制。

总而言之，推进企业精益安全生产方式，强化精益生产的管理力度，就必须要合理科学地倡导全员参与、安全目视化、PDCA等精益管理方式，以推行企业的安全生产为主要目标，在生产过程中逐渐完善安全目标的管理体系、制度、承诺、责任、文化保障等体系的运作，用精益管理对员工安全生产进行行为规范，从而加强了对生产过程中任何可能发生的危险源的监控，真正实现了企业生产过程中的科学化、规范化和标准化，提高企业生产效益，增强对事故的有效控制，促进企业安全发展。

第五节　推进精益安全管理需关注的主要问题

1. 如何评价一个单位（项目）的安全管理水平

传统的观点认为：评价一个单位的安全管理水平的高低，主要是看它的安全绩效。比如，有没有工亡事故？有没有重大的生产、设备、火灾事故？千人负伤率是多少？

精益安全不这么认为。精益安全的观点是：一时的安全绩效不能代表一个单位的安全管理水平。评价一个单位安全管理水平的高低，主要应从以下三个方面来考察：一是看这个单位安全管理的量化指标是什么？因为有没有阶段性量化指标，能反映出一个单位管理的精细化程度；二是看员工的行为痕迹是什么？看不到员工的行为痕迹及其变化情况，人的行为得不到有效的控制，安全绩效就无法得到保障；三是看员工的参与率是多少？只有当越来越多的员工主动积极参与之时，方是企业安全管理根本好转之日。

2. 作为经理（负责人），您在安全管理上花费的时间有多少

安全管理是“一把手工程”。在企业，无论是基层管理者、中层管理者还是高层管理者，一提到安全生产，没有人说它不重要，也没有人说自己不重视的。那么，作为企业管理层级中的一个重要岗位——经理，在日常工作中是怎样做的呢？当我们问“作为经理，您在安全管理上每月花费的时间是多少？”时，却很少有人能回答的上来。

为什么会出现这样的情况？这种情况是个别现象还是普遍现象？笔者专门就此问题做过一个调查，发现在企业领导干部中，不能明确回答出自己每月能在安全管理上用时是多少个小时的人还不在少数。正像人们常说的那样：“安全管理说起来重要，做起来次要，忙起来不要。”为什么会出现这种情况？是他们真的对安全工作不重视吗？是他们有意说一套做一套吗？都不是。作为经理，他们的日常管理工作确实很忙。如果经理们把安全管理看作“重要但不紧急”的事，如果我们对各级各类人员在如何参与安全管理上没有明确的要求、没有行之有效的方法的话，“做起来次要，忙起来不要”小现象便成为顺理成章的事了。

3. 安全管理要全员参与，具体到日常行动上要做些什么呢

前一个问题说的是经理如何参与安全管理的问题。那么，其他岗位又怎样呢？

在企业，下至员工上至经理，安全管理要做到全员参与。这一理念我们提了很多年，那么，各级各类人员应该如何参与呢？具体到日常的行动上应该做些什么呢？调查发现，很多企业虽然在强调安全管理的全员参与，但在

具体执行层面却鲜有具体可行的办法。这其实是当前企业安全管理中存在的一个共性问题。

4. 企业干群关系和上下级关系怎么样，原因是什么

目前，企业的干群关系和上下级关系已大不如从前，在走下坡路。员工的抱怨较多，抵触情绪较大，上下级之间缺乏应有的信任。显而易见的表现：一是员工的流失率高；大多数企业员工流失率在5%～15%，严重的达25%左右。二是员工的士气低下，被动应付；三是牢骚满腹、态度消极。难以想象，一支充满消极散漫状态的员工队伍，怎么能够打胜仗？又怎么能够保证安全生产？

干群关系恶化和上下级关系不和谐，有诸多方面的原因。诸如：收入差距太大、分配不公、官僚主义、简单粗暴的工作作风、不关心员工、职务腐败等等。其中，以罚代管、不善沟通和行政命令等不良的工作方式是最直接的原因。

精益安全管理注重学习型组织和团队建设，注重人才培养、构建和谐现场。提倡并践行“管理者，首先是培训师”、做“有感领导”等管理理念，通过推行“安全行为观察”、安全分享等精益管理方法，着力打造安全和谐的作业现场。

5. 员工为什么不愿意动脑筋，为什么不愿意参加安全活动

在企业各项管理活动中，安全管理与生产管理、成本管理、质量管理等其他管理相比，其最大的不同有三点：一是“安全，永远没有回头的路”。人身伤害事故一旦发生，再也无法弥补，不可重新再来；二是“安全是一种常态”。当人们全身心忙于紧张的工作时，往往会把安全状态当作是自然而然的事，忽视危险的存在，进而产生懈怠；三是“1 000−1=0”。链条原理告诉我们：链条中的任何一个环节失效都会导致整个链条断裂。安全管理要求企业中的每一名员工都要参与进来。

遗憾的是，在现实当中员工参与安全管理的积极性并不高。员工对班后开展安全活动很反感，态度消极、行动抵触、被动应付，一心想着“活动快些结束，我要赶快回家休息!”

没有员工的积极参与，安全生产就不会实行长治久安。“员工为什么不愿

意动脑筋？”“为什么不愿意积极参加安全活动？”“怎样才能让员工主动积极地参与到安全活动中来？”这些问题，都是精益安全管理研究和解决的重要问题。

6. 罚款能不能减少违规违制，习惯性违章的原因是什么

“以罚代管”是企业管理中的一个通病。在安全管理中，这种现象尤为突出。“迟到、早退，发现一次罚款 50 元”“班中看书看报，发现一次罚款 100 元”“违规违制，发现一次罚款 100 元”……

为了加强“管理”，不断加大“罚款”的力度、上级为部下下达“罚款指标”，完不成当月罚款指标任务的管理者和安全员，免除当月奖金 50%等。尽管如此，违规违制现象不但没有因此而减少，还出现了很多诸如安全员的自行车车胎被扎、车间主任的汽车被划等暗地里蓄意报复的现象。

罚款为何不能减少违规违制现象？它带来了什么负面的影响？

（1）罚款，破坏了干群关系和上下级信任的基础，使下级心积怨恨，敢怒不敢言；

（2）只有当着领导的面儿时，才规规矩矩；领导一旦不在场时，就会产生报复性的行为反弹；

（3）造成基层团队内部相互埋怨和不信任，由于背负罚款指标，管理者处于“两头受气”的尴尬状态；

（4）使基层组织失去活力，成就感和能动性丧失；

（5）员工害怕被处罚，有意掩盖问题真相，久而久之，养成了一种欺上瞒下、不诚实、不信任的组织文化；

（6）产生抵触情绪，会从其他地方“找平”。

显而易见，这样一种组织文化是一种消极的文化。人们的心态被扭曲，事实的真相被掩盖，安全生产无法保障。

精益安全认为，罚款是一种低级和无奈的管理方式，其负面影响较大，不主张在安全管理中大量、普遍地使用。精益安全管理反对“以罚代管”，主张通过“行为观察”进行“深度沟通”；通过精细化的措施，深挖事实的真相；有效控制人的不安全行为。

事实证明，员工的违规违制和习惯性违章现象之所以得不到根除，原因是

多方面的。除了员工的有意违反，还有诸如员工的无意识地、不经意、不良习惯、训练不足等原因；除此之外，规章制度本身是否科学、合理、可行，也是一个重要方面的原因，需要我们去完善。

7. 规章制度是否科学、合理、可行，谁参与了修订

对于治理员工“习惯性违章”问题，90%的企业把精力放在了员工一侧。很少有人去研究制度和规程本身的合理性和可执行性问题。这也是“习惯性违章”问题“久治不愈”症结的重要所在。

精益安全认为，我们现行的操作标准和规章制度永远是落后的，是存在改善和提升空间的，这就需要操纵者一边执行一边动脑筋思考如何完善它。一旦思考成熟，按照规定的程序对现行在作业标准予以修订。企业应对改善作业标准有贡献者及时给予奖励。

可以想象出这样一种场景：①员工认真执行现有的操作标准→②细心地从中找出存在的问题→③用心提出自己的改善方案→④按照规定程序申报修改流程→⑤上级给参与修订者奖励→⑥重新上述 ①～⑤的循环。试想，在这样的场景下，还会有那么多的“习惯性违章”出现吗？让员工参与规章制度的修订，并及时给予奖励，是根除“习惯性违章”现象的有效措施。

8. 企业安全绩效的考核依据是什么

在企业，常常困扰着高层领导和安全管理者的一个问题是：企业的安全生产状况为什么总摆脱不了周期性波动的“怪圈”？

我们可以从一个侧面来看看企业管理的一些运行脉络，顺次脉络试着探求问题的根源：想想看，你的企业在安全绩效考核时所遵从的基本依据是什么？是“以结果为导向”——基于结果的考核？还是“以过程为导向”——基于过程的考核？

绩效考核是企业管理的一个主要手段，安全绩效是企业绩效考核体系中的一项重要指标。有道是“领导考核什么，员工就做什么”。目前，基于结果的考核是企业绩效管理的一个通用的方式。这种方式对于考核生产产量、成本、质量等指标也许适合，但用于安全管理的考核未必适合。

我们经常会听到企业领导者发出这样的疑问：“安全考核的力度加大、加大、再加大，为什么事故却仍然频繁发生呢？”传统安全管理的思维和方法一直在

努力寻求解决方略，但收效甚微。这正是精益安全管理要着力研究和解决的重要课题之一。

传统安全管理对安全绩效的考核往往是“以结果为导向”的考核：比如“全年不发生工伤事故，重奖……”“发生一起轻伤以上事故，免除全员当月奖金100%”“发现一个现场隐患，扣除单位当月奖金……元”等。这些“重奖重罚”的措施对提高安全意识和促进领导者对安全工作的关注曾起到过积极的作用。以结果为依据的考核方法，虽然操作起来简单明了，却存在着很多弊病。

弊病之一：这些安全考核指标被层次分解，并效仿以测量结果为依据的计奖方式。这种统一的计奖方式忽视了不同单位的个性。

弊病之二：对那些在安全管理上付出了大量的心血的单位和那些在安全管理上并没有什么作为的单位一样，只要不出伤害事故，到年底都可以拿到一份应得的奖金。

弊病之三：忽视了安全管理的本质和规律——员工的行为改善和过程控制。没有员工安全行为的持续改善，安全绩效就成了无本之木。

对企业安全绩效的考核，是一项非常复杂的工作，不能停留在简单的“基于结果”的层面上。精益安全管理主张在关注结果的同时，强调“基于过程”的考核。比如：增加“员工参与率”“安全行为百分比”等安全运行的过程指标，使安全绩效考核建立在持续绩效改进的基础之上。

9. 职业安全健康体系在现场落实得怎么样，为什么

绝大部分企业建立并运行了职业安全健康体系，体系管理是现代安全管理的重要标志。客观的事实是：体系建设给企业安全管理带来了很大的进步和变化，这种变化主要表现在企业“方针目标”和“管理程序”两个层面。但是在现场，在“操作程序”层面，作业文件大多是按照体系的格式“改头换面”，体系并没有给员工的实际操作带来多大实质的改变。换句话来说，大部分企业体系的落地问题解决的并不是太好。

究其原因，一是东西方的文化差异太大，让员工改变已有的习惯去适应西方的文化价值，难度是巨大的；二是体系建设的时间不容许；三是体系建设的目的，原本就不是为了改变员工的操作行为习惯而进行的。企业的管理体系现

已经过渡到了“三标合一”，体系照例在进行着“管理评审”，一批固定的、训练有素的人员熟练地应付着评审团的审核。员工现场作业的行为依然没有什么实质性的改变。

企业安全管理普遍存在的问题是“体系不落地”“管理不到位”和“活动不持续”问题。精益安全管理主要是解决上述的“三不”问题。

10. 安全管理是不是只有投入没有产出，安全管理能不能创造经济效益

社会上对安全管理存在着很大的误会，一些人认为：企业搞安全管理，是赔钱的管理，只有投入没有产出。一些老板不愿意安全投入，不愿意搞安全管理，认为安全管理不能给企业创造经济效益。

精益安全管理之所以致力于“安全管理的经济效益的研究”，就是要清楚地解答这个“看似显而易见却不被人们注意”的问题。

人的生命和健康是无价的，一旦失去便不能再复生。所以，我们说“安全，没有回头的路可走”。在当代社会的今天，独生子女的一代渐渐成为就业的主力军。在企业，他们“一个人”的身上承载着多个家庭的幸福。因此，现在的员工是“伤不起”，更是“亡不起”的一代。也许正因为这样，那些所谓的“经济效益问题”比起人的生命和健康问题，似乎都不值得一提。

对于企业安全管理，如果疏于管理，其后果不仅损害了员工的健康和生命，企业的经济损失也不是一个小数目。事故带来的直接损失是多少？事故影响带来的间接损失是多少？老板和安全管理者应该把这笔账目算算清楚。

另外，企业加强安全管理，特别是践行精益安全的理念，企业不仅可以减少因事故引起的损失，还可以收到因开展安全管理活动带来的新增经济效益：这些经济效益主要来自于①生产效率的提高；②质量指标的改善；③成本的降低；④设备运转率的提高；⑤环境的改善；⑥减少现场浪费；⑦人员士气的提高带来的现场活力。总之，老板和安全管理者要特别算清楚的一笔账目是：安全管理改善带来的收益是多少？

总之，企业要算清楚安全管理的“三笔账”：

①事故损失额=直接损失+间接损失（直接损失包括：治疗费、医药费、陪护费、住院费、赔偿费、补偿费、新增员工费用、其他费用；间接损失包括：停工损失费、生产恢复费用、其他相关费用等）。

②管理增收额=直接收益（直接收益包括：因开展安全管理活动进行的质量改善、成本改善、生产效率提高、降低设备故障等项目带来的可计算的收益额）。

③安全综合效益=②–①–安全成本+美誉度（安全成本主要是指用于安全管理活动的资金投入，包括：各种安全奖金、隐患整改资金、事故演练费用、事故预防费用等；美誉度是指专业评估机构对企业品牌价值评估中安全美誉部分所占的估价额度）。

第六节　精益安全管理与传统安全管理的主要区别

企业在长期的安全生产实践中，必然会形成具有自身特色的企业安全文化。与此同时，安全管理方面的一些困难和问题也在困扰着企业领导和安全工作者。比如：尽管上上下下对安全工作都很重视，一些意外的事件或事故却时有发生；安全管理方面的有些措施和方法，刚开始还管用，可是在过了一段时间以后就没有多大效果了；大多数企业在安全管理上的主要措施仍然是经济措施和强制手段，稍有放松，事故就会反弹。为什么会出现这种情况？为什么企业的千人负伤率在达到0.5‰～1‰之后就很难再有大的突破？如何破解当前企业安全管理遇到的瓶颈和难题？精益安全的理念和方法试图在这些方面进行一系列有效的探索。

那么，精益安全的理念和方法与传统安全管理有什么不同呢？

1. 精益安全管理是“走群众路线”，传统安全管理注重“满足领导的要求”

安全管理的目的是什么？避免员工伤亡、避免财产损失、保障员工身体健康。哪一部分员工容易受到伤害？最基层的、生产一线的员工。因此，安全管理工作的重心在现场；安全管理的工作中心是围绕一线员工开展工作：提高他们的意识、增强他们的能力、减少他们的伤亡。说大了，这是一个“价值观”问题；说小了，这是一个“为了谁”的问题；我们的管理者很多时候往往在这个根本问题上出现差错。

安全工作是为了谁？是为了领导？还是为了员工？这里有一个关于“三满意”的排序问题。在传统安全管理中，多数人的工作方式是按照工作计划、根据领导的要求去工作，完成领导交办的任务，让领导满意。“三满意”的排序是“领导—客户—员工”，员工被排在了最后面。员工不满意，员工在心里不痛快，在产品上就会体现出来，产品性能不稳定，客户就会有意见，丢失了市场份额，企业的效益下滑，领导会很不高兴。这就是在很多企业不断循环的“管理怪圈”。产生“管理怪圈”的根源是因为管理者的行为与安全的目的“相悖而行”。

要让管理者的行为与目的“相向而行”，就是精益安全管理主张的“走群众路线”。领导干部到现场去，听取员工的意见，解决员工在生产和工作中的困难，关心群众、热爱群众、一切为了群众，“三满意”的排序是“员工—客户—领导”。员工满意了，员工的工作热情和责任心加强了，稳定的安全生产的局面就有了保障，产品质量和成本指标会得到不断改善，客户满意了，领导自然会高兴。事实上，这正是众多成功企业的一个显著特征。

2. 精益安全管理是“把好钢用在刀刃儿上”，传统安全管理是“把好钢用在刀背儿上”

很多企业越来越重视培训工作，安全管理方面的培训也在不断地加大力度。调查发现，企业几百万元或上千万元的培训资金都用在了哪儿呢？大多用在了各类各级管理者身上了，中高层领导被送到清华的总裁班去研修，基层管理者安排了管理能力提升培训，这些当然很重要。但是我们知道，90%以上的事故都是由生产一线的员工的不安全行为造成的。可我们每年在一线员工的能力素质提升上，培训了多少次？花费了多少钱？用了多少精力？

精益安全管理主张“素质低，不是员工的错”“管理者，首先是培训师。”有效控制事故的发生，就要把不断提高员工的安全素质和安全能力放在重要的位置，建立内训师队伍，加强对一线员工的培训，“把好钢用在刀刃儿上。”传统安全管理只注重中高层领导的培训，领导的能力提升以后不去培训员工，员工的安全能力得不到加强，等于“把好钢用在了刀背儿上”，解决不了安全生产的现实问题。

3. 精益安全管理是“现场思维”，传统安全管理是“会议思维”

在思维方式上，精益安全与传统安全管理有很多的不同。传统安全管理在研究、布置、评估和推动工作的时候，喜欢通过会议的方式进行。习惯于通过开会把大家叫到一起，听汇报、分析问题、研究问题、协调解决问题。我们称之为“会议思维”方式。所以，开会多是大多数企业的通病。据抽样调查和统计：某企业厂部级领导干部每周花费在各种会议上的时间占66%，科（段）长一级干部每周用在各种会议上的时间占43%，各种各样的会议占用了企业大量的时间和人力，资源都用在了会场。

精益安全管理主张“现地、现物”和现场主义。认为：问题发生在现场，分析问题、调查研究问题和解决问题也应该在现场。我们称之为“现场思维”。只有身临现场，才能体验到员工在生产作业时的真实环境和真实感受，才能了解到真实情况。管理者把资源用在了现场，准确地把握了事故隐患是在什么时间、什么地方、什么情况下、是谁在操作时发生的。这样制定出来的防范措施才更有效、更有针对性。

4. 精益安全管理是“基于过程的管理”，传统安全管理是“基于结果的管理”

传统安全管理大多是“基于结果的管理”。安全评价、安全考核、重奖重罚、一票否决等，都是基于结果。这种管理方式已经带来很多负面影响，比如：过程不稳定的情况下，结果往往带有很多偶然性；有人平时违规违制，只是因为没有发生事故，到年底也可以得到一笔可观的安全奖金；为了保那个“结果”，人们有意地隐瞒真相等。由于以上的原因，基于结果的安全管理必然造成企业的安全业绩具有很大的不确定性和不稳定性，并挑战员工的诚实度。

精益安全管理是“基于过程的管理”。所谓“基于过程”，实质上是考察生产现场、作业流程和员工行为符合标准的程度，着眼于生产秩序、设备运行和质量控制的稳定性以及关注作业现场4M1E的受控情况。过程控制的指标包括：现场5S状况、员工参与率、改善提案件数、安全检查频率、安全检查得分率、现场隐患举报件数、行为观察次数、员工离职率等；实现过程控制的措施有：安全行为模型、自动化、防呆防错、看板管理、确认制等。

5. 精益安全管理是“回归人的本性”，传统安全管理是“管理驱动”

一提到要加强安全管理，我们首先想到的措施是什么？

我们也许会想到：加大考核力度、完善控制措施、实行重奖重罚、组织安全培训、推行案例教育、策划一项活动方案等。这些，其实是传统安全管理常用的方法，安全虽然是涉及每一位员工自身安全和健康的事，但各种各样的管理活动却往往是强迫进行的，“强迫+考核”是典型的传统安全管理的模式。凡被动做的事情都会产生应付现象，强迫就会反弹。当前企业安全管理表现出来的诸多方面的问题，根源皆在于此。

让我们看看丰田公司的安全管理是怎么做的：在丰田的班组有一项活动叫“安全日历活动”，每天工作结束以后，每一位员工都要进行当日安全自省，要自我反省三件事：①“班前会上指出的安全重点落实了吗？”；②“5S 执行了吗？”；③“被别人指出不安全行为了吗？”。通过自我检点，自己给自己打分。如果因为自己的失误给全班带来了麻烦，自己会感到很内疚和耻辱。因此，员工要常思考：“我怎样才能防止错误？”“我怎样才能使工作更为安全和简易？”这是丰田改善提案的关键组成部分。丰田的改善提案系统是让所有员工每月都主动地寻找并实施改进的设想。丰田非常重视思考的价值，千方百计让员工动脑筋。

当一个人被信任时，就会产生责任感。连小孩子都不愿意听从别人的管教。这些都是人的本性。精益安全就是要“回归人的本性”。通过一系列自主管理的方法，激发员工的内生活力，通过主动关爱和现场改善活动，实现安全管理的自觉、自愿、自主管理。千方百计让员工在作业的时候动脑筋。很多事情，当你换一种方法去处理的时候，情况就大不一样了。

6. 精益安全管理“注重重复性活动”，传统安全管理“热衷于一次性活动”

当仔细考察和分析企业常见的一些安全活动时，我们可以发现，这些活动大致可分为两类：一次性活动和重复性活动。一次性活动包括：安全方针目标、全员安全承诺、安全签名活动、安全演讲活动、安全知识竞赛、事故应急演练等，这些活动大多是工作时间之外的活动。重复性活动包括：班前班后会、安全分享、安全反省、安全自我提醒、现场 5S 活动、安全确认、安全提案活动、安全行为观察、隐患排查、危险预知活动、安全日历活动等，这些活动大多在工作时间之内进行，不用刻意加班或延长工作时间。

传统安全管理热衷于开展那些一次性活动，因为这种活动规模大、场面隆重、影响也会轰轰烈烈，但热闹过后一切又回归常态，效果不会持续太久。喜欢搞一次性活动的人对重复性活动缺乏足够的耐心，那些重复性活动因为没有什么新意，天天在做、人人在做，要搞出点名堂来难度比较大。所以，坚持不了太久就会听之任之了。

精益安全管理不排除进行有意义的一次性活动，但相比较而言，更注重扎扎实实地开展日常工作不可缺少的重复性活动。这些活动大多不用加班加点，只要用心去做、做到位、全员参与、坚持做下去，其效果往往就会出人意料。像原日本钢管公司京滨制铁所5S活动管理持续推进10年，上海通用汽车班组安全分享坚持了7年，美国一家氧化铝提炼厂坚持安全行为观察流程6年时间，安全管理都取得了优异的业绩。

7. 精益安全管理是“凡事皆要可测量”，传统安全管理是“停留在理念层面”

传统安全管理不乏很好的理念、原则和口号，但突出的问题是：理念多，行动少；说起来夸夸其谈，做起来管理粗放。比如，每当领导者在会议上大讲“安全第一”“重视安全工作”“全员参与”时，往往仅停留在这些原则和理念本身，但“如何体现安全第一？”“本单位安全工作的思路是什么？”“领导者每月要做哪几项工作，用多长时间去做？”等，当具体到这些行动层面的东西时就没有了下文。在有些领导的认识里，安全工作本不是他的事，那是安全部门的事，安全工程师的事。

譬如，精益安全管理针对这些病症开了一剂药方：“凡事皆要可测量。”比如，经理如何参与安全管理？精益安全开出的药方是：“安全思路+安全行动方案。”经理安全工作思路的测量点是“您是否准确把握了本单位安全工作的三个点（重点、难点、薄弱点）”；安全行动方案的测量点是“每个月使用7个小时，做好以下四件事情：①每月1次安全行为观察，30分钟；②每月1次带队安全综合大检查，120分钟；③每月1次安全工作例会，90分钟；④每月举行1次面对4个班次员工的经理安全讲话，4个45分钟。”有了这样一些具体的、可操作、可测量的行动方案，很多理念、原则和要求就容易落地，就可以到位了。

以上谈了精益安全与传统安全管理7个方面的区别，还有很多细节上的区别，这里不再赘述。这7个问题从不同的侧面反映了精益安全与传统安全管理的关系和区别。概括地讲，精益安全管理是在传统安全管理和现代安全管理的基础上，运用精益管理的理念，结合我国企业的实际环境和条件，紧紧围绕改善安全绩效的目标，通过实施“简化、量化、程序化、精细化、可视化及自动化和本土化”的原则，探讨更加务实和实用的安全管理的工具和方法，以期为企业提供一套高效实用的安全管理整体解决方案。实现企业安全生产长治久安的宏图大业。

应该说，精益安全管理在国外、国内均还处于起步阶段。精益安全不是什么新的概念，也不是什么标新立异的东西。安全管理原本就应该是这个样子的，精益安全比以往任何时候和任何方法更接近安全的实质。传统安全管理中的很多好的做法，比如：三级安全教育、现场安全检查、班前班后会、自主管理方法等，在执行的时候往往做得不到位，有的是走走过场，有的是被动应付；精益安全管理则运用精益的理念和方法把它们做深、做细、做到位。使之更加易于操作，更加使人喜闻乐见，更能发挥应有的作用。

本书提出的施工安全精益管理虽在企业管理中有一定的实践，但从总体发展阶段看，施工安全精益管理尚属于启蒙或起步阶段。为系统阐述工程项目施工安全精益管理的要素，笔者结合自己对施工安全精益管理的理解，从实现安全目标精益化管理，构建完备的工程项目安全管理制度标准，建立有效的工程项目安全生产责任制，实现项目安全检查标准化，推进安全生产风险管理体系建设，开展项目施工现场安全标准化管理，开展班组施工安全精益管理活动，特色安全文化创建本质安全型企业，严格承包商管理，安全事故防范、紧急救援及事故调查处理等方面阐述了实现施工安全精益管理的具体要求，并对一些具体做法进行了归纳，以飨读者。

背景材料一：

中共中央国务院关于推进安全生产领域改革发展的意见

（2016 年 12 月 9 日）

安全生产是关系人民群众生命财产安全的大事，是经济社会协调健康发展的标志，是党和政府对人民利益高度负责的要求。党中央、国务院历来高度重视安全生产工作，党的十八大以来作出一系列重大决策部署，推动全国安全生产工作取得积极进展。同时也要看到，当前我国正处在工业化、城镇化持续推进过程中，生产经营规模不断扩大，传统和新型生产经营方式并存，各类事故隐患和安全风险交织叠加，安全生产基础薄弱、监管体制机制和法律制度不完善、企业主体责任落实不力等问题依然突出，生产安全事故易发多发，尤其是重特大安全事故频发势头尚未得到有效遏制，一些事故发生呈现由高危行业领域向其他行业领域蔓延趋势，直接危及生产安全和公共安全。为进一步加强安全生产工作，现就推进安全生产领域改革发展提出如下意见。

一、总体要求

（一）指导思想

全面贯彻党的“十八大”和十八届三中、四中、五中、六中全会精神，以邓小平理论、“三个代表”重要思想、科学发展观为指导，深入贯彻习近平总书记系列重要讲话精神和治国理政新理念新思想新战略，进一步增强“四个意识”，紧紧围绕统筹推进“五位一体”总体布局和协调推进“四个全面”战略布局，牢固树立新发展理念，坚持安全发展，坚守发展决不能以牺牲安全为代价这条不可逾越的红线，以防范遏制重特大生产安全事故为重点，坚持安全第一、预防为主、综合治理的方针，加强领导、改革创新，协调联动、齐抓共管，着力强化企业安全生产主体责任，着力堵塞监督管理漏洞，着力解决不遵守法律法规的问题，依靠严密的责任体系、严格的法治措施、有效的体制机制、有力的基础保障和完善的系统治理，切实增强安全防范治理能力，大力提升我国安全生产整体水平，确保人民群众安康幸福、共享改革发展和社会文明进步成果。

（二）基本原则

——坚持安全发展。贯彻以人民为中心的发展思想，始终把人的生命安全放在首位，正确处理安全与发展的关系，大力实施安全发展战略，为经济社会发展提供强有力的安全保障。

——坚持改革创新。不断推进安全生产理论创新、制度创新、体制机制创新、科技创新和文化创新，增强企业内生动力，激发全社会创新活力，破解安全生产难题，推动安全生产与经济社会协调发展。

——坚持依法监管。大力弘扬社会主义法治精神，运用法治思维和法治方式，深化安全生产监管执法体制改革，完善安全生产法律法规和标准体系，严格规范公正文明执法，增强监管执法效能，提高安全生产法治化水平。

——坚持源头防范。严格安全生产市场准入，经济社会发展要以安全为前提，把安全生产贯穿城乡规划布局、设计、建设、管理和企业生产经营活动全过程。构建风险分级管控和隐患排查治理双重预防工作机制，严防风险演变、隐患升级导致生产安全事故发生。

——坚持系统治理。严密层级治理和行业治理、政府治理、社会治理相结合的安全生产治理体系，组织动员各方面力量实施社会共治。综合运用法律、行政、经济、市场等手段，落实人防、技防、物防措施，提升全社会安全生产治理能力。

（三）目标任务

到 2020 年，安全生产监管体制机制基本成熟，法律制度基本完善，全国生产安全事故总量明显减少，职业病危害防治取得积极进展，重特大生产安全事故频发势头得到有效遏制，安全生产整体水平与全面建成小康社会目标相适应。到 2030 年，实现安全生产治理体系和治理能力现代化，全民安全文明素质全面提升，安全生产保障能力显著增强，为实现中华民族伟大复兴的中国梦奠定稳固可靠的安全生产基础。

二、健全落实安全生产责任制

（四）明确地方党委和政府领导责任

坚持党政同责、一岗双责、齐抓共管、失职追责，完善安全生产责任体系。地方各级党委和政府要始终把安全生产摆在重要位置，加强组织领导。

党政主要负责人是本地区安全生产第一责任人，班子其他成员对分管范围内的安全生产工作负领导责任。地方各级安全生产委员会主任由政府主要负责人担任，成员由同级党委和政府及相关部门负责人组成。

地方各级党委要认真贯彻执行党的安全生产方针，在统揽本地区经济社会发展全局中同步推进安全生产工作，定期研究决定安全生产重大问题。加强安全生产监管机构领导班子、干部队伍建设。严格安全生产履职绩效考核和失职责任追究。强化安全生产宣传教育和舆论引导。发挥人大对安全生产工作的监督促进作用、政协对安全生产工作的民主监督作用。推动组织、宣传、政法、机构编制等单位支持保障安全生产工作。动员社会各界积极参与、支持、监督安全生产工作。

地方各级政府要把安全生产纳入经济社会发展总体规划，制定实施安全生产专项规划，健全安全投入保障制度。及时研究部署安全生产工作，严格落实属地监管责任。充分发挥安全生产委员会作用，实施安全生产责任目标管理。建立安全生产巡查制度，督促各部门和下级政府履职尽责。加强安全生产监管执法能力建设，推进安全科技创新，提升信息化管理水平。严格安全准入标准，指导管控安全风险，督促整治重大隐患，强化源头治理。加强应急管理，完善安全生产应急救援体系。依法依规开展事故调查处理，督促落实问题整改。

（五）明确部门监管责任

按照管行业必须管安全、管业务必须管安全、管生产经营必须管安全和谁主管谁负责的原则，厘清安全生产综合监管与行业监管的关系，明确各有关部门安全生产和职业健康工作职责，并落实到部门工作职责规定中。安全生产监督管理部门负责安全生产法规标准和政策规划制定修订、执法监督、事故调查处理、应急救援管理、统计分析、宣传教育培训等综合性工作，承担职责范围内行业领域安全生产和职业健康监管执法职责。负有安全生产监督管理职责的有关部门依法依规履行相关行业领域安全生产和职业健康监管职责，强化监管执法，严厉查处违法违规行为。其他行业领域主管部门负有安全生产管理责任，要将安全生产工作作为行业领域管理的重要内容，从行业规划、产业政策、法规标准、行政许可等方面加强行业安全生产工作，指导督促企事业单位加强安全管理。党委和政府其他有关部门要在职责范围内为安全生产工作提供支持保障，共同推进安全发展。

（六）严格落实企业主体责任

企业对本单位安全生产和职业健康工作负全面责任，要严格履行安全生产法定责任，建立健全自我约束、持续改进的内生机制。企业实行全员安全生产责任制度，法定代表人和实际控制人同为安全生产第一责任人，主要技术负责人负有安全生产技术决策和指挥权，强化部门安全生产职责，落实一岗双责。完善落实混合所有制企业以及跨地区、多层级和境外中资企业投资主体的安全生产责任。建立企业全过程安全生产和职业健康管理制度，做到安全责任、管理、投入、培训和应急救援“五到位”。国有企业要发挥安全生产工作示范带头作用，自觉接受属地监管。

（七）健全责任考核机制

建立与全面建成小康社会相适应和体现安全发展水平的考核评价体系。完善考核制度，统筹整合、科学设定安全生产考核指标，加大安全生产在社会治安综合治理、精神文明建设等考核中的权重。各级政府要对同级安全生产委员会成员单位和下级政府实施严格的安全生产工作责任考核，实行过程考核与结果考核相结合。各地区各单位要建立安全生产绩效与履职评定、职务晋升、奖励惩处挂钩制度，严格落实安全生产“一票否决”制度。

（八）严格责任追究制度

实行党政领导干部任期安全生产责任制，日常工作依责尽职、发生事故依责追究。依法依规制定各有关部门安全生产权力和责任清单，尽职照单免责、失职照单问责。建立企业生产经营全过程安全责任追溯制度。严肃查处安全生产领域项目审批、行政许可、监管执法中的失职渎职和权钱交易等腐败行为。严格事故直报制度，对瞒报、谎报、漏报、迟报事故的单位和个人依法依规追责。对被追究刑事责任的生产经营者依法实施相应的职业禁入，对事故发生负有重大责任的社会服务机构和人员依法严肃追究法律责任，并依法实施相应的行业禁入。

三、改革安全监管监察体制

（九）完善监督管理体制

加强各级安全生产委员会组织领导，充分发挥其统筹协调作用，切实解决突出矛盾和问题。各级安全生产监督管理部门承担本级安全生产委员会日常工作，负责指导协调、监督检查、巡查考核本级政府有关部门和下级政府安全生产工作，履行综合监管职责。负有安全生产监督管理职责的部门，依照有关法律法规和部门职责，健全安全生产监管体制，严格落实监管职责。相关部门按照各自职责建立完善安全生产工作机制，形成齐抓共管格局。坚持管安全生产必须管职业健康，建立安全生产和职业健康一体化监管执法体制。

（十）改革重点行业领域安全监管监察体制

依托国家煤矿安全监察体制，加强非煤矿山安全生产监管监察，优化安全监察机构布局，将国家煤矿安全监察机构负责的安全生产行政许可事项移交给地方政府承担。着重加强危险化学品安全监管体制改革和力量建设，明确和落实危险化学品建设项目立项、规划、设计、施工及生产、储存、使用、销售、运输、废弃处置等环节的法定安全监管责任，建立有力的协调联动机制，消除监管空白。完善海洋石油安全生产监督管理体制机制，实行政企分开。理顺民航、铁路、电力等行业跨区域监管体制，明确行业监管、区域监管与地方监管职责。

（十一）进一步完善地方监管执法体制

地方各级党委和政府要将安全生产监督管理部门作为政府工作部门和行政执法机构，加强安全生产执法队伍建设，强化行政执法职能。统筹加强安全监管力量，重点充实市、县两级安全生产监管执法人员，强化乡镇（街道）安全生产监管力量建设。完善各类开发区、工业园区、港区、风景区等功能区安全生产监管体制，明确负责安全生产监督管理的机构，以及港区安全生产地方监管和部门监管责任。

（十二）健全应急救援管理体制

按照政事分开原则，推进安全生产应急救援管理体制改革，强化行政管理职能，提高组织协调能力和现场救援时效。健全省、市、县三级安全生产应急救援管理工作机制，建设联动互通的应急救援指挥平台。依托公安消防、大型企业、工业园区等应急救援力量，加强矿山和危险化学品等应急救援基地和队伍建设，实行区域化应急救援资源共享。

四、大力推进依法治理

（十三）健全法律法规体系

建立健全安全生产法律法规立改废释工作协调机制。加强涉及安全生产相关法规一致性审查，增强安全生产法制建设的系统性、可操作性。制定安全生产中长期立法规划，加快制定修订安全生产法配套法规。加强安全生产和职业健康法律法规衔接融合。研究修改刑法有关条款，将生产经营过程中极易导致重大生产安全事故的违法行为列入刑法调整范围。制定完善高危行业领域安全规程。设区的市根据立法法的立法精神，加强安全生产地方性法规建设，解决区域性安全生产突出问题。

（十四）完善标准体系

加快安全生产标准制定修订和整合，建立以强制性国家标准为主体的安全生产标准体系。鼓励依法成立的社会团体和企业制定更加严格规范的安全生产标准，结合国情积极借鉴实施国际先进标准。国务院安全生产监督管理部门负责生产经营单位职业危害预防治理国家标准制定发布工作；统筹提出安全生产强制性国家标准立项计划，有关部门按照职责分工组织起草、审查、实施和监督执行，国务院标准化行政主管部门负责及时立项、编号、对外通报、批准并发布。

（十五）严格安全准入制度

严格高危行业领域安全准入条件。按照强化监管与便民服务相结合原则，科学设置安全生产行政许可事项和办理程序，优化工作流程，简化办事环节，实施网上公开办理，接受社会监督。对与人民群众生命财产安全直接相关的行政许可事项，依法严格管理。对取消、下放、移交的行政许可事项，要加强事中事后安全监管。

（十六）规范监管执法行为

完善安全生产监管执法制度，明确每个生产经营单位安全生产监督和管理主体，制订实施执法计划，完善执法程序规定，依法严格查处各类违法违规行为。建立行政执法和刑事司法衔接制度，负有安全生产监督管理职责的部门要加强与公安、检察院、法院等协调配合，完善安全生产违法线索通报、案件移送与协查机制。对违法行为当事人拒不执行安全生产行政执法决定的，负有安全生产监督管理职责的部门应依法申请司法机关强制执行。完善司法机关参与事故调查机制，严肃查处违法犯罪行为。研究建立安全生产民事和行政公益诉讼制度。

（十七）完善执法监督机制

各级人大常委会要定期检查安全生产法律法规实施情况，开展专题询问。各级政协要围绕安全生产突出问题开展民主监督和协商调研。建立执法行为审议制度和重大行政执法决策机制，评估执法效果，防止滥用职权。健全领导干部非法干预安全生产监管执法的记录、通报和责任追究制度。完善安全生产执法纠错和执法信息公开制度，加强社会监督和舆论监督，保证执法严明、有错必纠。

（十八）健全监管执法保障体系

制定安全生产监管监察能力建设规划，明确监管执法装备及现场执法和应急救援用车配备标准，加强监管执法技术支撑体系建设，保障监管执法需要。建立完善负有安全生产监督管理职责的部门监管执法经费保障机制，将监管执法经费纳入同级财政全额保障范围。加强监管执法制度化、标准化、信息化建设，确保规范高效监管执法。建立安全生产监管执法人员依法履行法定职责制度，激励保证监管执法人员忠于职守、履职尽责。严格监管执法人员资格管理，制定安全生产监管执法人员录用标准，提高专业监管执法人员比例。建立健全安全生产监管执法人员凡进必考、入职培训、持证上岗和定期轮训制度。统一安全生产执法标志标识和制式服装。

（十九）完善事故调查处理机制

坚持问责与整改并重，充分发挥事故查处对加强和改进安全生产工作的促进作用。完善生产安全事故调查组组长负责制。健全典型事故提级调查、跨地区协同调查和工作督导机制。建立事故调查分析技术支撑体系，所有事故调查报告要设立技术和管理问题专篇，详细分析原因并全文发布，做好解读，回应公众关切。对事故调查发现有漏洞、缺陷的有关法律法规和标准制度，及时启动制定修订工作。建立事故暴露问题整改督办制度，事故结案后一年内，负责事故调查的地方政府和国务院有关部门要组织开展评估，及时向社会公开，对履职不力、整改措施不落实的，依法依规严肃追究有关单位和人员责任。

五、建立安全预防控制体系

（二十）加强安全风险管控

地方各级政府要建立完善安全风险评估与论证机制，科学合理确定企业选址和基础设施建设、居民生活区空间布局。高危项目审批必须把安全生产作为前置条件，城乡规划布局、设计、建设、管理等各项工作必须以安全为前提，实行重大安全风险“一票否决”。加强新材料、新工艺、新业态安全风险评估和管控。紧密结合供给侧结构性改革，推动高危产业转型升级。位置相邻、行业相近、业态相似的地区和行业要建立完善重大安全风险联防联控机制。构建国家、省、市、县四级重大危险源信息管理体系，对重点行业、重点区域、重点企业实行风险预警控制，有效防范重特大生产安全事故。

（二十一）强化企业预防措施

企业要定期开展风险评估和危害辨识。针对高危工艺、设备、物品、场所和岗位，建立分级管控制度，制定落实安全操作规程。树立隐患就是事故的观念，建立健全隐患排查治理制度、重大隐患治理情况向负有安全生产监督管理职责的部门和企业职代会“双报告”制度，实行自查自改自报闭环管理。严格执行安全生产和职业健康“三同时”制度。大力推进企业安全生产标准化建设，实现安全管理、操作行为、设备设施和作业环境的标准化。开展经常性的应急演练和人员避险自救培训，着力提升现场应急处置能力。

（二十二）建立隐患治理监督机制

制定生产安全事故隐患分级和排查治理标准。负有安全生产监督管理职责的部门要建立与企业隐患排查治理系统联网的信息平台，完善线上线下配套监管制度。强化隐患排查治理监督执法，对重大隐患整改不到位的企业依法采取停产停业、停止施工、停止供电和查封扣押等强制措施，按规定给予上限经济处罚，对构成犯罪的要移交司法机关依法追究刑事责任。严格重大隐患挂牌督办制度，对整改和督办不力的纳入政府核查问责范围，实行约谈告诫、公开曝光，情节严重的依法依规追究相关人员责任。

（二十三）强化城市运行安全保障

定期排查区域内安全风险点、危险源，落实管控措施，构建系统性、现代化的城市安全保障体系，推进安全发展示范城市建设。提高基础设施安全配置标准，重点加强对城市高层建筑、大型综合体、隧道桥梁、管线管廊、轨道交通、燃气、电力设施及电梯、游乐设施等的检测维护。完善大型群众性活动安全管理制度，加强人员密集场所安全监管。加强公安、民政、国土资源、住房城乡建设、交通运输、水利、农业、安全监管、气象、地震等相关部门的协调联动，严防自然灾害引发事故。

（二十四）加强重点领域工程治理

深入推进对煤矿瓦斯、水害等重大灾害以及矿山采空区、尾矿库的工程治理。加快实施人口密集区域的危险化学品和化工企业生产、仓储场所安全搬迁工程。深化油气开采、输送、炼化、码头接卸等领域安全整治。实施高速公路、乡村公路和急弯陡坡、临水临崖危险路段公路安全生命防护工程建设。加强高速铁路、跨海大桥、海底隧道、铁路浮桥、航运枢纽、港口等防灾监测、安全检测及防护系统建设。完善长途客运车辆、旅游客车、危险物品运输车辆和船舶生产制造标准，提高安全性能，强制安装智能视频监控报警、防碰撞和整车整船安全运行监管技术装备，对已运行的要加快安全技术装备改造升级。

（二十五）建立完善职业病防治体系

将职业病防治纳入各级政府民生工程及安全生产工作考核体系，制定职业病防治中长期规划，实施职业健康促进计划。加快职业病危害严重企业技术改造、转型升级和淘汰退出，加强高危粉尘、高毒物品等职业病危害源头治理。健全职业健康监管支撑保障体系，加强职业健康技术服务机构、职业病诊断鉴定机构和职业健康体检机构建设，强化职业病危害基础研究、预防控制、诊断鉴定、综合治疗能力。完善相关规定，扩大职业病患者救治范围，将职业病失能人员纳入社会保障范围，对符合条件的职业病患者落实医疗与生活救助措施。加强企业职业健康监管执法，督促落实职业病危害告知、日常监测、定期报告、防护保障和职业健康体检等制度措施，落实职业病防治主体责任。

六、加强安全基础保障能力建设

（二十六）完善安全投入长效机制

加强中央和地方财政安全生产预防及应急相关资金使用管理，加大安全生产与职业健康投入，强化审计监督。加强安全生产经济政策研究，完善安全生产专用设备企业所得税优惠目录。落实企业安全生产费用提取管理使用制度，建立企业增加安全投入的激励约束机制。健全投融资服务体系，引导企业集聚发展灾害防治、预测预警、检测监控、个体防护、应急处置、安全文化等技术、装备和服务产业。

（二十七）建立安全科技支撑体系

优化整合国家科技计划，统筹支持安全生产和职业健康领域科研项目，加强研发基地和博士后科研工作站建设。开展事故预防理论研究和关键技术装备研发，加快成果转化和推广应用。推动工业机器人、智能装备在危险工序和环节广泛应用。提升现代信息技术与安全生产融合度，统一标准规范，加快安全生产信息化建设，构建安全生产与职业健康信息化全国“一张网”。加强安全生产理论和政策研究，运用大数据技术开展安全生产规律性、关联性特征分析，提高安全生产决策科学化水平。

（二十八）健全社会化服务体系

将安全生产专业技术服务纳入现代服务业发展规划，培育多元化服务主体。建立政府购买安全生产服务制度。支持发展安全生产专业化行业组织，强化自治自律。完善注册安全工程师制度。改革完善安全生产和职业健康技术服务机构资质管理办法。支持相关机构开展安全生产和职业健康一体化评价等技术服务，严格实施评价公开制度，进一步激活和规范专业技术服务市场。鼓励中小微企业订单式、协作式购买运用安全生产管理和技术服务。建立安全生产和职业健康技术服务机构公示制度和由第三方实施的信用评定制度，严肃查处租借资质、违法挂靠、弄虚作假、垄断收费等各类违法违规行为。

（二十九）发挥市场机制推动作用

取消安全生产风险抵押金制度，建立健全安全生产责任保险制度，在矿山、危险化学品、烟花爆竹、交通运输、建筑施工、民用爆炸物品、金属冶炼、渔业生产等高危行业领域强制实施，切实发挥保险机构参与风险评估管控和事故预防功能。完善工伤保险制度，加快制定工伤预防费用的提取比例、使用和管理具体办法。积极推进安全生产诚信体系建设，完善企业安全生产不良记录“黑名单”制度，建立失信惩戒和守信激励机制。

（三十）健全安全宣传教育体系

将安全生产监督管理纳入各级党政领导干部培训内容。把安全知识普及纳入国民教育，建立完善中小学安全教育和高危行业职业安全教育体系。把安全生产纳入农民工技能培训内容。严格落实企业安全教育培训制度，切实做到先培训、后上岗。推进安全文化建设，加强警示教育，强化全民安全意识和法治意识。发挥工会、共青团、妇联等群团组织作用，依法维护员工群众的知情权、参与权与监督权。加强安全生产公益宣传和舆论监督。建立安全生产“12350”专线与社会公共管理平台统一接报、分类处置的举报投诉机制。鼓励开展安全生产志愿服务和慈善事业。加强安全生产国际交流合作，学习借鉴国外安全生产与职业健康先进经验。

各地区各部门要加强组织领导，严格实行领导干部安全生产工作责任制，根据本意见提出的任务和要求，结合实际认真研究制定实施办法，抓紧出台推进安全生产领域改革发展的具体政策措施，明确责任分工和时间进度要求，确保各项改革举措和工作要求落实到位。贯彻落实情况要及时向党中央、国务院报告，同时抄送国务院安全生产委员会办公室。中央全面深化改革领导小组办公室将适时牵头组织开展专项监督检查。

背景材料二：

我国近代安全生产管理发展历程

我国安全生产的三个时期和1978年以来经历的三个发展阶段

一、安全生产方针和管理体制初创时期（1949—1965）

1949年11月召开的第一次全国煤矿工作会议提出“煤矿生产，安全第一”。

1952年第二次全国劳动保护工作会议明确要坚持“安全第一”方针和“管生产必须管安全”原则。

1954年新中国制定的第一部宪法，把加强劳动保护、改善劳动条件作为国家的基本政策确定下来。中央人民政府先后颁布了《工厂安全卫生规程》《建筑安装工程安全技术规程》等行政法规，建立了由劳动部门综合监管、行业部门具体管理的安全生产工作体制，劳动者的安全状况从根本上得到了改善。但“大跃进”时期片面追求高经济指标，导致事故上升。

1958—1961年期间，工矿企业年平均事故死亡人数比“一五”时期增长了近4倍。

1963年国务院颁布了《关于加强企业生产中安全工作的几项规定》，恢复重建安全生产秩序，事故明显下降。

二、受“文化大革命”冲击时期（1966—1977）

企业管理受到严重冲击，导致事故频发。1970年劳动部并入国家计委，其安全生产综合管理职能也相应转移。这一阶段政府和企业安全管理一度失控。

1975年9月成立国家劳动总局，内设劳动保护局、锅炉压力容器安全监察局等安全工作机构。

三、恢复和创新发展时期（1978年至今）

恢复和创新发展时期又可分为以下三个阶段：

（1）恢复和整顿提高阶段（1978—1991）。治理经济环境和整顿经济秩序，为加强安全生产创造了较好的宏观环境。相继出台实施了《矿山安全监察条例》和《员工伤亡事故报告和处理规定》等法规。成立了全国安全生产委员会。工矿企业事故死亡人数下降。

（2）适应建立社会主义市场经济体制阶段（1992—2002）。为发挥企业的市场经济主体作用，1993 年国务院决定实行“企业负责、行业管理、国家监察、群众监督”的安全生产管理体制。相继颁布了《矿山安全法》《劳动法》，以及工伤保险、重特大伤亡事故报告调查、重特大事故隐患管理等多项法规。1998 年国务院机构改革，原劳动部承担的安全生产综合监管职能交由国家经贸委行使。

2000 年年初，在国家煤炭工业局加挂国家煤矿安全监察局牌子，成立了 20 个省级监察局和 71 个地区办事处，实行统一垂直管理。

2001 年年初，组建了国家安全生产监督管理局，与国家煤矿安全监察局“一个机构、两块牌子”。

2002 年 11 月出台了《安全生产法》，安全生产开始纳入比较健全的法制轨道。但这一阶段由于经济体制转轨、工业化进程加快，特别是民营小企业的迅速发展等，使安全生产面临一系列新情况、新问题，安全状况出现较大反复。

（3）创新发展阶段（2003 年以来）。

2003 年以来，我国坚持“以人为本”，在法制、体制、机制和投入等方面采取一系列措施加强安全生产工作。

2016 年 12 月 9 日，印发《中共中央国务院关于推进安全生产领域改革发展的意见》。

2003 年国家安全生产监督管理局（国家煤矿安全监察局）成为国务院直属机构，成立了国务院安全生产委员会；2004 年国务院做出《关于进一步加强安全生产工作的决定》；2005 年年初，国家安全生产监督管理局升格为总局；2006 年年初，成立了国家安全生产应急救援指挥中心。从 2003 年起，事故死亡人数连年上升的势头得到遏制，当年比上年少死亡 2 625 人，下降 2.1%；2004 年下降 0.2%，2005 年下降 7.1%。

新中国成立以来安全生产呈现出的一些特点如下：

（1）事故总量随着经济规模的扩大而上升。

新中国成立 50 多年来，工矿企业事故死亡人数大致呈上升态势。值得注意的是，2003 年出现了“拐点”，当年在国内生产总值持续增长背景下，事故死亡人数开始下降。从事故死亡指数曲线分析，1953—1976年波动幅度较大，1978年后波动幅度相对较小，死亡人数指数波动幅度与GDP增长率的变化具有统计学关系，改革开放以来比较稳定的经济社会环境，为安全生产平稳发展创造了有利条件。

（2）反映事故死亡人数与经济活动关系的一些相对性指标持续下降。

煤炭百万吨死亡率和道路交通万车死亡率，以及工矿企业从业人员10万人死亡率，呈逐年下降趋势。这表明随着安全法制的健全和监管力度的加大，我国安全生产确实在不断地加强和改进。

（3）特大事故发生频率呈增加态势。

这种现象表明，随着生产规模扩大、生产集中化程度提高、城市化进程加快、交通运输增加等，发生群死群伤重特大事故的风险随之增加。防范重特大事故，是当前和今后一个时期我国安全生产工作的重点任务。

我国安全生产法制、体制建设取得了长足进展。

1. 安全生产法律体系初步形成

目前已有一部主体法即《安全生产法》。《劳动法》《煤炭法》《矿山安全法》《职业病防治法》《海上交通安全法》《道路交通安全法》《消防法》《铁路法》《民航法》《电力法》《建筑法》等十余部专门法律中，都有安全生产方面的规定。有《国务院关于特大安全事故行政责任追究的规定》《安全生产许可证条例》《煤矿安全监察条例》《关于预防煤矿生产安全事故的特别规定》《危险化学品安全管理条例》《道路交通安全法实施条例》和《建设工程安全生产管理条例》等50多部行政法规，上百个部门规章。此外，各省（区、市）都制定出台了一批地方性法规和规章。安全生产各个方面大致上都可以做到有法可依。

2. 安全监管体制初步形成

目前国家层面上的安全管理职责格局是：安全监管总局对全国安全生产实施综合监管，并负责煤矿安全监察和非煤矿山、危险化学品、烟花爆竹等无主管部门的行业领域的安全监管工作；质检总局负责锅炉压力容器等特种设备的安全监督检查；卫生部负责职业病诊治工作；劳动和社会保障部负责工伤保险管理，同时保留了儿童、妇女的劳动保护工作职能；国防科工委、公安部、农业部、建设部、交通部、铁道部、民航总局、国资委和电监会等，分别负责本系统、本领域的安全工作。目前各省（区、市）以及市（州、盟）、92%的县（市、旗）建立了安全监管机构，全国共有监管人员约 3.5 万人，初步形成了综合监管与行业监管互动的管理体制和“政府统一领导，部门依法监督，企业全面负责，群众监督参与，社会广泛支持”的安全生产工作格局。

3. 安全生产应急体系开始建立

国务院发布了《国家突发公共事件总体应急预案》和包括《国家生产安全事故灾难应急预案》在内的 25 个专项预案，以及 81 个部门预案，其中安全生产占 31%。各省区市都制定发布了安全生产应急预案，高危行业和规模以上企业应急预案基本编制完成。矿山、消防、道路交通、水上、铁路等应急救援力量已初具规模。以国家、省、市三级安全生产应急指挥中心和国家、区域和骨干应急救援队伍为核心的安全生产应急体系框架正在形成。

背景材料三：

我国“十二五”期间安全生产总体形势

数据统计显示，“十二五”期间，我国安全生产形势进一步稳定好转，各类事故大幅下降。

统计显示，“十二五”期间，事故总量由2010年的363 383起、死亡人数79 552人，下降到2015年的281 576起、死亡人数66 182人，累计下降22.5%和16.8%，如图2-1所示；较大事故由2010年的1 732起、死亡人数6 870人，下降到2015年的1 016起、死亡人数3 820人，累计下降41.3%和44.4%，如图2-2所示；重特大事故由2010年的85起、死亡人数1 440人，下降到2015年的38起、死亡人数768人，累计下降55.3%和46.7%，如图2-3所示。

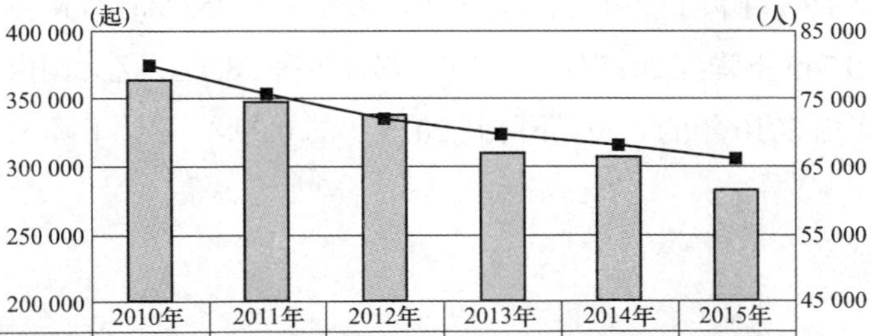

	2010年	2011年	2012年	2013年	2014年	2015年
事故起数	363 383	347 728	336 988	309 303	305 688	281 576
死亡人数	79 552	75 572	71 983	69 453	68 076	66 182

图2-1 “十二五”期间各类事故起数和死亡人数趋势图

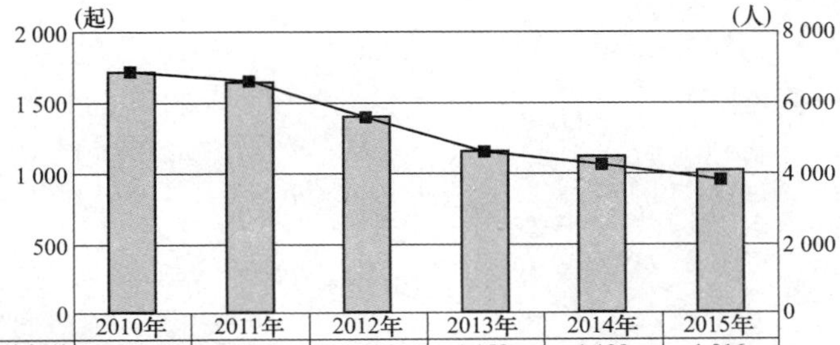

	2010年	2011年	2012年	2013年	2014年	2015年
事故起数	1 732	1 651	1 406	1 158	1 128	1 016
死亡人数	6 870	6 580	5 544	4 598	4 227	3 820

图2-2 “十二五”期间较大事故起数和死亡人数趋势图

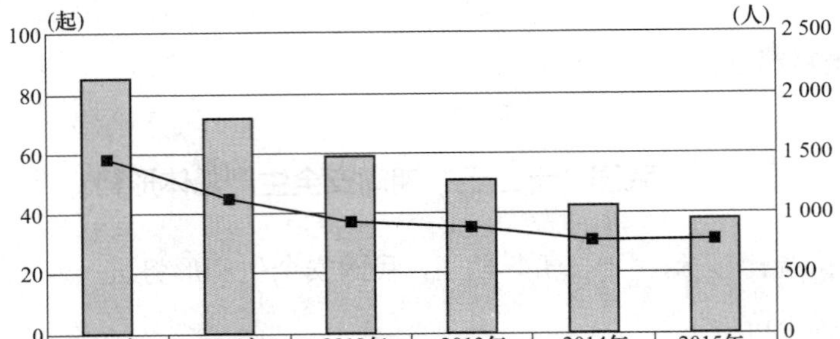

	2010年	2011年	2012年	2013年	2014年	2015年
事故起数	85	72	59	51	42	38
死亡人数	1 440	1 113	919	876	758	768

图 2-3 “十二五”期间重特大事故起数和死亡人数趋势图

从具体指标来看，工矿商贸事故死亡人数由 2010 年的 10 616 人，下降到 2015 年的 5 982 人，累计下降 43.7%；工矿商贸就业人员 10 万人生产安全事故死亡率由 2010 年的 2.13 下降到 2015 年的 1.071，累计下降 49.7%；道路交通万车死亡率由 2010 年的 3.2 下降到 2015 年的 2.080，累计下降 35.0%；煤矿百万吨死亡率由 2010 年的 0.749 下降到 2015 年的 0.162，累计下降 78.4%；亿元国内生产总值安全事故死亡率由 2010 年的 0.201 下降到 2015 年的 0.098，累计下降 51.2%。

第三章

实现安全目标的精益化管理

安全目标管理是目标管理在安全管理方面的应用，它是指企业内部各个部门以至每个员工，从上到下围绕企业安全生产的总目标，层层展开各自的目标，确定行动方针，安排安全工作进度，制定实施有效组织措施，并对安全成果严格考核的一种管理制度。

安全目标管理是参与管理的一种形式，是根据企业安全工作目标来控制企业安全生产的一种民主的科学有效的管理方法，是我国企业实行安全管理的一项重要内容。实现工程项目施工安全精益管理，首先要实现安全目标的精益化管理。

第一节　安全目标管理的实施步骤

安全目标管理的实施过程一般可分为四个阶段，即安全管理目标的制定，建立安全目标体系，安全管理目标的实施，目标的评价与考核。

第二节　制定合理可行的安全目标

安全管理目标是实现企业安全化的行动指南。目标管理是以各类事故及其资料为依据的一项长远管理方法，是以现代化管理为基础理论的一门综合管理技术，必须围绕施工企业生产经营目标和上级对安全生产的要求，结合生产的经营特点，做科学的分析。

（一）安全目标设定的依据

（1）国家的有关法律、法规、规范性文件、政策、法令等；

（2）安全生产监督管理部门的要求；

（3）上级管理部门的劳动保护工作方针、政策和要求；

（4）行业及本单位的中长期劳动保护规划；

（5）行业及本单位工伤事故和职业病统计资料与数据；

（6）本单位的安全工作和施工现场劳动条件的现状与问题；

（7）本单位的技术条件和经济条件。

（二）安全目标设定的原则

（1）可行性原则。所谓可行是指目标必须切合实际，要结合本单位的技术条件和经济条件，参照本单位历年来的安全生产统计资料，通过分析论证，确定经过努力可以达到的目标。目标计划要与实际情况相一致，目标不能制定得过高或过低，应该是经过努力能够实现的。同时，要有相应的措施做保证。但是应该注意，安全管理目标制定时，有些目标是硬性规定，是必须达到的，不同于生产、销售或者人力资源的管理，可以通过上下级的协商拟定一个能够达到的合理的目标。

（2）突出重点原则。目标应切实体现本单位安全生产上的关键问题，集中控制发生频率高、后果严重的工伤事故和职业病。安全目标计划应突出安全管理工作的重点，要分清主次，不能平均分配，面面俱到，对次要目标及分项目标要少而精，以免影响对关键问题的控制。

（3）综合性原则。企业制定的总目标，既要保证上级指标的完成，又要兼顾各个管理环节、部门并为员工所能接受和实现。为使决策成为最佳的目标方案，应召开员工代表大会讨论通过。企业安全生产目标，既要保证上级有关部门的安全控制指标的完成，也要兼顾企业各个环节、各个部门及每个员工的实际情况，不能顾此失彼，要使每个部门和员工都能接受。

（4）先进性原则。所谓先进，一是指要相对高于本单位前一阶段的指标；二是指标要尽可能高于国内同行业的平均水平。

（5）可量化原则。目标要尽可能做到具体、量化。这既有利于检查、评比和控制，又有利于调动员工实现目标的积极性。对于有些难于量化的目标，也应尽量规定具体要求。

（6）激励先进原则。在制定目标时，特别要注意激励先进人物，使之能突破所制定的目标，为下一年度制定新目标提供实践经验。

（7）目标与措施的对应性。目标必须有措施做保证，目标与措施必须相对应，否则，就失去了安全目标管理的科学性。

（三）传统安全生产控制考核指标

目前我国传统安全生产控制考核指标体系，主要由事故死亡人数总量控制指标、绝对指标、相对指标、重特大事故起数控制考核指标四大类构成。

（1）总量控制指标：是事故总死亡人数。

（2）绝对指标：包括工矿商贸企业（煤矿、矿山、危险化学品、烟花爆竹、建筑施工、民爆器材等）、道路交通、火灾、水上交通、铁路、农机和渔业死亡人数7项。

（3）相对指标：包括亿元GDP死亡率、工矿商贸十万从业人员死亡率、煤矿百万吨死亡率、道路交通万车死亡率、水上交通百万吨吞吐量死亡率、铁路交通百万公里死亡率、火灾十万人口死亡率、特种设备万台死亡率8项。

（4）重特大事故起数控制考核指标：分为一次死亡3～9人和10人以上两项指标。

（四）国际通用的安全管理指标

目前，国际通用的安全管理指标主要是百万工时伤害率。百万工时伤害率是指损工事故起数与实际总工时之比。计算方法如下：

（1）百万工时损工事故率=（损工事故起数/实际总工时）×1 000 000；

（2）百万工时损工严重率=（总损失工时/实际总工时）×1 000 000。

（3）工伤事故：是指按照《企业员工伤亡事故分类标准》管理的伤害事故，即造成员工暂时（或较长时间或永久）不能从事原岗位工作的轻伤以上的伤害。有如下计算公式：

千人死亡（或重伤）率=［死亡（或重伤）人数/平均员工人数］×1000；

百万工时伤害率=（伤害人数/实际总工时）×1 000 000；

百万工时伤害严重率=（总损失工作日/实际总工时）×1 000 000；

20万工时伤害率=（伤害人数/实际总工时）×（2×100 000）；

20万工时伤害严重率=（总损失工作日/实际总工时）×（2×100 000）；

伤害平均严重率=总损失工作日/伤害人数。

（五）设定符合企业和工程项目实际的安全目标

安全生产目标的设定是安全生产目标管理的核心。设定的目标是否得当，关系着安全管理的成效，影响着员工参加管理的积极性。这是一个很重要的环节。安全生产目标的设定一般由企业安全管理部门根据企业本年度安全生产工作的实际情况来确定，并经有关领导批准后实施。当然，企业在编制安全生产目标时，一定要经过广泛的论证，以确保目标的可行性。

1. 安全生产目标设定的内容和范围

（1）伤亡事故控制目标：如企业千人重伤率、千人死亡率、伤害频率和火灾事故的控制指标等。

（2）安全教育培训目标：如全员安全教育率、全员安全教育次数和教育时间、特种作业人员上岗持证率、特种作业人员教育复审率、厂长（经理）和安全管理人员上岗教育、新员工“三级”安全教育、班组长教育、变换工种教育和复岗教育等。

（3）尘毒有害作业场所达标率目标：主要指作业场所的尘毒检测合格率等。

（4）重大危险源和事故隐患监控管理目标：如对事故隐患整改的目标等。

（5）安全检查的目标：如安全检查的次数、特种设备检查率等。

（6）现代化的科学管理方法应用的目标：如安全检查表的运用范围、电化教育运用、事故树分析方法等。

（7）安全标准化班组达标率目标制定程序和内容。

2. 企业安全目标设立示例

如某公司的年度安全生产目标设立情况如下：

（1）通过安全考评验收，提高公司安全管理水平。

（2）死亡事故实行零指标。

（3）不发生重大安全生产事故以及其他影响恶劣的重大安全生产事故。

（4）年度轻伤事故不超过 2 起。

（5）重大事故隐患整改合格率 95%以上，一般事故隐患整改合格率 100%。

（6）安全设施完好率 98%。

（7）安全培训合格率为 100%。

（8）特种作业人员持证上岗率 100%。

（9）员工的各项工作环境指标符合国家的工业卫生安全标准。

（10）“三废”排放符合国家标准，较大污染事故和重大污染事故为零。

3. 工程项目安全目标设立示例

如某工程施工项目部的年度安全生产目标设立情况如下：

（1）杜绝发生一般事故及以上的安全生产事故。杜绝重大机械事故、重大火灾事故与急性中毒事故。

（2）年轻伤事故频率控制在 3‰以内，年因工重伤、死亡事故率为零。

（3）安全隐患排查整改率 100%。

（4）安全管理人员持证上岗率 100%，特种作业管理人员持证上岗率 100%。

（5）积极推动项目部创建省、市文明示范工地。按照《建筑施工文明工地管理规定》和《建筑施工安全检查标准》（JGJ 59—2011）的规定，推进建筑施工安全质量标准化管理和文明施工标准化管理，文明施工达标率达 100%。

第三节　安全目标的实施

企业和项目安全目标管理是一项长期任务，必须始终不渝地进行决策、实施、检查、整改、总结、提高的循环管理，实施目标管理要做到：

（1）要把企业的安全目标列为领导任期内的目标，作为一个企业稳定生产秩序的既定方针。

（2）要赋予安全部门一定的职权，能保证对各职能部门实施安全目标监督检查的功能和作用。

（3）要求各职能部门对自身安全工作发挥主观能动作用，自觉地对安全管理工作进行密切地配合与协调。

（4）要明确各级安全责任制，实行安全一票否决原则以保证措施的贯彻落实。

（5）要动员人人参与管理，要有每个人的责任目标，一级抓一级，层层落实，共同保证安全目标的实施。

第四节　安全目标管理的工作要点

1. 加强各级人员对安全目标管理的认识

企业领导对安全目标管理要有深刻的认识，要深入调查研究，结合本单位的实际情况，制定企业的总目标，并参加全过程的管理，负责对目标实施进行指挥、协调；加强对中层和基层干部的思想教育，提高他们对安全目标管理重要性的认识和组织协调能力，这是总目标实现的重要保证；还要加强对员工的宣传教育，普及安全目标管理的基本知识与方法，充分发挥员工在目标管理中的作用。

2. 企业要有完善的系统的安全基础工作

企业安全基础工作的水平，直接关系着安全目标制定的科学性、先进性和客观性。例如，要制定可行的伤亡事故频率指标和保证措施，需要企业有完善的工伤事故管理资料和管理制度。只有建立和健全了安全基础工作，才能建立科学的、可行的安全目标。

3. 安全目标管理需要全员参与

安全目标管理是以目标责任者为主的自主管理，是通过目标的层层分解、措施的层层落实来实现的。将目标落实到每个人身上，渗透到每个环节，使每个员工在安全管理上都承担一定的目标责任。因此，必须充分发动群众，将企业的全体员工科学地组织起来，实行全员、全过程参与，才能保证安全目标的有效实施。

4. 安全目标管理需要责、权、利相结合

实施安全目标管理时要明确员工在目标管理中的职责，没有职责的责任制只是流于形式。同时，要赋予他们在日常管理上的权力。权限的大小，应根据目标责任大小和完成任务的需要来确定。还要给予他们应得的利益，责、权、利的有机结合才能调动广大员工的积极性和持久性。

5. 安全目标管理要与其他安全管理方法相结合

安全目标管理是综合性很强的科学管理方法，它是企业安全管理的“纲”，是一定时期内企业安全管理的集中体现。在实现安全目标过程中，要依靠和发挥各种安全管理方法的作用，如建立安全生产责任制、制订安全技术措施计划、开展安全教育和安全检查等。只有两者有机结合，才能使企业的安全管理工作做得更好。

启 示

生产目标管理考核标准及评分细则

一、工作目标（分值：25分）

杜绝企业内发生人员死亡的生产安全事故，遏制重伤事故，有效减少职业病发生和轻伤事故。企业年内发生生产安全事故每死亡1人扣10分；每重伤1人扣3分；确诊一例职业病扣5分；此项扣分不设底线。

二、工作责任（分值：60分）

（1）企业内部层层签订安全生产责任书，配套考核奖惩措施。按时参加辖区政府及有关部门召开的有关安全生产工作会议。未按规定参加有关会议的，每人每次扣1分；未制定企业各级单位责任制的，每少1个扣1分；责任书签订未按要求落实的扣1分；无配套奖惩措施的，扣1分。无年度工作计划的扣1分；此项分扣完为止。

（2）企业的主要负责人履行对本企业安全生产工作的法定职责。对员工做出安全生产承诺，对职代会或员工大会进行安全生产述职。在计划、布置、检查、总结、考核生产工作时，同时计划、布置、检查、总结、考核安全生产工作。按要求报送落实“一岗双责”书面材料。企业正职领导（董事长、总经理）无承诺书并未在生产区明显处张贴的，扣1分；无安全述职的扣1分；无“五同时”的，扣2分；企业分管副职领导无“五同时”的，扣1分；有关安全生产会议无会议签到、会议记录的，每次扣0.5分，无考核的，每次扣1分；未根据人事变动报送落实“一岗双责”书面材料的，扣0.5分；没有企业安全生产年度计划的，扣2分。此项分扣完为止。

（3）认真排查隐患，落实整改，实施岗位安全确认制度；年内按要求开展4个季度安全生产大检查及各阶段专项检查，及时报送有关材料、信息、表格。未实施岗位安全确认制度的，扣1分；每季度末组织大检查的，少1次扣2分；对排查出的事故隐患，不及时整改到位的，每项扣1分；以上各项工作，总体方案、总结、档案检查记录和整改措施不齐全、有缺漏的、不报送的，每有一处缺漏扣0.5分。此项分扣完为止。

（4）加强对本企业重大危险源普查和辨识工作，建立重大危险源监控系统，确保企业内重大危险源（点）得到有效监控。未进行危险源普查、登记的扣完本项分；未进行重大危险源辨识，无档案登记的每项扣 1 分；有重大危险源没有落实相关监控制度、措施、责任人的扣 3 分。未报县安委会及其行业主管部门备案的每项扣 0.5 分。此项扣分不设底线。

（5）加强安全培训工作。企业主要负责人未持证上岗的此项不得分。安全管理人员（分管领导、安全管理机构人员及其他专兼职安全员）未经考核取得资格的，每少 1 人扣 0.5 分；特种作业人员未持证上岗的，抽查发现每少 1 人扣 0.2 分；企业新员工未经“三级教育”的每少 1 人扣 0.2 分；无全员年度培训档案的扣 1 分；未进行安全再教育的，每人扣 0.2 分；此项分扣完为止。

（6）对员工开展经常性的安全生产宣传教育，不断增强员工的安全生产意识，提高员工的安全生产素质和事故防范能力；积极参加各级政府及行业管理部门组织的“安全生产月”等各类安全生产宣传活动等；未按计划开展安全生产宣传教育活动的，每项扣 1 分。未报送“安全生产月”方案、总结的各扣 1 分。未按规定参加“安全日”活动，扣 0.5 分，未参加“安全日”活动，扣 1 分。未参加知识竞赛活动，扣 0.5 分。

（7）落实新、改、扩建工程项目的安全设施的“三同时”审查。矿山建设项目及用于生产、储存危险化学品的建设项目，其安全设施设计要报经安全生产监督管理部门审查同意；工程竣工后，要经原审查部门对项目安全设施进行竣工验收合格后方可投入生产和使用。企业新建、改建、扩建工程项目的可行性研究报告、初步设计、工程建设方案没有编写“安全专篇”或者没有进行安全预评价的，发现一项扣 1 分；矿山、危险化学品生产储存建设项目未经批准开工建设的，扣完本项分。

三、工作责任（分值：60 分）

（1）企业要依法保证安全生产所必需的资金投入，专账管理并用于安全生产所必需的开支和事故救援，高危企业要按规定提取安全经费、缴纳风险抵押金。矿山、建筑施工企业以及危险化学品、民爆器材生产企业，要依照国家有关规定，取得安全生产许可证后方可从事生产经营活动。未按《企业安全生产费用提取和使用管理办法》（财企〔2012〕16 号）要求规定提取安全生产专项经费的扣1分；不设专门账户的扣1分；不按规定发放劳动防护用品的扣1分；无安全投入记录的扣1分；未按规定依法取得安全生产许可证从事生产经营活动的（含逾期换证），扣3分。此项分扣不设底线。

（2）矿山、建筑施工以及危险化学品的生产、经营、储存单位，从业人员在100人以上的，应当设置安全生产管理机构，不足100人的，按不少于2%的比例且不低于1人配备安全生产专职管理人员；其他企业在300人以上的，应当建立安全生产管理机构，不足300人的按不少于1%的比例配备专职或兼职安全生产管理人员。未按规定设置安全管理机构的扣3分；未按要求配备安全生产专职管理人员的，每少1人扣0.5分；子公司、分公司、车间（分厂、项目部）、班组没有专职或兼职安全生产管理人员的，每少一个子公司、分公司、车间（分厂、项目部）、班组，扣0.5分。此项分扣完为止。

（3）建立健全安全生产责任制，完善各项安全生产规章制度、操作规程和作业标准，落实“四不伤害”制度。未按规定建立安全生产责任制的，少1项扣0.2分；未按要求建立安全规章制度、规程、标准的少1项扣0.5分；员工未填写“四不伤害卡”的，发现少1人扣0.1分。此项分扣完为止。

（4）积极开展安全标准化创建工作。未开展此项工作的，扣3分；开展自查自评，但未经有关部门组织考评的，扣1分；获得国家级标准化认可的，加1.5分。未实现安全标准化按期达标，每个扣1分。

（5）企业的生产经营场所、安全设备设施、特种设备管理要达到有关法规规定或标准，并按规定设立标志；建立完善企业内道路交通管理制度，道路达到安全标准，并按规定设立标志；建立完善外来人员进入企业的安全监督管理制度等；对危险性较大的场所，必须依法设立周知牌，如实警示。未按要求设立标志的，每处扣0.2分；危化品生产、储存企业未按国家有关法规规定告知并设立周知牌的，每少1处扣0.5分；未建立外来人员安全管理制度的扣2分；此项分扣完为止。

（6）企业依法为从业人员交纳工伤保险费；企业发生安全事故按规定及时上报，依法对事故受害人或其法定受益人给予事故伤害赔偿，及时有效地做好事故善后工作，自觉维护社会稳定。未按规定为全体从业人员交纳工伤保险费的，扣3分；发现少交一人扣0.2分。企业发生生产安全事故有迟报、漏报、谎报和瞒报行为的，每项扣 3 分；不妥善处理事故善后工作，对社会造成不良影响的，每次扣 2 分。此项分不设底线。未参加安全生产责任保险的扣 1 分。

(7)完善安全事故应急处理预案，每年组织进行 1～2 次安全事故应急演练。规模在 500 人以上的矿山企业、1 000 人以上其他高危企业，要建立应急救援组织，培训应急救援人员。其他高危企业没有条件建立应急救援组织的，应当就近与有资质的应急救援组织订立救援协议。企业安全事故应急救援预案按要求报备，加 0.5 分，没有正式发布应急预案的，扣 2 分。应急救援组织队伍建设扎实健全，年内参与了县政府组织的应急救援行动的，加 1 分。高危企业未按规定建立应急救援组织，配备应急救援器材、设备及防护用品用具、未按要求签订救援协议的此项不得分。高危企业未按规定签订救援协议的，扣 2 分。此项扣分不设底线。

（8）企业应明确本企业职业危害分布并建立分布图，建立完善制度，定期检测检验，制定职业病和急性中毒事故的防范措施。企业发生生产安全事故，必须迅速启动应急预案组织抢救，努力减少事故伤亡和财产损失，配合政府组织的事故调查工作或组织查处生产安全事故。存在职业危害未按规定申报的，此项不得分。无职业危害分布图的扣 1 分；无定期监测检验的，扣 1 分；不安排接触职业危害的从业人员定期体检的，扣 1 分。体检率没有达到工作标准 90%的扣 0.5 分。无职业危害防治责任制、相关管理机构、岗位操作规程、教育制度、职业危害事故报告制度的，各扣 0.5 分；企业未上报职业危害基本情况调查表的，扣 0.5 分。本企业发生各类安全事故，未按要求开展事故调查和善后处理工作的，每一起扣 1 分；此项扣分不设底线。未开展粉尘与高毒物品危害治理专项行动工作的，扣 0.5 分，未按要求上报相关工作的方案、自查和整改情况及工作总结的，扣 0.2 分。不积极主动配合政府组织的事故调查工作的此项不得分。获市级职业卫生先进企业加 0.1 分，省级加 0.2 分，国家级加 0.4 分。

（9）落实上级相关文件；参加有关安全讲座；订阅相关安全生产报纸杂志。未建立并落实领导轮流带班制度的，扣 1 分；未按规定参加相关安全讲座的，扣 0.5 分；未参加相关安全讲座的，扣 1 分；此项扣分不设底线。凡未完成订阅相关安全生产全年报纸杂志要求的，扣 1 分。凡在市以上报纸杂志发表相关文章的，加 0.5 分。

三、工作报告（分值：15 分）

（1）各企业要将完成上述工作目标要求的情况每年度填写一份《安全生产履职报告书》，于 12 月 20 日前，由主要负责人签署后报送主管部门。

（2）按照标准交纳安全生产风险奖励金，逾期不交纳的取消本年度考评资格，同时全额扣除上年安全生产风险奖励金，纳入县政府安全生产奖励专项经费使用。不按要求及时上报《安全生产履职报告书》的，扣 10 分；不是行政主要负责人签署报告的，扣 5 分。此项分扣完为止。未按时限要求交纳，经主管部门通知后仍未交纳的，依照《安全生产责任书》有关条款处理。

第四章

构建完备的工程项目安全管理制度标准

科学、规范的制度是提高安全管理水平的有效途径。“无规矩何以成方圆”，一套行之有效的安全生产管理制度能够规范企业员工的行为，是实现“要我安全”向“我要安全”转变的桥梁。我们企业要用“以人为本”的理念制定制度，要遵照法律法规的要求制定制度，讲究制度制定的科学性、规范性和针对性，避免制度的重复、混杂。一个企业是否制定有“凡事有章可循、凡事有据可查、凡事有人监督、凡事有人负责”的安全管理制度是衡量一个企业安全基础管理是否夯实的具体标志。推进工程项目施工安全精益管理，必须构建完备的工程项目安全管理制度和标准体系，为施工安全管理提供基本遵循。

第一节　企业为什么要制定安全生产管理制度

现代化生产是人与自然进行斗争的复杂过程。要保证有效地进行生产活动，就必须自觉地认识掌握自然规律，尊重科学，按照科学规律办事。自然规律是不以人们的意志为转移的，如果违反了它，就会受到惩罚，发生各种事故和危害。这就是说，我们必须制定出相应的安全生产规章制度，来保证生产的顺利进行。安全生产规章制度和操作规程，是人们长期实践经验的总结，是千百次血的教训换来的。安全规章制度既反映着人和物的安全关系，指导人们的安全行为，也体现着人与人之间的关系。随着现代科学技术的发展和应用，安全生产规章制度的建设更为重要，还应不断加强和完善。

安全是企业的生命线，也是员工的生命线，只有时时处在安全氛围下才会给单位营造良性的生存空间。归根结底，安全其实就是单位的最大效益，抓安全促生产是相辅相成的生产关系，对于一个单位而言，安全生产就是最终的生存目的。那么生存靠的是什么？当然是制度。制度是什么？制度是办事的规章和行动的准则，换言之就是操作的规程和岗位的职责。每条制度不是空虚撰写，而是依赖各生产岗位操作中反馈出的具体事实形成的。同时，制度不是让操作者思想行为上违背个人意愿的约束，而是通过规程按章法、按科学合理性地分析出的结果。并分出若干规章条款，细节性地遵循“以人为本”的安全理念和在生产进程中，人、设备及事物的一种安全要求，目的是形成各工艺环节上的畅通。每项规章的出发点都是人与安全的关系，总之是人和安全挂钩的理念。

规章不应是“死规定”，而应是“鲜活地活跃在生产中的一种安全实效”。准则是制度的安全解释和延伸，也就是操作者在生产过程中的依据和原则，依据是什么？依据是规程。原则是什么？原则是思想上真正认识并始终遵循的态度和对制度的执行与认可。事故的发生往往是麻痹、疏忽、放纵心态等思想与行为与生产相悖因素造成的。体现对安全的理解、运用并结合在生产进程中最重要的是人的思想出发点，换言之，就是依赖规章从制度原则上切入，投入工作并始终贯穿。准则不是让操作在生产中无所顾忌地放纵，而是在安全的基础上不违背人与事物相和谐的安全层面上，科学制定出的依据，依据又从何而来？依据在生产进程中从事故案例和经验教训中完善形成。

所以说，任何制度的存在都有其合理性，这就是安全的依据，制度的中心，规章的基础。制度是维系一个单位生存的命脉，也是生产中依赖的准则，只有真正在思想上执行、落实了制度，并服务于生产的进程，安全才真正形成一个良性的生产氛围！主要体现在以下几个方面。

1. 它是贯彻执行国家法律法规和上级要求的客观要求

企业从上到下，要认真领会、严格贯彻执行国家法律法规、行业标准规范和上级提出的安全管理要求，要本着严格贯彻和实事求是的原则，结合本单位实际对上级要求进行明确和细化，制定出切实可行的更具有操作性的实施细则。

2. 它是员工的行为准则和规范

拥有一套健全的安全规章制度是实现规范化管理的重要保障。安全生产的各种规章制度是通过无数次的经验和血的教训总结提炼出来的，它对安全生产起着指导作用，对员工起着约束作用，是员工的行为准则和规范。因各个层次和岗位有时在接受新的工作者，这些人或者年轻，班组的工作经历不够，管理经验较贫乏，或者分别来自单位内的不同岗位，安全管理缺乏系统性和协调性。因而加强安全管理制度化建设，统一和规范安全生产管理，显得尤为重要。

3. 用制度来约束人的不安全行为

众所周知，事故预防主要从两个方面考虑：即物的不安全状态和人的不安全行为，其中人的不安全行为占主导地位，它往往会影响到物的安全与否。因此，在企业安全实际管理中，我们必须花大力气来控制和约束人的不安全行为，其直接的方式就是建立相关的企业安全规章制度。企业在日常生产中常常出现操作者违章作业，甚至生产管理者违章指挥。例如：电工不穿绝缘鞋进行带电作业而发生触电事故，或者企业领导强迫没有带电作业监护资格证的监护人，临时去监护带电作业造成人身伤害等。人们在分析违章的原因时，常常指出“违章者缺乏遵守安全规章的自觉性”。

据有关方面的统计，所发生的事故有85%～95%是由于违章操作、违章指挥和违反劳动纪律所造成的，这些“三违”现象，与人的文化素质有很大的关系。统计表明，事故基本是“三违”事故，而“三违”是管理和人的问题，以管理问题尤为突出。由于管理性违章所涉及的是一个方面或一个单位，因而管理性违章的危害远大于其他性质的违章。而安全制度是干部员工的行为准则和规范，正因为安全制度的这种作用，所以良好的安全制度可以有效减少“三违”事故。

所以建立优秀的企业制度，提高员工的安全素质是搞好安全生产的重要措施，并可以大大提高管理的效率。如果一个企业建立起规范的安全制度，不论决策层、管理层还是一般员工，都会在安全制度的约束下规范自己的行为，安全管理制度就像一只看不见的手，凡是脱离安全生产的行为都会被这只手拉回到安全生产的轨道上来。

4. 它是将安全管理变为事前预防与事中控制的需要

为了预防和减少事故，必须实现安全管理“四个凡事”——凡事有章可循、凡事有据可查、凡事有人监督、凡事有人负责。要明确事前如何预防、事中如何控制、事后如何处理，就必须加强安全管理制度化建设。

5. 用制度来保证企业正常生产经营秩序

企业安全管理制度作为员工行为规范的模式，能使员工个人的活动得以合理进行，同时又成为维护员工共同利益的一种强制手段。因此，企业各项安全管理制度，是企业进行正常的生产经营管理所必需的，它是一种强有力的保证。

规章制度就是企业的规矩。安全生产规章制度则是企业规章制度中的一个重要组成部分，是保证劳动者的安全和健康、保证生产活动顺利进行的手段。同时，没有健全和严格执行的安全生产规章制度，企业的安全生产是搞不好的。

6. 它是国家安全生产长效机制建设的前提和基础

安全生产长效机制建设是国家安全生产工作的一项重要内容。如何实现生产安全，并且建设生产安全长效机制？这就需要建立员工的行为规范，贯彻国家要求，查禁管理性违章，将安全管理变为事前预防和事中控制。而这正是安全制度建设的重要内容。

企业的安全管理制度是要求员工共同遵守，按一定程序办事的规程，它是企业员工在安全生产中的行为规范。安全生产管理制度并不是凭空想象出来的，它是人们在与自然的斗争中经过一次次的失败之后取得的经验和教训，是人类在生产作业过程中付出鲜血和生命的代价才换来的。因此，安全生产管理制度是实践经验的总结，是人类同自然斗争所取得胜利的智慧结晶。制定出这么一套安全生产管理制度体系，完全是为生产活动服务的，它来自生产，反过来又为生产服务，在服务的过程中不断改进、修订和完善，从而更好地为生产服务。

第二节 企业安全生产管理制度标准文件框架

建立健全安全生产规章制度是生产经营单位的法定责任。生产经营单位（就是常说的企事业单位），是安全生产的责任主体，《安全生产法》第四条规定："生产经营单位必须遵守本法和其他有关安全生产的法律、法规，加强安全生产管理，建立、健全安全生产责任制度，完善安全生产条件，确保安全生产"；《劳动法》第五十二条规定："用人单位必须建立、健全劳动安全卫生制度，严格执行国家劳动安全卫生规程和标准，对劳动者进行劳动安全卫生教育，预防劳动过程中的事故，减少职业危害"；《突发事件应对法》第二十二条规定："所有单位应当建立健全安全管理制度，定期检查本单位各项安全防范措施的落实情况，及时消除事故隐患……"。所以，建立健全安全生产规章制度是国家有关安全生产法律法规明确的生产经营单位的法定责任。

建立健全安全生产规章制度是生产经营单位安全生产的重要保障。安全风险来自于生产、经营过程之中，只要生产、经营活动在进行，安全风险就客观存在。客观上需要企业对生产工艺过程、机械设备、人员操作进行系统分析、评价，制定出一系列的操作规程和安全控制措施，以保障生产经营单位生产、经营工作合法、有序、安全地运行，将安全风险降到最低。在长期的生产经营活动过程中积累的大量风险辨识、评价、控制技术，以及生产安全事故教训的积累，是探索和驾驭安全生产客观规律的重要基础，只有形成生产经营单位的规章制度才能够得到不断积累，有效继承和发扬。

建立健全安全生产规章制度是生产经营单位保护从业人员安全与健康的重要手段。国家有关保护从业人员安全与健康的法律法规、国家和行业标准在一个生产经营单位的具体实施，只有通过企业的安全生产规章制度体现出来，才能使从业人员明确自己的权利和义务。同时，也为从业人员遵章守纪提供标准和依据。建立健全安全生产规章制度可以防止生产经营单位管理的随意性，有效地保障从业人员的合法权益。

那么，企业需要制定和落实哪些安全生产规章制度呢？一般来说，主要应涵盖以下四个方面：一是安全生产责任体系；二是各项安全管理制度；三是各工种、岗位的安全操作规程；四是事故应急预案。

1. 安全生产责任体系

安全生产责任体系包括四个方面内容：

（1）各级领导的安全生产职责；

（2）职能部门的安全生产职责；

（3）专职机构的安全生产职责；

（4）一线工人的安全生产职责。

企业安全生产责任制是从纵向和横向两方面进行。纵向是从各级行政领导一直到工人的安全生产责任制，横向是分部门、科室安全生产责任制，要横向到边，纵向到底。

2. 各项安全管理制度

生产经营单位的安全生产规章制度应当载明下列内容：

（1）安全生产工作例会；

（2）安全生产的教育和培训；

（3）安全生产检查及事故隐患的整改；

（4）设施、设备的维护、保养、检测；

（5）危险作业的现场管理；

（6）劳动防护用品的管理；

（7）安全生产责任和奖惩；

（8）安全生产台账的管理；

（9）应急救援措施；

（10）安全生产事故的报告和调查处理；

（11）其他保障安全生产的内容。

3. 各工种、岗位的安全操作规程

企业里每个工种和岗位都要根据本工种和岗位的安全要求，制定和落实本工种和岗位的安全操作规程。

4. 事故应急预案

事故应急预案是应急救援系统的重要组成部分，是针对各种不同的紧急情况制定有效的应急预案，不仅可以指导应急人员的日常培训和演习，保证各种应急资源处于良好的备战状态，而且可以指导应急行动按计划有序进行。国家安监总局 2006 年 9 月 26 日发布了《生产经营单位安全生产事故应急预案编制导则》（AQ/T 9002—2006）。

第三节　一般生产经营单位安全生产规章制度清单

生产经营单位安全生产主体责任涵盖内容多，企业应根据自身特点和实际情况确定适合本单位的编制内容，便于实施。

一般生产经营单位安全生产规章制度体系应主要包括以下内容，高危行业的生产经营单位还应根据相关法律法规进行补充和完善。

1. 综合安全管理制度

（1）安全生产管理目标、指标和总体原则。

应包括：生产经营单位安全生产的具体目标、指标，明确安全生产的管理原则、责任，明确安全生产管理的体制、机制、组织机构、安全生产风险防范和控制的主要措施，日常安全生产监督管理的重点工作等内容。

（2）安全生产责任制。

应明确：生产经营单位各级领导、各职能部门、管理人员及各生产岗位的安全生产责任、权利和义务等内容。

安全生产责任制属于安全生产规章制度范畴。通常把“安全生产责任制”与“安全生产规章制度”并列提及，主要是为了突出安全生产责任制的重要性。安全生产责任制的核心是清晰安全管理的责任界面，解决“谁来管，管什么，怎么管，承担什么责任”的问题，安全生产责任制是生产经营单位安全生产规章制度建立的基础。其他的安全生产规章制度，重点是解决“干什么，怎么干”的问题。

建立安全生产责任制，一是增强生产经营单位各级主要负责人、各管理部门管理人员及各岗人员对安全生产的责任感；二是明确责任，充分调动各级人员和各管理部门安全生产的积极性和主观能动性，加强自主管理，落实责任；三是责任追究的依据。

建立安全生产责任制，应体现安全生产法律法规和政策、方针的要求；应与生产经营单位安全生产管理体制、机制协调一致；应做到与岗位工作性质、管理职责协调一致，做到明确、具体、有可操作性；应有明确的监督、检查标准或指标，确保责任制切实落实到位；应根据生产经营单位管理体制变化及安全生产新的法规、政策及安全生产形势的变化及时修订完善。

（3）安全管理定期例行工作制度。

应包括：生产经营单位定期安全分析会议，定期安全学习制度，定期安全活动，定期安全检查等内容。

（4）承包与发包工程安全管理制度。

应明确：生产经营单位承包与发包工程的条件、相关资质审查、各方的安全责任、安全生产管理协议、施工安全的组织措施和技术措施、现场的安全检查与协调等内容。

（5）安全设施和费用管理制度。

应明确：生产经营单位安全设施的日常维护、管理；安全生产费用保障；根据国家、行业新的安全生产管理要求或季节特点，以及生产、经营情况等发生变化后，生产经营单位临时采取的安全措施及费用来源等。

（6）重大危险源管理制度。

应明确：重大危险源登记建档，定期检测、评估和监控，相应的应急预案管理；上报有关地方人民政府负责安全生产监督管理的部门和有关部门备案内容及管理。

（7）危险物品使用管理制度。

应明确：生产经营单位存在的危险物品名称、种类、危险性；使用和管理的程序、手续；安全操作注意事项；存放的条件及日常监督检查；针对各类危险物品的性质，在相应的区域设置人员紧急救护、处置的设施等。

（8）消防安全管理制度。

应明确：生产经营单位消防安全管理的原则、组织机构、日常管理、现场应急处置原则和程序；消防设施、器材的配置、维护保养、定期试验；定期防火检查、防火演练等。

（9）隐患排查和治理制度。

应明确：应排查的设备、设施、场所的名称，排查周期、排查人员、排查标准；发现问题的处置程序、跟踪管理等。

（10）交通安全管理制度。

应明确：车辆调度、检查维护保养、检验标准，驾驶员学习、培训、考核的相关内容。

（11）防灾减灾管理制度。

应明确：生产经营单位根据地区的地理环境、气候特点及生产经营性质，针对在防范台风、洪水、泥石流、地质滑坡、地震等自然灾害相关工作的组织管理、技术措施、日常工作等内容和标准。

（12）事故调查报告处理制度。

应明确：生产经营单位内部事故标准，报告程序、现场应急处置、现场保护、资料收集、相关当事人调查、技术分析、调查报告编制等。还应明确向上级主管部门报告事故的流程、内容等。

（13）应急管理制度。

应明确：生产经营单位的应急管理部门，预案的制定、发布、演练、修订和培训等；总体预案、专项预案、现场处置方案等。

制定应急管理制度及应急预案过程中，除考虑生产经营单位自身可能对环境和公众的影响外，还应重点考虑生产经营单位周边环境的特点，针对周边环境可能给生产、经营过程中的安全所带来的影响。如生产经营单位附近存在着化工厂，就应调查了解可能会发生何种有毒、有害物质泄漏，可能泄漏物质的特性、防范方法，以便与生产经营单位自身的应急预案相衔接。

（14）安全奖惩制度。

应明确：生产经营单位安全奖惩的原则；奖励或处分的种类、额度等。

2. 人员安全管理制度

（1）安全教育培训制度。

应明确：生产经营单位各级管理人员安全管理知识培训、新员工三级教育培训、转岗培训；新材料、新工艺、新设备的使用培训；特种作业人员培训；岗位安全操作规程培训；应急培训等。还应明确各项培训的对象、内容、时间及考核标准等。

（2）劳动防护用品发放使用和管理制度。

应明确：生产经营单位劳动防护用品的种类、适用范围、领取程序、使用前检查标准和用品寿命周期等内容。

（3）安全工器具的使用管理制度。

应明确：生产经营单位安全工器具的种类、使用前检查标准、定期检验和器具寿命周期等内容。

（4）特种作业及特殊危险作业管理制度。

应明确：生产经营单位特种作业的岗位、人员，作业的一般安全措施要求等。特殊危险作业是指危险性较大的作业，应明确作业的组织程序，保障安全的组织措施、技术措施的制定及执行等内容。

（5）岗位安全规范。

应明确：生产经营单位除特种作业岗位外，其他作业岗位保障人身安全、健康，预防火灾、爆炸等事故的一般安全要求。

（6）职业健康检查制度。

应明确：生产经营单位职业禁忌的岗位名称、职业禁忌证、定期健康检查的内容和标准、女工保护，以及按照《职业病防治法》要求的相关内容等。

（7）现场作业安全管理制度。

应明确：现场作业的组织管理制度，如工作联系单、工作票、操作票制度，以及作业现场的风险分析与控制制度、反违章管理制度等内容。

第四节　工程项目管理机构现场安全生产规章制度清单

建设工程施工现场安全资料管理应执行《建设工程施工现场安全管理资料规程》。

（1）施工现场应保存施工企业的安全生产许可证，项目部专职安全员等安全管理人员的考核合格证，建设工程施工许可证等复印件，以及施工现场安全监督备案登记表，地上、地下管线及建（构）筑物资料移交单，安全防护、文明施工措施费用支付统计，工程概况表，项目重大危险源控制措施，项目重大危险源识别汇总表，危险性较大的分部分项工程专家论证表和危险性较大的分部分项工程汇总表，通用施工现场检查表，安全技术交底汇总表，作业人员安全教育记录表，安全资金投入记录，特种作业人员登记表，生产安全事故应急预案，违章处理记录等相关资料。

（2）建设、施工、监理、设计等单位应将施工现场安全资料的形成和积累纳入工程建设管理的各个环节，逐级建立健全工程施工现场安全资料岗位责任制，对施工现场安全资料的真实性、完整性和有效性负责。施工现场安全资料应随工程进度同步收集、整理，并保存到工程竣工。施工现场安全工作的负责人应负责本单位施工现场安全资料的全过程管理工作。施工过程中施工现场安全资料的收集、整理工作应有专人负责。

启　示

德国企业安全管理的启示

德国是一个工业大国和经济强国，工业、商业和服务业非常发达。2012 年，全德拥有各类工商服务业企业 372.64 万家，从业人员 3795.7 万人。长期以来，德国职业安全健康状况处于良好状态。2012 年，德国工商业经济部门共发生各类工伤事故 88.5 万起（雇员在工作事故中受到的伤害经医生诊断 3 天以上不能上班的事故，德国称之为有义务向上报告的工伤事故），受伤 15 344 人，比 2010 年减少 6.945 万起，受伤人数减少 1 220 人。比 2000 年减少 49.528 万起，受伤人数减少 9 559 人。工伤事故死亡人数也呈显著下降趋势。2012 年工伤死亡 500 人，比 2010 年减少 19 人，比 2000 年减少 418 人。

德国职业安全状况持续好转，与德国职业安全健康法律体系完善，企业把安全生产作为经营管理重要一环密切相关。《德国劳动保护法》明确规定，雇主在组织生产时，首先要考虑提供安全可靠的装备和措施来保护劳动者的安全与健康；要对各岗位的危险性进行安全评估，分析可能产生的事故隐患，并制定相应的措施加以防范。

1. 企业职责与义务

德国《劳动保护法》明确规定，企业雇主具有保障员工安全健康的责任和义务。明确要求企业在组织生产时，一是要根据企业规模大小设立职业安全管理机构或委托科研咨询单位提供技术咨询（支持），即企业规模在 50 人以上的，必须由取得国家认可的资格证书的职业安全工程师、企业医生来专职管理企业的职业安全与防范职业病；二是要提供安全、可靠的装备和技术来保护劳动者的安全健康；三是要对各岗位职业危险性进行安全评估，分析可能存在的事故隐患，并制定相应的措施来予以防范。

企业专职安全管理人员的多少，依据企业的职业安全与职业病风险程度高低来确定。目前，德国企业职业安全健康风险程度的高低采用最低安全管理防范小时数［以下简称“最低风险防控小时数”，现阶段，其波动范围不同的行业（领域）有所不同，一般为 1～3h］来换算。即：

企业安全管理人员数=企业人数×企业最低风险防控小时数/1名安全健康管理人员年工作时间。对人数少于50人的企业，可以不配置专职安全健康管理人员，但必须依据最低风险防控小时数的多少等量聘请职业安全与职业病防范科研中介单位的专业技术人员来提供技术支持。

2. 作业场所风险分析评价

有效降低甚至消除作业场所可能存在危及作业人员人身安全健康和导致职业病的风险，是企业做好职业安全健康、防范职业病工作，确保生产经营取得理想效果的重要基础和根本环节。由于德国工业化进程久远，因此企业安全管理越来越精细化。法律明确规定，企业要定期进行安全风险评价。即要求企业必须对作业场所各个环节，所有设备、设施和生产工艺过程，甚至建筑物结构，是否存在危及雇员人身安全健康的危害或可能引起职业病的风险进行安全风险评价。同时，各同业公会的日常工作，也特别致力于推动企业及时做好作业场所职业安全状况分析评价。

通常规模和技术能力相对较低的企业，为了切实搞清楚作业场所可能存在的一切职业安全与健康风险，会主动聘请职业安全健康科研中介机构的专业技术人员来进行分析和评价（相对于政府监督部门和同业公会来说，专业技术中介机构在职业安全健康危害和防范职业病风险进行分析评价方面更专业）。

作业场所职业安全健康危害和职业病风险分析评价、整改操作程序主要包括：定期聘请科研中介机构的专业技术人员对作业场所可能存在职业安全健康危害和引发职业病因素进行分析评价；鼓励和动员作业人员参与风险分析；制订有针对性的措施和预防计划。按照所制订的措施和预防计划对全体员工进行技能培训，使每一位员工懂得如何防范和避免风险。企业管理人员，特别是作业场所的安全主管按规定进行督促检查，及时对贯彻实施新的作业程序和风险防范措施结果进行评估，依据评估结果，对作业工序进行优化和定格。一段时期后，要再次聘请科研中介机构的专业技术人员对作业场所可能存在职业安全健康危害和引发职业病因素进行分析评价，若发生新的问题，则再进行下一循环的评价、整改、优化固化程序，如风险分析评价如表4-1所示和整改框如图4-1所示。

表 4-1 作业场所职业安全健康危害和职业病风险分析评价评分表

可能产生的危害 / 产生危害的可能性	轻度伤害或疾病	中度伤害或疾病	重度伤害或疾病	可能造成死亡或灾难
很低	1	2	3	4
低	2	3	4	5
中	3	4	5	6
高	4	5	6	7

风险评价	评价值	标识	描述
轻微	1～2		造成伤害或导致疾病的概率较低，不需要采取措施来降低风险
中等	3～4		有可能造成伤害或疾病，需采取措施来降低风险
高	5～7		很可能造成伤害或疾病，亟须采取措施来消除或降低风险

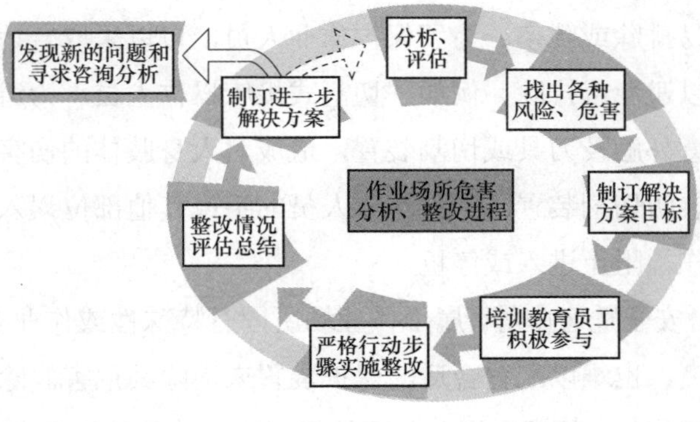

图 4-1 作业场所职业安全健康危害风险评价整改循环框图

3. 职业危害分级与防范

德国企业十分注重事故隐患的防范，要求作业场所存在的所有风险进行检测分析，进行分级。再针对不同分级的风险和隐患，采取不同级别的防范措施。目前，德国企业通常将风险/隐患分为 5 级，如图 4-2 所示。

一级隐患。工作场所存在的最低级隐患（下文所讨论的隐患均指存在于作业场所，必须通过相关防范措施来消除或防范，才可能防止或避免作业人员遭受其伤害），可以采取较简单的措施或手段来避免或排除。如通过岗前安全培训教育，使作业人员清楚它的存在和防范措施。最简单的例子，如建筑工地塔吊吊物频繁经过的悬空区下方，为避免意外事故发生，可划定禁行区，防止人员随意进入。

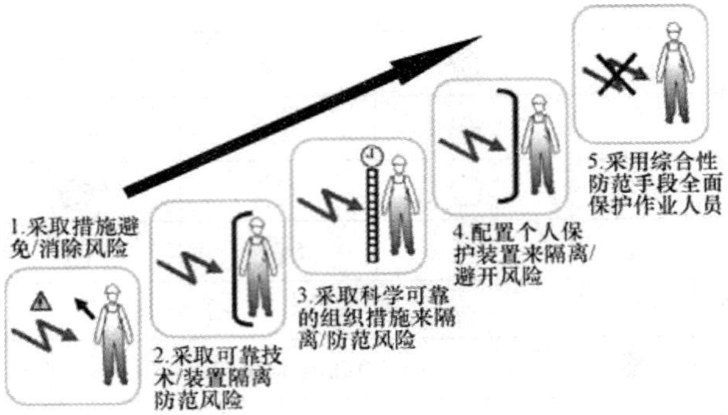

图 4-2　职业危害分级与防范

二级隐患。安全危害级别相对较低，广泛存在于作业场所或所操作的机械设备中，但较易排除或防范。为了保护作业人员，可以采取合适的技术安全措施或装置来予以避免或排除。例如，切割式机床操作人员，为避免作业过程中手或其他部位意外触及刀具或切割装置，造成对人身肢体的伤害。可以在机床上适当位置安装防切割装置。一旦作业人员的手或其他部位误入切割位置，防范装置自行动作，阻止进入或停机。

三级隐患。安全危害中等，属于作业场所固有特殊性或作业对象所固有的，既不能将其隔离，也难以配置合适的保护装置来消除其危害。除了必须采取适当的技术安全措施外，还必须采取严密的组织措施才能得以避免或消除。比如，限定其使用时间、使用条件等来予以避免或消除限制。

四级危害。安全危害程度比较高，在作业场所中存在面较广。除了采取必须适当的技术安全措施和严密组织的措施外，还必须为现场作业人员配备相应的保护装置才能防范和消除职业安全健康危害。

五级危害。安全危害程度高，在作业场所中分布面广，即无法隔离，也难以用技术装置排除。除了需要采取前述多项技术安全防范措施外，还必须对作业人员进行严格、规范的职业安全健康防范技术培训教育，以切实遵守作业规范，不得有丝毫麻痹大意。比如作业场所或作业对象属于有（剧）毒有害物质

（粉尘）、放射性材料等，严格规范作业人员的行为是防范和消除职业安全与健康危害最有效的选择。

当然，在大多数作业场所，通常职业危害可能不止一类，而是多种危害并存的。极端情况下，甚至5类危害共存，那么就必须采取综合性、行之有效的防范措施，来予以防范和消除。如果危害得不到有效治理，则严禁进行生产或作业。

由于德国企业安全管理制度健全，企业安全生产管理能力和作业人员安全健康意识强，这也是目前德国职业安全事故低的重要原因。根据事故统计数据，目前，德国企业因机械或作业对象本身缺陷导致的，造成人身伤害或死亡的事故已经极少，绝大多数事故是由于作业人员操作失误或处置不当酿成的。

4. 调查分析事故致因

德国十分重视对事故的防范，凡发生造成人身伤害或影响企业正常作业的事故均需要依据国家和行业有关法律标准进行调查，以便能发现导致事故的根本原因，取得经验教训，防范和消除类似事故再次发生。在事故的调查和处理上，注重对事故原因的调查分析和制定防范对策，对人的处罚则相对较轻。他们认为，正常情况下，谁都不希望发生事故，更不会故意酿成事故。人难免会犯错误，因此要允许人犯错误和改正错误。只要不是故意的过失事故，则鼓励当事人说出事故真相。正因为不处罚或处罚很轻，对当事人无负面影响，所以当事人愿意讲出事故真相，从而有利于研究采取切实可行的防范措施，杜绝类似事故的再发生。否则，如果不分青红皂白进行处罚，人们就不愿讲真话，工作时就紧张，反而易出事故。当然，如果经过分析，事故责任人确实不适合从事某项工作，则要考虑调换工作岗位。如果触犯了法律，将依法处理。一位培训教师介绍了一个典型案例。法兰克福机场有一个年轻员工，自称某天进入机场工作区因踩到地面上的油污跌倒扭伤了脚。机场安全管理部门决定要对这起事故进行调查分析，希望今后能有效防范这类事故。于是，要求这名员工详细填写事故发生地点、时间、致害因素（油污类型、油污面积大小）等，并要求机场保洁人员予以确认。由于涉及事故的相关各方配合调查，且调查细节认真详尽，结果查清这名员工所受的伤害并不是因为地面油污导致的。从这件小事故的调查分析方法揭示了认真详尽的事故调查原因分析对防范事故的重要性。

5. 对我国的启示

防范安全生产事故要从点滴做起。德国工伤事故低，主要是企业十分重视对事故的防范，把安全生产作为经营管理的重要一环是德国企业成功的秘诀。政府部门强化立法，依法进行监管，决不姑息不关心员工生命安全的雇主。企业雇主有保障员工安全健康的责任和义务。如早前德国法律规定，使用蒸汽机的企业，老板及其家人必须居住在蒸汽机房旁边，确保蒸汽机房安全得到足够重视。企业必须确保用于安全的资金投入，严格对作业场所存在的所有职业安全健康危害和职业病风险进行分析评价，并根据作业场所的职业危害分级进行有效防范，认真调查分析每一起事故致因，查清事故致因，吸取事故经验教训，防范和消除类似事故再次发生。

近年来，我国对安全生产工作十分重视，监管力度也很大，但安全生产形势依然严峻。一个根本性原因就是企业安全生产管理体系不完善或运转不灵，违章操作、违章指挥、冒险蛮干行为得不到有效制止。因此，改进政府安全监管方式，落实安全生产责任，促进企业建立完善和运转有效的安全生产保障体系，是安全生产管理的重中之重。

第五章

建立有效的工程项目安全生产责任制

安全生产责任制是企业岗位责任制的一个组成部分，是企业中最基本的一项安全制度，也是企业安全生产、劳动保护管理制度的核心。

实践证明，凡是建立健全了安全生产责任制的企业，各级领导重视安全生产、劳动保护工作，切实贯彻执行党的安全生产、劳动保护方针、政策和国家的安全生产、劳动保护法规，在认真负责地组织生产的同时，积极采取措施，改善劳动条件，工伤事故和职业性疾病就会减少。反之，就会职责不清，相互推诿，而使得安全生产、劳动保护工作无人负责，无法进行，工伤事故与职业病就会不断发生。推进工程项目施工安全精益管理，建立有效的、纵横覆盖的工程项目安全生产责任制体系是基本的保障。

第一节　构建工程项目管理组织机构

1. 工程项目管理组织定义

所谓工程项目管理组织是指为实施工程项目管理而建立的组织机构，以及该机构为实现工程项目目标所进行的各项组织工作。对一个工程项目进行管理，要有人，而且不止一个人，是一个组织，是一个团队。常言道：工程是要人干出来的，这里的人也包括项目的管理组织，人起着关键性作用。这里说的组织有两层含义：其一是作为名词，指组织机构（项目管理班子）。其二是作为动词，指组织工作（或行为、活动）。所以说项目组织建设不单单是组建一班子人，而且还要在这个组织机构的领导下开展各项工作，作为组织机构，工程项目管理组织是根据项目管理目标，通过科学设计而建立的组织实体。该机构是由一定领导体制、部门设置、层次划分、职责分工、规章制度和信息系统等构成的有机整体。以一个合理有效的组织结构为框架所形成的权力系统、责任系统、利益系统、信息系统，是实施工程项目管理及实现最终目标的组织保证。

2. 工程项目管理组织的特点

（1）项目的目标是项目组织的前提。项目的组织是为实现项目的目标服务的，因此项目管理组织的设立必须以项目的目标为依据，并根据既定的目标进行项目的组织设计。目标有很多，如安全、质量、进度、成本、新技术应用等目标，并且要量化。

（2）项目管理组织内部的分工和协作。项目管理组织必须建立在构成要素之间的分工和协作基础之上。通过合理的分工与协作，使组织的效用发挥到最大程度。否则，组织就失去了存在的意义。我们要做到分工不分家，就比如是安全人人有责，有一句话大家请记一下：我们要做到我为人人，人人为我，不要人人为我，我为人人。这重点要强调的就是团队精神，我想一根筷子与十根筷子的道理大家都懂，我们要做到 1+1 大于 2 的效果。这里还要做好“传、帮、带”，使工作有延续性。

（3）项目管理组织应拥有不同层次的权力。为了保证组织工作的顺利开展，必须对组织内部不同层次授予一定的权力。从决策层到执行层，具有不同的权力，也承担不同的责任。

（4）项目管理组织具有动态性。工程项目在建设过程中的不同阶段有不同的工作重点，项目的组织也要做出相应的调整，以保证项目各阶段任务的顺利完成。比如人员：有的人对主体工程精通，对装饰装修不精通，那就可以调整相应的岗位，发挥其特长。

3. 工程项目管理组织的策划和落实

项目管理组织策划的内容和程序如下：

（1）确定工作任务。根据项目目标确定的目标体系来制定工程项目需要完成的任务。就是每个人需要做的具体工作任务，用书面明确下来，做到有据可查。

（2）选择项目管理组织形式。直线式、职能式和矩阵式的组织形式各具特点，在项目管理机构组织策划过程中，不能机械地照搬某种形式，而应根据项目的特点来选择适当的组织形式。

（3）确立组织结构、划分工作部门。在组织形式确定的前提下，应根据项目的特点和需要完成的任务，首先确定组织的层次结构，一般组织结构可以分成三大层次，即决策层、中间控制层和作业层。在层次结构的基础上，对每一层次设定相应的工作部门，来负责该层次工作任务的完成。

（4）确定岗位职责、落实工作人员。确定了工作部门的工作任务之后，就要确定每个部门的工作岗位，岗位的设置应以完成部门的任务为目标，遵循责权一致的原则进行。对每一个岗位都要制定相应的职责和工作内容，并根据岗位的要求落实工作人员。

4. 工程项目部安全管理机构

（1）项目经理是施工现场安全生产的第一责任人，对本项工程项目安全生产全面负责。现场应建立由项目经理负责的安全生产管理小组，小组成员应包括项目的专职安全生产管理人员。

（2）项目负责人、专职安全管理人员必须取得安全生产考核合格证书后方可上岗，并按规定参加继续教育。

（3）施工现场必须按《建筑施工企业安全生产管理机构设置及专职安全生产管理人员配备办法》和企业有关规定配置专、兼职安全生产管理人员。

1）建筑工程、装修工程按照建筑面积：1 万平方米及以下的工程不少于 1 人；1 万～5 万平方米的工程不少于 2 人；5 万平方米以上的工程不少于 3 人，应当设置安全主管，按土建、机电设备等专业设置专职安全生产管理人员。

2）土木工程、线路管道、设备按照安装总造价：5 000 万元以下的工程不少于 1 人；5 000 万元～1 亿元的工程不少于 2 人；1 亿元以上的工程不少于 3 人，应当设置安全主管，按土建、机电设备等专业设置专职安全生产管理人员。

3）劳务分包企业建设工程项目 50 人以下的，应当配备 1 名专职安全生产管理人员；50～200 人的，应当配备 2 名专职安全生产管理人员；200 人及以上的，应当配备 3 名及以上专职安全生产管理人员，并根据所承担的分部分项工程施工危险实际情况增加，不得少于工程施工人员总人数的 5‰。

第二节　建立有效的安全管理责任体系

实践表明，没有健全的安全生产责任体系，安全责任落实不到位，必将带来企业各类人员安全意识的淡薄，安全投入不足、教育培训不到位、隐患整改不到位等安全隐患的存在。因此，建立健全安全生产责任体系、落实安全生产责任是安全生产的客观要求。安全生产责任制体系是一个庞大的系统，建立起合理科学的安全责任体系就要求我们企业按照“横向到边，纵向到底”和“一岗一责”的原则，充分建立起一级对一级负责的层级负责制和本岗对本岗负责的岗位责任制，通过安全目标责任的落实和考核及责任追究，加强各层各级岗位人员的责任心，强化安全工作的目的性。“全覆盖、无死角”的责任体系是全面实现安全管理目标的基本保障。

1. 安全生产责任制的定义

安全生产责任制是经长期的安全生产、劳动保护管理实践证明的成功制度与措施。这一制度与措施最早见于国务院1963年3月30日颁布的《关于加强企业生产中安全工作的几项规定》(《五项规定》)。《五项规定》中要求，企业的各级领导、职能部门、有关工程技术人员和生产工人，各自在生产过程中应负的安全责任，必须加以明确的规定。

《五项规定》还要求：企业单位的各级领导人员在管理生产的同时，必须负责管理安全工作，认真贯彻执行国家有关劳动保护的法令和制度，在计划、布置、检查、总结、评比生产的同时，计划、布置、检查、总结、评比安全工作（“五同时”制度）；企业单位中的生产、技术、设计、供销、运输、财务等各有关专职机构，都应在各自的业务范围内，对实现安全生产的要求负责；企业单位都应根据实际情况加强劳动保护机构或专职人员的工作；企业单位各生产小组都应设置不脱产的安全生产管理员；企业员工应自觉遵守安全生产规章制度。

2. 安全生产责任制的作用

（1）企业单位的各级领导人员在管理生产的同时，必须负责管理安全工作，认真贯彻执行国家有关劳动保护的法令和制度，在计划、布置、检查、总结、评比生产的时候，同时计划、布置、检查、总结、评比安全工作。

（2）企业单位中的生产、技术、设计、供销、运输、财务等各有关专职机构，都应该在各自业务范围内，对实现安全生产的要求负责。

（3）企业单位都应该根据实际情况加强劳动保护工作机构或专职人员的工作。劳动保护工作机构或专职人员的职责是：协助领导上级组织推动生产中的安全工作，贯彻执行劳动保护的法令、制度；汇总和审查安全技术措施计划，并且督促有关部门切实按期执行；组织和协助有关部门制定或修订安全生产制度和安全技术操作规程，对这些制度、规程的贯彻执行进行监督检查；经常进行现场检查，协助解决问题，遇有特别紧急的不安全情况时，有权指令先行停止生产，并且立即报告领导上级研究处理；总结和推广安全生产的先进经验；对员工进行安全生产的宣传教育；指导生产小组安全员工作；督促有关部门按规定及时分发和合理使用个人防护用品、保健食品和清凉饮料；参加审查新建、改建、大修工程的设计计划，并且参加工程验收和试运转工作；参加伤亡事故的调查和处理，进行伤亡事故的统计、分析和报告，协助有关部门提出防止事故的措施，并且督促他们按期实现；组织有关部门研究执行防止职业中毒和职业病的措施；督促有关部门做好劳逸结合和女工保护工作。

（4）企业单位各生产小组都应该设有不脱产的安全员。小组安全员在生产小组长的领导和劳动保护干部的指导下，首先应当在安全生产方面以身作则，起模范带头作用，并协助小组长做好下列工作：经常对本组工人进行安全生产教育；督促他们遵守安全操作规程和各种安全生产制度；正确地使用个人防护用品；检查和维护本组的安全设备；发现生产中有不安全情况的时候，及时报告；参加事故的分析和研究，协助领导实现防止事故的措施。

（5）企业单位的员工应该自觉地遵守安全生产规章制度，不进行违章作业，并且要随时制止他人违章作业，积极参加安全生产的各种活动，主动提出改进安全工作的意见，爱护和正确使用机器设备、工具及个人防护用品。

安全生产责任制是生产经营单位和企业岗位责任制的一个组成部分，根据“管理生产必须管安全”的原则，安全生产责任制综合各种安全生产管理、安全操作制度，对生产经营单位和企业各级领导、各职能部门、有关工程技术人员和生产工人在生产中应负的安全责任加以明确规定的制度，《安全生产法》把建立和健全安全生产责任制作为生产经营单位和企业安全管理必须实行的一项基本制度，在第二章生产经营单位的安全生产保障第十八条第一款做了明确规定，要求生产经营单位的主要负责人要建立、健全本单位安全生产责任制，并对其负责。生产经营单位和企业安全生产责任制的主要内容是，厂长、经理是法人代表，是生产经营单位和企业安全生产的第一责任人，对生产经营单位和企业的安全生产负全面责任；生产经营单位和企业的各级领导和生产管理人员，在管理生产的同时，必须负责管理安全工作，在计划、布置、检查、总结、评比生产的时候，必须同时计划、布置、检查、总结、评比安全生产工作；有关的职能机构和人员，必须在自己的业务工作范围内，对实现安全生产负责；员工必须遵守以岗位责任制为主的安全生产制度，严格遵守安全生产法规、制度，不违章作业，并有权拒绝违章指挥，险情严重时有权停止作业，采取紧急防范措施。

国务院1963年发布的《关于加强企业生产中安全生产工作的几项规定》要求企业劳动保护管理必须坚持安全生产责任制度。并明确规定：企业领导（厂长、经理）对本单位劳动保护工作负全面责任（或总的责任），在管理生产的同时要管理安全生产工作，认真执行国家劳动保护的方针、政策和法规。1978年，中共中央下发的《关于认真做好劳动保护工作的通知》规定：一个企业发生伤亡事故，首先要追查厂长的责任，不能姑息迁就。由于生产经营单位和企业采取的防止伤亡事故和职业病危害的措施，常常不是哪一个职能部门就能单独完成的，需要各有关职能部门和车间相互配合，因此，没有生产经营单位和企业主要负责人对安全生产的全面负责，这些措施就难以实现。

实践证明，实行安全生产责任制有利于增加生产经营单位和企业员工的责任感和调动他们搞好安全生产的积极性。生产经营单位和企业由各个行政部门、车间、班组（工段）和个人组成，各自具有本职任务或生产任务。而安全不是离开生产而独立存在的，是贯穿于生产整个过程之中体现出来的。只有从上到下建立起严格的安全生产责任制，责任分明，各司其职，各负其责，将法规赋予生产经营单位和企业的安全生产责任由大家来共同承担，安全工作才能形成一个整体，各类生产中的事故隐患无机可乘，从而避免或减少事故的发生。因此，许多生产经营单位和企业在实行中，按照责、权、利相结合的原则，对安全工作采用目标管理的方法，并与奖惩制度紧密结合，使生产经营单位和企业的安全工作得到了加强，这种做法是将生产安全所要达到的目标事先制定，并层层分解，落实到部门、各班组，在规定的时间内完成或达到这个目标，在奖金或其他方面要给予奖励；若完不成目标，要扣罚奖金或给予其他处罚。在实行时，通常考虑了责、权、利统一的原则，即权力大，所应承担的责任就重，因此在奖惩方面也要重奖、重罚，就像国务院领导所讲的那样，做到有权就要负责，责权统一。

第三节　建立纵横覆盖的工程项目安全生产责任制

（一）生产经营单位主要负责人和安全机构安全管理职责

1. 生产经营单位的主要负责人的安全职责

《中华人民共和国安全生产法》第十八条规定。生产经营单位的主要负责人对本单位安全生产工作负有下列职责：

（1）建立、健全本单位安全生产责任制；

（2）组织制订本单位安全生产规章制度和操作规程；

（3）组织制订并实施本单位安全生产教育和培训计划；

（4）保证本单位安全生产投入的有效实施；

（5）督促、检查本单位的安全生产工作，及时消除生产安全事故隐患；

（6）组织制订并实施本单位的生产安全事故应急救援预案；

（7）及时、如实报告生产安全事故。

2. 生产经营单位的安全生产管理机构以及安全生产管理人员的安全职责

《中华人民共和国安全生产法》第二十二条规定。生产经营单位的安全生产管理机构以及安全生产管理人员履行下列职责：

（1）组织或者参与拟订本单位安全生产规章制度、操作规程和生产安全事故应急救援预案；

（2）组织或者参与本单位安全生产教育和培训，如实记录安全生产教育和培训情况；

（3）督促落实本单位重大危险源的安全管理措施；

（4）组织或者参与本单位应急救援演练；

（5）检查本单位的安全生产状况，及时排查生产安全事故隐患，提出改进安全生产管理的建议；

（6）制止和纠正违章指挥、强令冒险作业、违反操作规程的行为；

（7）督促落实本单位安全生产整改措施。

（二）工程参建单位的安全职责

《建设工程安全生产管理条例》（中华人民共和国国务院令第393号）规定

如下：

1. 建设单位的安全责任

第六条 建设单位应当向施工单位提供施工现场及毗邻区域内供水、排水、供电、供气、供热、通信、广播电视等地下管线资料，气象和水文观测资料，相邻建筑物和构筑物、地下工程的有关资料，并保证资料的真实、准确、完整。

建设单位因建设工程需要，向有关部门或者单位查询前款规定的资料时，有关部门或者单位应当及时提供。

第七条 建设单位不得对勘察、设计、施工、工程监理等单位提出不符合建设工程安全生产法律、法规和强制性标准规定的要求，不得压缩合同约定的工期。

第八条 建设单位在编制工程概算时，应当确定建设工程安全作业环境及安全施工措施所需费用。

第九条 建设单位不得明示或者暗示施工单位购买、租赁、使用不符合安全施工要求的安全防护用具、机械设备、施工机具及配件、消防设施和器材。

第十条 建设单位在申请领取施工许可证时，应当提供建设工程有关安全施工措施的资料。

依法批准开工报告的建设工程，建设单位应当自开工报告批准之日起 15 日内，将保证安全施工的措施报送建设工程所在地的县级以上地方人民政府建设行政主管部门或者其他有关部门备案。

第十一条 建设单位应当将拆除工程发包给具有相应资质等级的施工单位。

建设单位应当在拆除工程施工 15 日前，将下列资料报送建设工程所在地的县级以上地方人民政府建设行政主管部门或者其他有关部门备案：

（1）施工单位资质等级证明；

（2）拟拆除建筑物、构筑物及可能危及毗邻建筑的说明；

（3）拆除施工组织方案；

（4）堆放、清除废弃物的措施。

2. 勘察、设计、工程监理及其他有关单位的安全责任

第十二条 勘察单位应当按照法律、法规和工程建设强制性标准进行勘察，提供的勘察文件应当真实、准确，满足建设工程安全生产的需要。

勘察单位在勘察作业时，应当严格执行操作规程，采取措施保证各类管线、设施和周边建筑物、构筑物的安全。

第十三条　设计单位应当按照法律、法规和工程建设强制性标准进行设计，防止因设计不合理导致生产安全事故的发生。

设计单位应当考虑施工安全操作和防护的需要，对涉及施工安全的重点部位和环节在设计文件中注明，并对防范生产安全事故提出指导意见。

采用新结构、新材料、新工艺的建设工程和特殊结构的建设工程，设计单位应当在设计中提出保障施工作业人员安全和预防生产安全事故的措施建议。设计单位和注册建筑师等注册执业人员应当对其设计负责。

第十四条　工程监理单位应当审查施工组织设计中的安全技术措施或者专项施工方案是否符合工程建设强制性标准。

工程监理单位在实施监理过程中，发现存在安全事故隐患的，应当要求施工单位整改；情况严重的，应当要求施工单位暂时停止施工，并及时报告建设单位。施工单位拒不整改或者不停止施工的，工程监理单位应当及时向有关主管部门报告。

工程监理单位和监理工程师应当按照法律、法规和工程建设强制性标准实施监理，并对建设工程安全生产承担监理责任。

第十五条　为建设工程提供机械设备和配件的单位，应当按照安全施工的要求配备齐全有效的保险、限位等安全设施和装置。

第十六条　出租的机械设备和施工机具及配件，应当具有生产（制造）许可证、产品合格证。

出租单位应当对出租的机械设备和施工机具及配件的安全性能进行检测，在签订租赁协议时，应当出具检测合格证明。禁止出租检测不合格的机械设备和施工机具及配件。

第十七条　在施工现场安装、拆卸施工起重机械和整体提升脚手架、模板等自升式架设设施，必须由具有相应资质的单位承担。

安装、拆卸施工起重机械和整体提升脚手架、模板等自升式架设设施，应当编制拆装方案、制定安全施工措施，并由专业技术人员现场监督。

施工起重机械和整体提升脚手架、模板等自升式架设设施安装完毕后，安装单位应当自检，出具自检合格证明，并向施工单位进行安全使用说明，办理验收手续并签字。

第十八条 施工起重机械和整体提升脚手架、模板等自升式架设设施的使用达到国家规定的检验检测期限的，必须经具有专业资质的检验检测机构检测。经检测不合格的，不得继续使用。

第十九条 检验检测机构对检测合格的施工起重机械和整体提升脚手架、模板等自升式架设设施，应当出具安全合格证明文件，并对检测结果负责。

3. 施工单位的安全责任

第二十条 施工单位从事建设工程的新建、扩建、改建和拆除等活动，应当具备国家规定的注册资本、专业技术人员、技术装备和安全生产等条件，依法取得相应等级的资质证书，并在其资质等级许可的范围内承揽工程。

第二十一条 施工单位主要负责人依法对本单位的安全生产工作全面负责。施工单位应当建立健全安全生产责任制度和安全生产教育培训制度，制定安全生产规章制度和操作规程，保证本单位安全生产条件所需资金的投入，对所承担的建设工程进行定期和专项安全检查，并做好安全检查记录。

施工单位的项目负责人应当由取得相应执业资格的人员担任，对建设工程项目的安全施工负责，落实安全生产责任制度、安全生产规章制度和操作规程，确保安全生产费用的有效使用，并根据工程的特点组织制定安全施工措施，消除安全事故隐患，及时、如实报告生产安全事故。

第二十二条 施工单位对列入建设工程概算的安全作业环境及安全施工措施所需费用，应当用于施工安全防护用具及设施的采购和更新、安全施工措施的落实、安全生产条件的改善，不得挪作他用。

第二十三条 施工单位应当设立安全生产管理机构，配备专职安全生产管理人员。

专职安全生产管理人员负责对安全生产进行现场监督检查。发现安全事故隐患，应当及时向项目负责人和安全生产管理机构报告；对违章指挥、违章操作的，应当立即制止。

专职安全生产管理人员的配备办法由国务院建设行政主管部门会同国务院其他有关部门制定。

第二十四条　建设工程实行施工总承包的，由总承包单位对施工现场的安全生产负总责。

总承包单位应当自行完成建设工程主体结构的施工。总承包单位依法将建设工程分包给其他单位的，分包合同中应当明确各自的安全生产方面的权利、义务。总承包单位和分包单位对分包工程的安全生产承担连带责任。

分包单位应当服从总承包单位的安全生产管理，分包单位不服从管理导致生产安全事故的，由分包单位承担主要责任。

第二十五条　垂直运输机械作业人员、安装拆卸工、爆破作业人员、起重信号工、登高架设作业人员等特种作业人员，必须按照国家有关规定经过专门的安全作业培训，并取得特种作业操作资格证书后，方可上岗作业。

第二十六条　施工单位应当在施工组织设计中编制安全技术措施和施工现场临时用电方案，对下列达到一定规模的危险性较大的分部分项工程编制专项施工方案，并附具安全验算结果，经施工单位技术负责人、总监理工程师签字后实施，由专职安全生产管理人员进行现场监督：

（1）基坑支护与降水工程；

（2）土方开挖工程；

（3）模板工程；

（4）起重吊装工程；

（5）脚手架工程；

（6）拆除、爆破工程；

（7）国务院建设行政主管部门或者其他有关部门规定的其他危险性较大的工程。

对前款所列工程中涉及深基坑、地下暗挖工程、高大模板工程的专项施工方案，施工单位还应当组织专家进行论证、审查。

第二十七条　建设工程施工前，施工单位负责项目管理的技术人员应当对有关安全施工的技术要求向施工作业班组、作业人员作出详细说明，并由双方签字确认。

第二十八条　施工单位应当在施工现场入口处、施工起重机械、临时用电设施、脚手架、出入通道口、楼梯口、电梯井口、孔洞口、桥梁口、隧道口、基坑边沿、爆破物及有害危险气体和液体存放处等危险部位，设置明显的安全警示标识。安全警示标识必须符合国家标准。

施工单位应当根据不同施工阶段和周围环境及季节、气候的变化，在施工现场采取相应的安全施工措施。施工现场暂时停止施工的，施工单位应当做好现场防护，所需费用由责任方承担，或者按照合同约定执行。

第二十九条 施工单位应当将施工现场的办公、生活区与作业区分开设置，并保持安全距离；办公、生活区的选址应当符合安全性要求。员工的膳食、饮水、休息场所等应当符合卫生标准。施工单位不得在尚未竣工的建筑物内设置员工集体宿舍。

施工现场临时搭建的建筑物应当符合安全使用要求。施工现场使用的装配式活动房屋应当具有产品合格证。

第三十条 施工单位对因建设工程施工可能造成损害的毗邻建筑物、构筑物和地下管线等，应当采取专项防护措施。

施工单位应当遵守有关环境保护法律、法规的规定，在施工现场采取措施，防止或者减少粉尘、废气、废水、固体废物、噪声、振动和施工照明对人和环境的危害和污染。

在城市市区内的建设工程，施工单位应当对施工现场实行封闭围挡。

第三十一条 施工单位应当在施工现场建立消防安全责任制度，确定消防安全责任人，制定用火、用电、使用易燃易爆材料等各项消防安全管理制度和操作规程，设置消防通道、消防水源，配备消防设施和灭火器材，并在施工现场入口处设置明显标志。

第三十二条 施工单位应当向作业人员提供安全防护用具和安全防护服装，并书面告知危险岗位的操作规程和违章操作的危害。

作业人员有权对施工现场的作业条件、作业程序和作业方式中存在的安全问题提出批评、检举和控告，有权拒绝违章指挥和强令冒险作业。

在施工中发生危及人身安全的紧急情况时，作业人员有权立即停止作业或者在采取必要的应急措施后撤离危险区域。

第三十三条 作业人员应当遵守安全施工的强制性标准、规章制度和操作规程，正确使用安全防护用具、机械设备等。

第三十四条 施工单位采购、租赁的安全防护用具、机械设备、施工机具及配件，应当具有生产（制造）许可证、产品合格证，并在进入施工现场前进行查验。

施工现场的安全防护用具、机械设备、施工机具及配件必须由专人管理，定期进行检查、维修和保养，建立相应的资料档案，并按照国家有关规定及时报废。

第三十五条 施工单位在使用施工起重机械和整体提升脚手架、模板等自升式架设设施前，应当组织有关单位进行验收，也可以委托具有相应资质的检验检测机构进行验收；使用承租的机械设备和施工机具及配件的，由施工总承包单位、分包单位、出租单位和安装单位共同进行验收。验收合格的方可使用。

《特种设备安全监察条例》规定的施工起重机械，在验收前应当经有相应资质的检验检测机构监督检验合格。

施工单位应当自施工起重机械和整体提升脚手架、模板等自升式架设设施验收合格之日起30日内，向建设行政主管部门或者其他有关部门登记。登记标志应当置于或者附着于该设备的显著位置。

第三十六条 施工单位的主要负责人、项目负责人、专职安全生产管理人员应当经建设行政主管部门或者其他有关部门考核合格后方可任职。

施工单位应当对管理人员和作业人员每年至少进行一次安全生产教育培训，其教育培训情况记入个人工作档案。安全生产教育培训考核不合格的人员，不得上岗。

第三十七条 作业人员进入新的岗位或者新的施工现场前，应当接受安全生产教育培训。未经教育培训或者教育培训考核不合格的人员，不得上岗作业。

施工单位在采用新技术、新工艺、新设备、新材料时，应当对作业人员进行相应的安全生产教育培训。

第三十八条 施工单位应当为施工现场从事危险作业的人员办理意外伤害保险。

意外伤害保险费由施工单位支付。实行施工总承包的，由总承包单位支付意外伤害保险费。意外伤害保险期限自建设工程开工之日起至竣工验收合格止。

（三）工程项目负责人的安全职责

近年来，国家住房城乡建设部陆续印发《建筑施工项目经理质量安全责任十项规定（试行）》《建设单位项目负责人质量安全责任八项规定（试行）》《建筑工程勘察单位项目负责人质量安全责任七项规定（试行）》《建筑工程设计单位项目负责人质量安全责任七项规定（试行）》《建筑工程项目总监理工程师质量安全责任六项规定（试行）》等一系列文件。对工程项目负责人的安全责任进行了明确界定。

1. 施工项目经理安全职责

（1）建筑施工项目经理（以下简称项目经理）必须按规定取得相应执业资格和安全生产考核合格证书；合同约定的项目经理必须在岗履职，不得违反规定同时在两个及两个以上的工程项目担任项目经理。

（2）项目经理必须对工程项目施工质量安全负全责，负责建立质量安全管理体系，负责配备专职质量、安全等施工现场管理人员，负责落实质量安全责任制、质量安全管理规章制度和操作规程。

（3）项目经理必须按照工程设计图纸和技术标准组织施工，不得偷工减料；负责组织编制施工组织设计，负责组织制定质量安全技术措施，负责组织编制、论证和实施危险性较大分部分项工程专项施工方案；负责组织质量安全技术交底。

（4）项目经理必须组织对进入现场的建筑材料、构配件、设备、预拌混凝土等进行检验，未经检验或检验不合格的，不得使用；必须组织对涉及结构安全的试块、试件以及有关材料进行取样检测，送检试样不得弄虚作假，不得篡改或者伪造检测报告，不得明示或暗示检测机构出具虚假检测报告。

（5）项目经理必须组织做好隐蔽工程的验收工作，参加地基基础、主体结构等分部工程的验收，参加单位工程和工程竣工验收；必须在验收文件上签字，不得签署虚假文件。

（6）项目经理必须在起重机械安装、拆卸，模板支架搭设等危险性较大分部分项工程施工期间现场带班；必须组织起重机械、模板支架等使用前验收，未经验收或验收不合格的，不得使用；必须组织起重机械使用过程日常检查，不得使用安全保护装置失效的起重机械。

（7）项目经理必须将安全生产费用足额用于安全防护和安全措施，不得挪作他用；作业人员未配备安全防护用具，不得上岗；严禁使用国家明令淘汰、禁止使用的危及施工质量安全的工艺、设备和材料。

（8）项目经理必须定期组织质量安全隐患排查，及时消除质量安全隐患；必须落实住房城乡建设主管部门和工程建设相关单位提出的质量安全隐患整改要求，在隐患整改报告上签字。

（9）项目经理必须组织对施工现场作业人员进行岗前质量安全教育，组织审核建筑施工特种作业人员操作资格证书，未经质量安全教育和无证人员不得上岗。

（10）项目经理必须按规定报告质量安全事故，立即启动应急预案，保护事故现场，开展应急救援。

备注：建筑施工企业应当定期或不定期对项目经理履职情况进行检查，发现项目经理履职不到位的，及时予以纠正；必要时，按照规定程序更换符合条件的项目经理。

2. 建设单位项目负责人安全职责

建设单位项目负责人是指建设单位法定代表人或经法定代表人授权，代表建设单位全面负责工程项目建设全过程管理，并对工程质量承担终身责任的人员。建筑工程开工建设前，建设单位法定代表人应当签署授权书，明确建设单位项目负责人。建设单位项目负责人应当严格遵守以下规定并承担相应责任：

（1）建设单位项目负责人应当依法组织发包，不得将工程发包给个人或不具有相应资质等级的单位；不得将一个单位工程的施工分解成若干部分发包给不同的施工总承包或专业承包单位；不得将施工合同范围内的单位工程或分部分项工程又另行发包；不得违反合同约定，通过各种形式要求承包单位选择指定的分包单位。建设单位项目负责人发现承包单位有转包、违法分包及挂靠等违法行为的，应当及时向住房城乡建设主管部门报告。

（2）建设单位项目负责人在组织发包时应当提出合理的造价和工期要求，不得迫使承包单位以低于成本的价格竞标，不得与承包单位签订“阴阳合同”，不得拖欠勘察设计、工程监理费用和工程款，不得任意压缩合理工期。确需压缩工期的，应当组织专家予以论证，并采取保证建筑工程质量安全的相应措施，支付相应的费用。

（3）建设单位项目负责人在组织编制工程概算时，应当将建筑工程安全生产措施费用和工伤保险费用单独列支，作为不可竞争费，不参与竞标。

（4）建设单位项目负责人应当负责向勘察、设计、施工、工程监理等单位提供与建筑工程有关的真实、准确、齐全的原始资料，应当严格执行施工图设计文件审查制度，及时将施工图设计文件报有关机构审查，未经审查批准的，不得使用；发生重大设计变更的，应送原审图机构审查。

（5）建设单位项目负责人应当在项目开工前按照国家有关规定办理工程质量、安全监督手续，申请领取施工许可证。依法应当实行监理的工程，应当委托工程监理单位进行监理。

（6）建设单位项目负责人应当加强对工程质量安全的控制和管理，不得以任何方式要求设计单位或者施工单位违反工程建设强制性标准，降低工程质量；不得以任何方式要求检测机构出具虚假报告；不得以任何方式要求施工单位使用不合格或者不符合设计要求的建筑材料、建筑构配件和设备；不得违反合同约定，指定承包单位购入用于工程建设的建筑材料、建筑构配件和设备或者指定生产厂、供应商。

（7）建设单位项目负责人应当按照有关规定组织勘察、设计、施工、工程监理等有关单位进行竣工验收，并按照规定将竣工验收报告、有关认可文件或者准许使用文件报送备案。未组织竣工验收或验收不合格的，不得交付使用。

（8）建设单位项目负责人应当严格按照国家有关档案管理的规定，及时收集、整理建设项目各环节的文件资料，建立、健全建设项目档案和建筑工程各方主体项目负责人质量终身责任信息档案，并在建筑工程竣工验收后，及时向住房城乡建设主管部门或者其他有关部门移交建设项目档案及各方主体项目负责人的质量终身责任信息档案。

3. 工程勘察单位项目负责人安全职责

工程勘察单位项目负责人（以下简称勘察项目负责人）是指经勘察单位法定代表人授权，代表勘察单位负责建筑工程项目全过程勘察质量管理，并对建筑工程勘察质量安全承担总体责任的人员。勘察项目负责人应当由具备勘察质量安全管理能力的专业技术人员担任。甲、乙级岩土工程勘察的项目负责人应由注册土木工程师（岩土）担任。建筑工程勘察工作开始前，勘察单位法定代表人应当签署授权书，明确勘察项目负责人。勘察项目负责人应当严格遵守以下规定并承担相应责任：

（1）勘察项目负责人应当确认承担项目的勘察人员符合相应的注册执业资格要求，具备相应的专业技术能力，观测员、记录员、机长等现场作业人员符合专业培训要求。不得允许他人以本人的名义承担工程勘察项目。

（2）勘察项目负责人应当依据有关法律法规、工程建设强制性标准和勘察合同（包括勘察任务委托书），组织编写勘察纲要，就相关要求向勘察人员交底，组织开展工程勘察工作。

（3）勘察项目负责人应当负责勘查现场作业安全，要求勘察作业人员严格执行操作规程，并根据建设单位提供的资料和场地情况，采取措施保证各类人员、场地内和周边建筑物、构筑物及各类管线设施的安全。

（4）勘察项目负责人应当对原始取样、记录的真实性和准确性负责，组织人员及时整理、核对原始记录，核验有关现场和试验人员在记录上的签字，对原始记录、测试报告、土工试验成果等各项作业资料验收签字。

（5）勘察项目负责人应当对勘察成果的真实性和准确性负责，保证勘察文件符合国家规定的深度要求，在勘察文件上签字盖章。

（6）勘察项目负责人应当对勘察后期服务工作负责，组织相关勘察人员及时解决工程设计和施工中与勘察工作有关的问题；组织参与施工验槽；组织勘察人员参加工程竣工验收，验收合格后在相关验收文件上签字，对城市轨道交通工程，还应参加单位工程、项目工程验收并在验收文件上签字；组织勘察人员参与相关工程质量安全事故分析，并对因勘察原因造成的质量安全事故，提出与勘察工作有关的技术处理措施。

（7）勘察项目负责人应当对勘察资料的归档工作负责，组织相关勘察人员将全部资料分类编目，装订成册，归档保存。勘察项目负责人对以上行为承担责任，并不免除勘察单位和其他人员的法定责任。

备注：勘察单位应当加强对勘察项目负责人履职情况的检查，发现勘察项目负责人履职不到位的，及时予以纠正，或按照规定程序更换符合条件的勘察项目负责人，由更换后的勘察项目负责人承担项目的全面勘察质量责任。

4. 工程设计单位项目负责人安全职责

工程设计单位项目负责人（以下简称设计项目负责人）是指经设计单位法

定代表人授权，代表设计单位负责建筑工程项目全过程设计质量管理，对工程设计质量承担总体责任的人员。设计项目负责人应当由取得相应的工程建设类注册执业资格（主导专业未实行注册执业制度的除外），并具备设计质量管理能力的人员担任。承担民用房屋建筑工程的设计项目负责人原则上由注册建筑师担任。建筑工程设计工作开始前，设计单位法定代表人应当签署授权书，明确设计项目负责人。设计项目负责人应当严格遵守以下规定并承担相应责任：

（1）设计项目负责人应当确认承担项目的设计人员符合相应的注册执业资格要求，具备相应的专业技术能力。不得允许他人以本人的名义承担工程设计项目。

（2）设计项目负责人应当依据有关法律法规、项目批准文件、城乡规划、工程建设强制性标准、设计深度要求、设计合同（包括设计任务书）和工程勘察成果文件，就相关要求向设计人员交底，组织开展建筑工程设计工作，协调各专业之间及与外部各单位之间的技术接口工作。

（3）设计项目负责人应当要求设计人员在设计文件中注明建筑工程合理使用年限，标明采用的建筑材料、建筑构配件和设备的规格、性能等技术指标，其质量要求必须符合国家规定的标准及建筑工程的功能需求。

（4）设计项目负责人应当要求设计人员考虑施工安全操作和防护的需要，在设计文件中注明涉及施工安全的重点部位和环节，并对防范安全生产事故提出指导意见；采用新结构、新材料、新工艺和特殊结构的，应在设计中提出保障施工作业人员安全和预防生产安全事故的措施建议。

（5）设计项目负责人应当核验各专业设计、校核、审核、审定等技术人员在相关设计文件上的签字，核验注册建筑师、注册结构工程师等注册执业人员在设计文件上的签章，并对各专业设计文件验收签字。

（6）设计项目负责人应当在施工前就审查合格的施工图设计文件，组织设计人员向施工及监理单位做出详细说明；组织设计人员解决施工中出现的设计问题。不得在违反强制性标准或不满足设计要求的变更文件上签字。应当根据设计合同中约定的责任、权利、费用和时限，组织开展后期服务工作。

（7）设计项目负责人应当组织设计人员参加建筑工程竣工验收，验收合格后在相关验收文件上签字；组织设计人员参与相关工程质量安全事故分析，并对因设计原因造成的质量安全事故，提出与设计工作相关的技术处理措施；组织相关人员及时将设计资料归档保存。设计项目负责人对以上行为承担责任，并不免除设计单位和其他人员的法定责任。

备注：设计单位应当加强对设计项目负责人履职情况的检查，发现设计项目负责人履职不到位的，及时予以纠正，或按照规定程序更换符合条件的设计项目负责人，由更换后的设计项目负责人承担项目的全面设计质量责任。

5. 工程项目总监理工程师安全职责

工程项目总监理工程师（以下简称项目总监）是指经工程监理单位法定代表人授权，代表工程监理单位主持建筑工程项目的全面监理工作并对其承担终身责任的人员。建筑工程项目开工前，监理单位法定代表人应当签署授权书，明确项目总监。项目总监应当严格执行以下规定并承担相应责任：

（1）项目监理工作实行项目总监负责制。项目总监应当按规定取得注册执业资格；不得违反规定受聘于两个及以上单位从事执业活动。

（2）项目总监应当在岗履职。应当组织审查施工单位提交的施工组织设计中的安全技术措施或者专项施工方案，并监督施工单位按已批准的施工组织设计中的安全技术措施或者专项施工方案组织施工；应当组织审查施工单位报审的分包单位资格，督促施工单位落实劳务人员持证上岗制度；发现施工单位存在转包和违法分包的，应当及时向建设单位和有关主管部门报告。

（3）工程监理单位应当选派具备相应资格的监理人员进驻项目现场，项目总监应当组织项目监理人员采取旁站、巡视和平行检验等形式实施工程监理，按照规定对施工单位报审的建筑材料、建筑构配件和设备进行检查，不得将不合格的建筑材料、建筑构配件和设备按合格签字。

（4）项目总监发现施工单位未按照设计文件施工、违反工程建设强制性标准施工或者发生质量事故的，应当按照建设工程监理规范规定及时签发工程暂停令。

（5）在实施监理过程中，发现存在安全事故隐患的，项目总监应当要求施工单位整改；情况严重的，应当要求施工单位暂时停止施工，并及时报告建设单位；施工单位拒不整改或者不停止施工的，项目总监应当及时向有关主管部门报告，主管部门接到项目总监报告后，应当及时处理。

（6）项目总监应当审查施工单位的竣工申请，并参加建设单位组织的工程竣工验收，不得将不合格工程按照合格签认。项目总监责任的落实不免除工程监理单位和其他监理人员按照法律法规和监理合同应当承担和履行的相应责任。

（四）其他人员需要履行的安全职责

各企业应根据国家、行业和企业自身要求，按照“全员、全覆盖”的原则，制定颁布所有员工的安全生产职责，落实“全员”安全生产责任制。

第四节　建立健全安全生产委员会

（一）企业安全生产委员会的成立

企业应根据自身需要成立安全生产委员会。并按照安全生产委员会工作规则定期开展工作。

（二）工程项目安全生产委员会的成立

工程项目安全生产委员会一般由业主牵头，根据工程需要成立。工作基本规则如下：

（1）由业主单位组织成立以业主为主任、监理及各承包商主要负责人为成员的安全管理委员会，负责工程的安全文明施工协调工作。

（2）各单位成立以主要负责人为领导的安全文明组织机构，并有完善的安全网络体系和安全文明施工管理制度。各承包商及其所属单位各级主要负责人是安全文明生产的主要责任人，要使安全工作做到日常化、制度化、规范化。

（3）各承包商安全生产部门在业务上接受业主单位、监理单位及上级主管部门的多重领导。

（三）工程项目安全生产委员会成员单位的主要安全职责

在工程项目安全生产委员会的领导下，项目参建单位需履行以下安全管理职责。

（1）业主单位对工程建设的安全文明施工负全面的检查、监督、管理责任。

1）认真贯彻执行国家有关安全、文明施工的方针、政策、法规、法令及上级有关安全、文明施工的管理规定。

2）负责组织、协调、管理工程建设中的安全、文明施工。督促各单位认真执行国家的有关安全、文明施工的规定，安排、部署有关安全、文明施工方面的活动。

3）严格施工现场总平面、施工用水、用电、施工道路的安全、文明管理。按合同规定负责组织划分各承包商的安全管理区域，做到责任落实，确保安全、文明施工。

4）参加审查施工组织设计中的“安全施工、文明施工措施”，并督促执行。

5）向上级有关单位上报建设工程员工伤亡事故月（年）报表。

（2）监理单位对工程建设施工安装过程中的安全文明施工负检查、监督、管理责任。

1）参加审查承包商的安全资质、安全管理、安全保障体系及安全、文明施工措施并监督执行。

2）审查承包商施工组织设计中的安全施工技术措施、现场安全管理制度、安全教育、安全机构、目标、措施及各级责任制并提出意见和进行监督实施。参加安全例会，进行安全考核，审查安全报表。

3）协助业主协调解决各承包商在交叉作业中存在的安全施工问题。

4）监督检查各承包商对安全、文明施工管理的执行情况。根据业主授权，对安全、文明施工检查中发现的违规活动，有权按规定开出处罚单；对安全、文明施工管理失控的承包商，有权责令停工整顿；对严重失控的承包商，有权向业主提出建议，责令其退出现场。

（3）承包商对其所承包施工项目的安全、文明施工负全面管理责任。

1）认真执行国家有关安全、文明施工的方针、政策、法规、法令及上级有关安全、文明施工的管理规定。

2）服从监理及业主的安全、文明施工管理，接受监理及业主的安全、文明施工的监督、检查。

3）建立健全安全管理机构、安全管理制度、安全保障体系、安全“三项机制”（安全风险、监督制约、教育激励），并行之有效地运作。

4）负责组织学习、推广兄弟单位先进的安全、文明施工经验，取长补短。

5）负责制定本单位所承包工程的安全、文明施工措施及有关安全、文明施工的经济制约措施，并能行之有效地运作。

6）严格按基建程序和施工顺序施工，积极有效地解决施工中存在的安全、文明施工问题。

7）按照业主划定的安全、文明施工管理区域，层层分解，做到责任落实到人，有关职责、制度、规定等制成标语牌立于显著位置。

8）积极参加由业主或监理组织的有各承包商参加的安全、文明施工联合大检查活动。对查出的问题及时进行整改，接受业主处罚。

9）积极参加安全、文明施工竞赛活动，总结、交流安全、文明施工经验，努力消除事故隐患，消除施工现场脏、乱、差现象。

10）及时向监理及业主提供事故情况及事故调查、分析报告。按照“三不放过”的原则，如实向业主提供行之有效的整改措施。

11）负责施工管理区域的消防及治安保卫工作。

第五节　签订安全生产目标责任书

（一）签订责任书的主要作用和意义

目的是为增强广大员工的责任意识和安全意识，通过责任书的形式层层分解工作目标，传递工作压力，做到“千斤重担大家挑，人人头上有指标”，使大家真正把指标作为工作目标，把压力作为工作动力，把责任作为工作使命，确保安全目标的实现。

（二）编制有效的可量化的安全目标责任书

一般应包括以下内容：

1. 总目标

此部分内容是指根据法律、法规要求，为达到安全生产方针，根据相关原则来制定。

2. 权利和义务

此部分内容包括：督促检查安全生产工作，及时消除安全事故隐患；加强对员工的安全培训，不断提高员工的安全操作水平；定期检查员工劳保用品的发放和使用、佩戴情况；在安全生产工作中，要全面贯彻执行安全生产方针政策、法律、法规、标准，建立、健全和落实安全生产责任制，审定颁发本单位统一性的安全规章制度等。

3. 工作目标

此部分包括制定此责任书所要求达到的目标。一般宜按可量化设置。

4. 考核与奖惩

此部分内容包括：工段、班组的月考核由车间主任、副主任结合工作落实情况、安全生产绩效等进行全面考核；车间月考核由总经理办公室和分管副总经理结合工作落实情况、安全生产绩效等全面考核；年终考核由主管安全生产的副总经理负责组织，结合全年安全生产情况，提出奖罚建议，由公司会议研究决定；对出现重大事故的单位、车间主要负责人，报请上级主管部门给予行政处分，构成犯罪的移交司法机关，追究法律责任等。

（三）逐级签订安全生产责任书

（1）逐级签订安全生产责任书，一级对一级负责。项目部要与上级部门（分公司）签订“项目管理目标责任书”。项目部自己的目标要高于与上级部门签订的目标。

（2）项目部应分阶段和分年度对各管理目标进行考评，对管理目标的人员也要进行考核，依据考评与考核结果进行奖罚。工程结束后也要及时地进行总结、考评与考核。

第六节 安全生产目标责任制考核

安全生产责任考核一般分为政府责任追究、企业问责和内部考核三类。

安全考核简单的说法就是论功过时不一刀切，按劳所得，多劳多得。绩效考核，考核的内容要确定，要具体，要量化；考核可以分级考核，可以先自评（进行自述与写总结），群众评，然后直接部门领导评，再上级领导评定，最后进行综合评定。

考核评定完毕后就要用到奖罚制度，当然日常也要用到奖罚制度。奖励的目的在于既要使员工得到心理及物质上的满足，又要达到激励员工勤恳工作，奋发向上，争取更好业绩的目的。激励手段中最重要的还是物质奖励，因为物质是大多数人从事工作的主要原因，以绩效为基础的加薪、奖励等物质刺激在决定员工的工作积极性上起着重要的作用。有美国人力资源专家研究得出：如果金钱作为一种刺激手段被取消，那么人们就不会在工作中付出更多的努力，但是取消诸如：挑战性的目标、工作内容丰富化、参与决策的权力等，却不会完全出现这种情况。作为项目领导者一定要建立与健全绩效评估和考核体系，做到正确评估员工对企业的贡献，奖惩及时、有效、公正。否则，就会导致优秀员工、核心员工的不满或离职。在平时的管理中，特别是奖励要及时，员工表现出色，要及时表扬，及时给予各种方式的嘉奖肯定；表现突出的要及时进行特别奖励。不能等到优秀员工提出辞职的时候，为了留住员工才谈加薪、晋升的事情。奖励要公开，要大张旗鼓地表彰先进，让大家学习，因为榜样的力量是无穷的。

惩戒的目的在于既要促使员工达到并保持应有的工作水准，又要保障公司和员工的共同利益和长远利益。有奖当然也要有罚，处罚的形式也有多种，轻者可以批评教育，重者可以通报批评，可以经济处罚、承担相应责任，严重者可以开除、辞退、承担法律责任等，我认为末位淘汰制效果可能比较好。处罚也得公正、公开、及时，让受罚者心服口服；处罚不应实行连坐制。

综上所述，只有健全了奖惩制度，落实了奖惩措施，项目的各种制度规定、各项任务才能不折不扣地执行，管理才不会出现疲于奔命的状态。当管理者掌握了奖惩激励后，必然会提高工作布置的落实度，迅速而有效地提升管理绩效。

有人说制度建设很容易，从别人那里照搬照抄就行。其实，有些是可以的，但全部照搬照抄，那就不行了，制度建设一定要结合本公司、本项目的实行进行调整，有针对性，不能全部生搬硬抄，不然有时候会出现东施效颦的效果。

第七节　定期进行安全教育培训

长抓不懈的安全教育培训是提高安全能力的最佳方式。通过安全教育培训能够传递安全生产经验，灌输安全知识，提高安全生产技能。企业各级领导要端正培训教育工作的认识和态度，在自己自觉接受学习教育培训，提高安全管理能力的同时，能够做到经常对员工开展安全意识、安全知识和安全技能的教育与培训活动，特别是安全管理人员的培训，要积极支持他们按期参加必要的安全培训和复训学习，使他们不断地、更多地掌握安全管理的新知识、新政策、新技能和新本领，真正发挥他们的安全管理监督职能，真正起到企业安全生产保护神的作用。可以说，企业各级领导者的安全意识的强与弱，决定了这个企业的安全生产状况，企业在扎实开展好新工人入厂后的三级教育，重视和强制性执行特种作业人员的培训考核和持证上岗制度的同时，更要做好作为安全教育系统性工程重要环节的日常安全教育工作，采取黑板报、宣传栏、标语、学习文件、收看广播电视录像、参观考察等多种形式，潜移默化地进行全员日常安全教育。只有企业上下的安全意识增强了，安全知识、安全技能提高了，企业才能创造良好的经济效益和社会效益。

（一）培训原则

本着“精简、管用”的原则，培训应有针对性和实效性。企业的培训由安全管理部门组织实施，车间的培训由各车间的主要负责人组织实施，班组的培训由各班组长负责组织实施。

（二）培训计划或培训需求

根据企业制订的年度培训计划，由安全生产管理部门负责制订年度、季度、月培训计划；各车间、班组根据企业的培训计划，制订相应的培训计划。

（三）形式与内容

安全生产的法律法规、基本知识、管理制度、操作规程、操作技能及事故案例分析等。企业培训以安全生产的法律法规、方针政策、规范和企业的规章制度为主；车间、班组培训以安全操作规程、劳动纪律、岗位职责、工艺流程、事故案例剖析等为主；特种作业人员培训以特种设备的操作规程、特种作业人员的安全知识为主；重大危险源的相关人员培训以危险源的危险因素、现实情况、可能发生的事故、注意事项为主。

学习可采取灵活多样的培训形式。如课堂学习、实地参观、实际演练、安全技能比赛、看录像、研讨交流、现场示范、实际操作等。

（四）学时要求

高危行业主要负责人和安全管理人员的资格培训学时不得少于 48 学时，每年再培训时间不得少于16学时；其他行业主要负责人培训不得少于32学时，每年再培训时间不得少于12学时；新从业人员不得少于24学时，高危行业不得少于72学时，每年再培训的时间不得少于20学时。

新技术、新工艺、新设备、新材料在使用前，必须进行安全教育培训；新从业人员和转岗人员在上岗前，必须进行安全教育培训，新从业人员必须经“三级”安全教育培训后方可上岗。特种作业人员必须参加有关部门的培训取得《特种作业人员操作证》，做到持证上岗。

（五）建立档案

企业要建立培训台账，培训结束后将培训计划、培训名单、课程表等有关资料存入培训档案。

（六）安全教育培训方式

1. 对新入场的从业人员进行三级教育

（1）新入场从业人员是指新入场的学徒工、实习生、委托培训人员、合同工、新分配的院校学生、参加劳动的学生、临时借调人员、相关方人员、劳务分包人员等。

（2）项目部应与新入场的学徒工、实习生、委托培训人员、合同工、新分配的院校学生、参加劳动的学生、临时借调人员等签订《安全生产管理协议》，协议同时报公司备案。

（3）三级教育分为公司（分公司）级、项目部级、班组级安全教育。

1）公司级岗前安全教育内容应当包括：国家、省市及有关部门制定的安全生产方针、政策、法规、标准、规程；安全生产基本知识；本单位安全生产情况及安全生产规章制度和劳动纪律；从业人员安全生产权利和义务；有关事故案例等。培训时间不少于15小时。

2）项目部级安全教育的主要内容包括：本项目的安全生产状况；本项目工作环境、工程特点及危险因素；所从事工种可能遭受的职业伤害和伤亡事故；所从事工种的安全职责、操作技能及强制性标准；自救互救、急救方法、疏散和现场紧急情况的处理、发生安全生产事故的应急处理措施；安全设备设施、个人防护用品的使用和维护；预防事故和职业危害的措施及应注意的安全事项；有关事故案例；企业安全管理手册；其他需要培训的内容。培训时间不少于15

小时。

3）班组级安全教育的内容包括：岗位安全操作规程；岗位之间工作衔接配合的安全与职业卫生事项；本工种的安全技术操作规程、劳动纪律、岗位责任、主要工作内容、本工种发生过的案例分析；其他需要培训的内容。培训时间不少于 20 小时。

（4）三级教育结束后，项目部从安全教育题库中选取一套考卷进行考试、监考、阅卷。考试时间为 90 分钟，得分 80 分（含）以上的为合格。考试结束后，项目部将考试合格人员有关情况（姓名、身份证号码、考试得分）整理汇总，将电子版和文本资料归入项目部安全管理资料，并将其培训考试信息记入安全教育档案卡。

备注：合格分数由企业自行确定。具备条件的，可采取 100 分考试合格上岗制。

2. 特种作业人员持证上岗

（1）特种作业人员是指容易发生人员伤亡事故，对操作者本人、他人及周围设施的安全有重大危害的作业。建筑行业（包括分包企业）特种作业人员主要包括电工、电焊工、架子工、起重操作工、指挥工、司索工等。特种作业人员必须取得有关行业主管部门颁发的《特种作业操作资格证》才能上岗操作。未按规定复审的证件作废，视为无证上岗。

（2）施工现场建立健全特种作业人员台账并实行动态管理，调出人员应及时标明，其特种作业操作证应及时撤出，确保与现场的实际操作人员相符合。

3. 农民工夜校

（1）项目部要在施工现场挂牌设立“农民工夜校”，夜校面积原则上为 50～100 平方米，夜校内应有电视、录像等必需的教学设备。每月定期组织开展建筑专业分包单位、劳务分包单位农民工培训教育工作。对每一位农民工培训的时间为每月、每人不少于 2 次（4 个学时）。

（2）培训内容主要包括：国家、省市、企业及有关部门制定的安全生产方针、政策、法律、法规；建设工程施工现场安全管理相关标准规范、施工安全管理标准化相关文件；安全生产管理、安全生产技术、职业卫生等知识；典型事故和应急救援案例分析、消防安全知识等。

4. 其他人员教育（含各级安全管理人员）

（1）项目经理部应结合季节特点和施工实际，开展季节性和经常性的安全教育培训，提高作业人员的安全意识和操作技能。

（2）对安全生产管理有重大影响的重要、关键岗位人员（包括重要操作岗位人员、技术人员、管理人员等）应进行具有针对性的专业技能和岗位教育。

（3）采用新工艺、新技术、新设备、新材料施工时，应对操作人员进行有针对性的安全教育。

（七）安全技术交底及班前安全活动

（1）项目部施工技术人员应定期对作业人员进行安全交底，并保存交底记录和操作人员的签字记录。

（2）班组长应认真落实班前活动制度，生产班组必须认真执行班组安全活动制度。在班前要对所有机具、设备、防护用品及作业环境进行安全检查。每天上岗前组织不少于10分钟的安全教育，明确当班作业应注意的安全事项和应采取的安全防护措施，并有记录。尤其是变换工作内容或工作地点的时候要组织所有人员进行针对性的安全教育。

（3）班前教育记录由班组长或班组兼职安全员填写并保存相关记录。班前教育活动不得以布置生产工作替代安全活动内容。

第八节　保障安全生产基本投入

当前，部分企业仍然存在安全投入认识上的误区，行动上的消极，总认为安全投入只会带来企业成本的增加。其实，安全投入与企业利益回报是成正比的，是潜在的效益。安全投入不像普通的投资那样直接反映在产品数量的增加或质量的改进上，而是体现在生产的全过程中，保证了合理适当、先进超前的安全投入，就能确保设备的正常运转，提高人员的安全意识，安全保障措施的落实，这些都是企业持续、平稳生产的保障，加大安全投入，要求我们企业在安全设施、培训教育、事故应急救援、改善员工劳动保护、隐患整改资金等工作上加大资金投入，注重工作安排力度。企业只有把安全投入放在战略意义的高度，充分发挥价值，必将从根本上节约成本并取得丰厚的回报。

（一）安全生产投入的法律规定

随着经济不断发展，我国经济实力明显提高，加大安全生产投入成为可能。《安全生产法》为安全投入提供了法律保障，该法明确提出：生产经营单位必须在安全生产条件、劳动防护、安全生产培训和工伤保险方面投入足够的资金，对于因投入不足而导致事故的生产经营单位的决策机构、主要负责人、个体经营的投资人予以法律追究。

（二）加大对安全生产的投入力度

企业和项目部应根据企业安全生产管理规章制度，保障安全生产资金投入，贯彻“安全第一、预防为主、综合治理”的方针，落实“加强劳动保护，改善劳动条件”的政策。

1. 保证安全生产投入

现场所需的安全防护投入、安全教育投入、临时设施投入、文明施工投入、劳动防护用品投入、落实安全技术措施资金的投入应严格按照国家有关规定和要求执行，落实有关费用。

2. 推广应用新的安全生产设备

学习和借鉴工业发达国家经验，建立强有力的技术支撑体系。重视安全科技的发展，投入资金开展研究开发，综合采用各种先进的技术提高安全水平，保证安全生产建立在技术支持的基础上；制定政策措施，及时推广成熟、先进、适用的安全技术，淘汰落后的工艺、设备和技术；攻关制约安全状况好转和改善的技术难题，推广应用先进适用的科技成果，使安全管理水平逐步向科学化、现代化方向迈进。

3. 加大安全科技投入，建立科技支撑体系

科技支撑是安全生产的基础和保障，必须有所超前。发达国家都建立了成熟的安全生产技术支撑体系，美国政府 2002 年拨给国家职业安全健康研究院、事故伤害预防与控制中心两家机构的经费就达 4.1 亿美元。英国有 40 多家从事安全生产科研的院所和大专院校。我国安全生产技术支撑体系建设起步晚，安全生产评价、检验检测、咨询、培训、认证等中介组织不健全，安全生产技术理论研究滞后于实践、科技整体水平不高，且力量分散、科技投入不足等问题

普遍存在。加大科技经费投入，建立安全生产科技支撑体系势在必行。

4. 增加安全生产预防费投入，建立安全技术体系

近几年，我国安全生产形势严峻，恶性伤亡事故不断发生，安全管理科学技术落后是一个不可忽视的原因。我们要借鉴发达国家的做法，建立比较完善的安全技术体系。如美国、英国、日本、法国、俄罗斯、德国等均设有国家级的技术支撑机构，国家、企业投入大量资金开发新产品、新设备。在某些发达国家，预防投资占 GDP 的 3.3%，日本等一些发达国家，煤矿瓦斯抽放机械及施工费用由政府无偿提供。国家科研机构不断为矿山企业提供安全方面的工程技术帮助，负责矿山安全与健康领域的应用技术的开发和研究，为采矿中出现的问题寻找解决办法，提供新技术、新成果。同时鼓励矿山企业有针对性地研发适合自己企业的新技术。这些发达国家的先进经验，值得我们学习。

5. 加大安全生产教育、培训经费的投入

当前，企业工程建设从业人员素质低下、安全教育薄弱等问题依然存在。近年来，农村劳动力大量转移，进入建筑等高风险、重体力的劳动行业和领域，据国家安监总局统计，目前，全国 2 亿农民工转移劳动岗位，其中 3 500 万人进入了建筑等高危行业，这些都为安全生产带来了很多不确定因素。

为此，要建立强制培训制度，在解决从业人员文化素质低、安全意识差的同时，把普及安全知识纳入大、中、小学校教育大纲，开设安全课程。面向全社会开展多层次、形式多样的宣传教育活动。

（三）建立健全企业安全生产投入机制

国家和行业有关安全投入的各种管理制度最终都要由企业来实现，因此，只有建立健全企业安全生产投入机制，提高企业安全生产能力，才能保证全社会安全生产水平的不断提高。

1. 完善企业安全生产扶持政策

增加安全生产投入的同时，我们也要清醒地看到，部分企业普遍存在资金紧张的问题，生产上的融资困难尚未解决，提高安全投入的难度不言而喻，因此，对于安全投入的融资问题需要政府给予扶持。政府可以通过银行为企业设立专项优惠或政府贴息贷款，增加企业安全投入，由于企业安全投入的直接经济效益不明显，对企业取得的专项优惠或贷款，需进行有效监管，保证资金专

款专用。对安全生产状况较好和“零事故”的企业给予相应奖励。如协调政府安监部门联合税务部门减免一部分税收，或给予一定数额的经济奖励等。

2. 进一步完善和实施安全费用提取和风险抵押金制度

全面实施建筑施工、危险化学品生产等行业安全费用提取和风险抵押金制度。财政、安监等有关部门要加强安全费用提取、使用的检查，确保企业安全生产的有效投入，确保事后事故处置资金及时足额到位；严格执行国务院关于“企业每年在固定资产更新和技术改造费用中提取 10%～20%用于改善劳动条件”的规定。着力解决企业实际用于安全措施上的经费相对下降的问题。

3. 要建立保险赔付机制

依法加大生产经营单位对伤亡事故的经济赔偿，全面推广高危行业生产经营单位参加工伤保险和雇主责任险，鼓励其他生产经营单位为从业人员参加工伤保险和雇主责任险，建立保险赔付机制，规避企业安全生产风险。

4. 强制执行《工伤保险条例》

《工伤保险条例》规定：“中华人民共和国境内的企业、事业单位、社会团体、民办非企业单位、基金会、律师事务所、会计师事务所等组织和有雇工的个体工商户（以下称用人单位）应当依照本条例规定参加工伤保险，为本单位全部职工或者雇工（以下称职工）缴纳工伤保险费。”

5. 采用经济政策刺激安全生产

纵观世界各国，虽然经济政策不同，但归纳起来主要有处罚标准、工伤保险费率等经济政策。处罚标准，在美国，监察员在现场一旦发现有严重问题存在，就建议在经济上给予非常严厉的处罚。对于非严重违规，每次可判以最高达 7 000 美元的罚款。对于故意违规，根据企业规模大小，每次可处以 5 000～70 000 美元的罚款。对于重复违反，未能在限期前纠正违反的，过此限期后，每天可以最高达 1 000 美元的罚款等，这些做法值得借鉴。

总之，安全生产关系到国家的发展和社会的和谐稳定。同时又是一项复杂的系统工程，不可能一蹴而就，我们要有长期奋斗的思想准备，随着经济的发展，逐步增加安全生产投入，在夯实安全生产基础的前提下，综合运用政策、法律、经济等多种手段，努力提升安全生产水平，缩小同发达国家的差距，尽快走出事故多发阶段。

启 示

某施工项目部的安全生产岗位责任制

一、项目经理安全生产岗位责任制

（1）是本项目安全生产的第一责任人，对本项目的安全生产负全面领导责任。

（2）认真贯彻执行《建筑法》和有关的建筑工程安全生产法令、法规，坚持“安全第一、预防为主、综合治理”的方针，组织落实集团公司的各项安全生产规章制度。

（3）根据项目工程的实际情况，负责建立安保体系，组织编制相应的安保计划、施工组织设计，并负责贯彻落实。

（4）组织制定项目工程的安全管理目标，严格执行上级公司的安全生产奖惩条例。

（5）督促检查各职能部门做好对施工人员的安全教育和技术培训工作，提高作业人员的安全意识和自我保护能力，防止各类事故的发生。

（6）支持项目安全员及施工管理人员开展安全监督、检查和督促工作。

（7）监督材料部门采购安全物资的质量，防止和杜绝假冒伪劣产品流入施工现场。

（8）负责本工程重点危险部位施工管理。

（9）组织有关人员进行每周一次以上的定期安全检查，以便及时发现施工现场存在的各类隐患，并督促限时整改，确保安全施工顺利进行。

（10）正确对待生产和安全的关系，不违章指挥，督促各生产班组开展安全活动。

（11）发生工伤事故，按应急预案组织抢救，参加事故调查处理。

（12）适时组织对工程项目部的安全体系评估和协调。

二、项目副经理安全生产岗位责任制

（1）对承包项目工程生产经营过程中的安全生产负直接领导责任。

（2）根据项目安全保证计划，组织有关管理人员制订针对性的安全技术措施，并经常注意督促检查。制定督促落实项目管理人员的责任制。

（3）负责组织有关人员对施工现场安全防护设施进行检查、验收。定期组织管理人员进行安全操作规程和安全规章制度学习。负责对事故隐患进行控制，并组织落实纠正和预防措施。

（4）参与安保体系策划和评审，协调安全保证体系运行中的重大问题，组织召开安全生产工作会议。

（5）实施现场管理标准化，协助上级部门对工程项目的安全检查和督促，并督促项目各管理人员及时进行安全资料填写。

（6）协调安全保证体系运行中的重大问题，组织召开安全生产工作会议。

（7）按照“四不放过”原则，处理一般工伤事故，配合处理重大工伤、机械事故，并采取有效整改措施，防止再次发生。

（8）对各分包单位制定例会制度，建立会议纪要，并发放给有关人员。

（9）负责安全设施所需的材料、设备及设施的采购计划的审核及批准，并督促各相关人员做好对进场物资的验收工作。

三、项目工程师安全生产责任制

（1）对本项目施工过程中安全生产的技术工作负责。认真贯彻上级制定的安全技术措施和施工组织设计安全技术措施，在执行过程中，发现与实际情况不相适应或存在隐患，有责任提出整改补充措施。

（2）编制组织设计，负责对安全难度系数大的施工操作方案进行优化。

（3）参与编制的安全生产保证计划，并组织内部安全评估和内审，对上级审核提出的问题及时组织相关人员进行整改。

（4）确定危险部位和过程及不利环境因素，对风险较大和专业性较强的工程项目应组织安全技术论证。

（5）做出因本工程项目的特殊性而须补充的安全操作规定。

（6）选择或制定施工各阶段针对性的安全技术交底文本。

（7）对工程技术部门负责的安全体系要素进行监控，落实改进措施。

（8）负责对施工员、安全员、技术员进行各阶段的安全技术方案交底，以及工程重点危险部位的安全技术方案交底。

（9）制订安全技术预防措施，分析调查安全事故隐患，制订针对性的纠正和预防措施，并进行检查监督有关人员执行落实情况。

四、安全监督组长安全生产岗位责任制

（1）具体负责监督本项目施工管理过程中对安全生产的组织、管理、指挥等工作，是本项目安全生产的直接责任人。

（2）认真贯彻执行《建筑法》和有关的建筑工程安全生产法令、法规，坚持“安全第一、预防为主、综合治理”的方针，具体落实上级公司的各项安全生产规章制度。

（3）参与安保计划及各项施工组织设计的编制，有权行使安全一票否决制。

（4）做好对施工人员的三级安全教育、节假日的安全教育、各工种换岗教育和特殊工种培训取证工作，并记录在案。健全安全管理台账。

（5）参加每周一次以上的定期安全检查，及时处理施工现场安全隐患，签发限时整改通知单。

（6）监督、检查操作人员的遵章守纪。制止违章作业，严格安全纪律，当安全与生产发生冲突时，有权制止冒险作业。

（7）组织、参与安全技术交底，对施工全过程的安全实施控制，并做好记录。

（8）掌握安全动态，发现事故苗头并及时采取预防措施，组织班组开展安全活动，提供安全技术咨询。

（9）检查劳动保护用品的质量，反馈使用信息，对进入现场使用的各种安全用品及机械设备，配合材料部门进行验收检查工作。

（10）贯彻安全保证体系中的各项安全技术措施，组织参与安全设施、施工用电、施工机械的验收。

（11）协助上级部门的安全检查，及时给公司反馈项目安全生产制度执行落实情况，如实汇报工程项目的安全状况。

（12）参与协助对项目存在隐患的安全设施、过程和行为进行控制，参与制订纠正和预防措施，并验证纠正预防措施。

（13）监督对施工班组和分包单位的安全技术交底、教育工作，负责对分包单位在施工过程中的安全过程进行监控，并做好监控记录。

（14）负责一般事故的调查、分析，提出处理意见，按照“四不放过”原则，协助处理重大工伤事故、机械事故，并参与制定纠正和预防措施，防止事故再发生。

五、项目专职安全员安全生产岗位责任制

（1）认真贯彻执行国家有关安全生产的方针、政策、法律、法规及行业主管部门和公司有关安全生产的规章制度。

（2）协助项目经理和部门搞好员工的安全教育、培训工作。

（3）负责日常安全检查工作，有权制止违章指挥和违章作业，每周召开安全例会，并做好检查记录，对上级检查提出的问题负责整改。

（4）监督施工现场各种人员正确佩戴和使用安全防护用品。负责安全生产管理资料的收集、分类和归档。

（5）参与协助对项目存在隐患的安全设施、过程和行为进行控制，参与制订纠正和预防措施，并验证纠正预防措施。

（6）有权监督对施工班组和分包单位的安全技术交底、教育工作，负责对分包单位在施工过程中的安全过程进行监控，并做好监控记录。

（7）配合一般事故的调查、分析，提出处理意见，协助处理重大工伤事故、机械事故，并参与制定纠正和预防措施，防止事故再发生。

（专职安全员上岗期间，佩戴统一的红底黄字“专职安全监督员”袖标）

六、班组安全监督员安全生产岗位责任制

（1）负责监督施工现场落实建筑安全生产法规、安全生产管理制度和劳动保护制度情况，对企业违反安全生产法律法规和标准、阻挠或打击报复群众监督员履行安全职责的行为，有权向上级工会或政府有关部门举报和投诉。

（2）有权对班组农民工进行安全管理，对施工现场安全生产情况和工人劳动保护情况提出改进意见。

（3）对事故隐患提出整改意见。

（4）及时发现并劝止施工现场各种违章指挥、违规作业、违反劳动纪律等不安全行为；劝止无效，应及时向现场专职安全员反映。

（5）发现施工场所内有不符合安全标准或主要生产安全设施及环境异常，应及时向现场管理人员汇报；发现重大事故隐患并可能危及工人生命安全时，有权命令所有人员停止作业、撤离现场，并应协助做好疏导工作。

（6）实行班组安全生产台账制度，认真做好班组安全教育情况记录（要求

群众监督员上岗期间，佩戴统一的红底黄字“安全监督员”袖标）。

七、施工员安全生产岗位责任制

（1）遵守国家《建筑法》和有关的建筑工程安全生产法律、法规，坚持“安全第一、预防为主”的方针，认真执行上级公司的各项安全生产规章制度。

（2）按照安全生产保证计划要求，对施工现场全过程进行控制。

（3）严格监督实施本工种的安全操作技术规范。

（4）有权拒绝不符合安全操作的施工任务，除及时制止外，有责任向项目主管安全经理汇报。

（5）认真执行对施工人员的分部、分项工程及操作规程有针对性的安全技术交底。

（6）发生工伤事故，应立即采取措施，并保护现场，迅速报告。

（7）对已发生的事故隐患落实整改，并向主管安全经理反馈整改情况。

（8）控制施工过程中的危险部位（如搭拆脚手架、模板及安全防护设施，施工用电机械的移动等）。按规定程序向主管人员申报。

八、质量员安全生产岗位责任制

（1）遵守国家《建筑法》和有关的建筑工程安全生产法令、法规，坚持“安全第一、预防为主”的方针，认真执行上级公司的各项安全生产规章制度。

（2）认真执行项目施工组织设计，在检查工程质量的同时，严格要求安全技术措施到位。

（3）参与制定项目工程的安全管理目标，配合安全员做好日常安全管理工作。

（4）认真执行项目安全技术措施，在抓好质量的同时，兼管安全工作。

（5）严格按国家有关安全规程，规范要求把关，发现材料和施工工艺上的问题有权制止。

6. 参加安全会议，积极提出安全合理化建议。参加各项安全生产检查。

九、材料员安全生产岗位责任制

（1）按照项目安全生产保证计划要求，组织各种安全物资的供应工作。

（2）对供应商进行分析，建立合格供应商名录，定期向公司反馈供应商相关信息。

（3）负责对合格供应商供应的安全防护用品的验收、取证、记录的工作，并做好验收状态标识，储存保管好安全防护用品（具）。

（4）负责对进场材料按场容标化要求堆放，消除事故隐患。

（5）对现场使用的井架、脚手架、高凳、吊钩、安全网等安全设施和配件应保证质量，并定期检查和试验，对不合格和破损的，要及时进行更新替换。

（6）对易燃易爆物品进行重点保管。

（7）对供应商提供的不合格品应予拒收，开具不合格报告，并进行标识或隔离，及时组织退货，在分供方业绩评定中做好记录，并立即向项目经理汇报。

（8）经常与施工人员取得联系，听取施工人员对所购劳防用品和安全防护物品的反馈意见。

十、资料员安全生产岗位责任制

（1）负责安全保证计划运行文件的收集、登记、发放，对安全资料进行整理收集。

（2）安全资料应保管到工程竣工后，经整理无误后，到公司处存档。

（3）对各安全资料按有关规定进行标识、编目和立卷。

（4）未经许可任何人不得随意翻阅、更改安全资料。

（5）未经许可任何人不得随意复印安保计划及相关文件。

十一、预算员安全生产岗位责任制

（1）按规定把劳动保护、安全技术经费列入预算费用中去。

（2）对审定的劳动保护安全技术措施所需的经费，列入年度计划，按需要支付。

（3）对安全宣传教育所需费用，由安全生产保障金开支。

（4）合理控制和使用安全生产保障金经费。

（5）努力做到按国家规定要求，从技改费中提取 10%～20%作为安全技术措施费用。

（6）经常对所属员工进行安全生产和遵守安全规章制度的宣传教育。

十二、技术员安全生产岗位责任制

（1）严格按照国家安全技术规定、规程、标准、编制设计、施工工艺等技术文件，提出相应的技术措施，编制安全技术规程。

（2）新工艺、新技术、新设备、新施工方法要制订相应的安全措施和安全操作规程。

（3）对安全设施进行技术鉴定，负责安全技术科研项目及合理化建议项目的研究审核和技术核定。

（4）参加安全检查，对查出的隐患因素提出技术改进措施，并检查执行情况。

（5）参与编写安保计划并负责编制施工组织设计，负责对安全难度系数大的施工操作方案进行优化。

（6）做好本项目危险源和不利环境因素的识别、评价和控制，对风险较大和专业性较大的工程项目应组织安全技术论证并编写专项施工组织设计。

（7）在指导、检查施工技术作业中，发现有严重安全隐患存在，有责任发出书面或口头指令整改。贯彻“管施工技术，同时也要管施工安全”的原则。

十三、机管员安全生产岗位责任制

（1）负责施工现场机械设备使用前的验收和日常保养及维修的管理工作。

（2）负责施工现场的塔吊、施工电梯、井架等大中型机械设备搭拆过程的监督、验收和日常保养维修的管理工作。

（3）负责施工现场的起重作业的监督、检查管理工作。

（4）负责对施工现场的用电设备的验收和平时安全用电管理工作。

（5）负责对施工现场机械设备作业人员的安全教育管理工作。

（6）负责对施工现场使用的机械进行可追溯性的记录。

十四、行政管理员安全生产岗位责任制

（1）组织施工人员进行培训考核发证工作。具体做好项目部的教育培训工作。

（2）对进场施工人员进行安全规章、文明施工制度、法制的教育。

（3）对施工过程中劳务人员的进出场进行记录，做好动态管理。

（4）对安全生产保障资金列出专款专用，并督促实施，年终提出决算。

（5）负责开展各种多样化的安全教育培训，定期出黑板报、张贴安全标语等宣传工作。负责对分包单位的具体工作。实施对分包单位的安全教育培训工作。

（6）做好防火安全、宿舍管理及文明卫生宣传工作。

（7）对生活区域内防台、防汛、防盗进行安全管理。

（8）对生活区域内用电安全和消防工作进行管理，对宿舍内生活用电进行管理，禁止擅自安装插座、乱接乱拉电线，禁止煮烧食品，夏季降温电风扇安装，必须按有关规定实施。

十五、分包方负责人安全生产岗位责任制

（1）认真执行安全生产的各项法规、规定、规章制度及安全操作规程，合理安排班组人员工作，对本单位人员在生产中的安全和健康负责。

（2）按制度严格履行各项劳务用工手续，做好本单位人员的岗位安全培训，经常组织学习安全操作规程，监督本单位人员遵守劳动、安全纪律，做到不违章指挥，制止违章作业。

（3）必须保持本单位人员的相对稳定，人员变更，须事先向有关部门申报，批准后，新来人员应按规定办理各种手续，并经进场和上岗安全教育后方准上岗。

（4）根据总包的交底向本单位各工种进行详细的书面安全交底，针对当天任务、作业环境等情况，做好班前安全交底，监督其执行情况，发现问题，及时纠正和解决。

（5）定期和不定期组织，检查本单位人员作业现场安全生产状况，发现问题，及时纠正，重大隐患应立即上报总包单位有关负责部门。

（6）发生因工伤亡及未遂事故，保护好现场，做好伤者抢救工作，并立即上报总包单位有关负责部门。

十六、分包队伍（包括业主指定的分包单位）安全责任

（1）项目部选用劳务单位时，必须认真履行考察、审核、评估程序。查验该分包队伍的营业执照、资质证书、安全生产许可证、负责人的安全生产考核合格证、特种作业人员操作证的原件并留存复印件，报在公司备案。

（2）经公司有关部门审核选定的劳务公司在签订劳务分包合同时，必须同时签订安全管理责任书，明确双方安全管理责任和劳务从业人员劳动防护用品发放责任。并按合同约定收取一定数额的安全风险抵押金，作为分包单位在施工期间发生安全事故应急救援和善后处理所需的备用资金，在分包单位工程终结后，未发生事故者，项目部应如数退还，任何人员不得以任何借口挪作他用。

（3）项目部必须要求劳务单位按建设部的有关规定（50人以下配备一名专职安全员，51～200人配备2名专职安全员，200人及以上的，应当配备3名及以上专职安全员），根据劳务从业人员人数，配备有管理能力、证件齐全有效的安全管理人员，从事项目安全管理工作。劳务单位的安全管理人员应服从项目总包单位安全管理人员的业务指导和管理。

（4）项目部应要求劳务单位提供从业人员的相关证件复印件，如：作业工人上岗“技术等级证”“居住证”“身份证”。特殊工种必须持四证上岗，即“技术等级证”“居住证”“身份证”“特种作业人员操作证”。

（5）项目部必须要求劳务单位建立与总包单位相应的施工现场安全管理组织机构，确保施工现场各种安全技术措施有效实施。

（6）项目部必须按公司安全教育制度的规定，对劳务单位的从业人员进行项目安全教育培训，建立安全教育档案，履行签字。劳务单位必须配合总包单位共同办好农民工培训学校，共同开展创建文明工地和安全达标活动。

第六章

实现项目安全检查的标准化

通过安全检查，可以发现施工生产中的人的不安全行为和物的不安全状态，从而采取对策，消除不安全因素，保障安全生产。利用安全检查，进一步宣传、贯彻、落实国家安全生产方针、政策和企业、项目部的各项规章制度。通过安全检查深入开展群众性的安全教育，不断增强领导和全体员工的安全意识，纠正违章指挥、违章作业，不断提高搞好安全生产的自觉性和责任感。通过安全检查，可以互相学习、总结经验、吸取教训、取长补短，进一步促进安全生产工作。通过安全检查，了解和掌握安全生产状态，为分析安全生产形势，强化安全管理提供信息和依据。

安全检查是体现工程项目施工安全精益管理的主要手段，项目安全检查标准化是推进施工安全精益管理的重要举措。

第一节 安全检查的基本要求

（一）安全检查的形式和方法

（1）从时间上可分为定期（年、月、旬等）与不定期（突击性、节假日、季节性等）检查，如表 6-1 所示。

（2）从范围上又可分为全面与专项（如防坍塌、临时用电、劳动防护）检查。

表 6-1 工程项目安全检查形式

检查形式	检 查 内 容
上级检查	上级检查是指主管各级部门对下属单位进行的安全检查。这种检查能发现本行业安全施工存在的共性和主要问题，具有针对性、调查性，也有批评性。同时通过检查总结，扩大（积累）安全施工经验，对基层推动作用较大
定期检查	企业内部必须建立定期安全检查制度。公司级定期安全检查可每季度组织一次，工程处可每月或每半月组织一次检查，施工队要每周检查一次。每次检查都要主管安全的领导带队，会同安全等部门一起，按照事先计划的检查方式和内容进行检查。定期检查属全面性和考核性检查
专业性检查	专业性安全检查应由公司有关业务分管部门单独组织，有关人员针对安全工作存在的突出问题，对某项专业（如施工机械、脚手架、电气、塔吊、锅炉、防尘防毒等）存在的普遍性安全问题进行单项检查。这类检查针对性强，能有的放矢，对帮助提高某专业安全技术水平有很大作用

续表

检查形式	检 查 内 容
经常性检查	经常性的安全检查主要是要提高大家的安全意识，督促员工时刻牢记安全，在施工中安全操作，及时发现安全隐患，消除隐患，保证施工的正常进行。经常性安全检查有：班组进行班前、班后安全检查；各级安全员及安全值班人员日常巡回安全检查；各级管理人员在检查施工的同时检查安全等
季节性检查（节假日检查）	季节性安全检查是针对气候特点（如夏季、冬季、风季、雨季等）可能给施工安全和施工人员健康带来危害而组织的安全检查。节假日（元旦、五一、国庆、春节）前后的安全检查，主要是防止施工人员在这一段时间思想放松、纪律松懈而容易发生事故。检查应由单位领导组织有关部门人员进行
自行检查	施工人员在施工过程中还要经常进行自检、互检、交接检查。 自检是施工人员工作前、后对自身所处环境和工作程序进行安全检查，以随时消除安全隐患。 互检是班组之间、员工之间开展的安全检查，以便互相帮助，共同预防事故。 交接检查是指上道工序完毕，交给下道工序使用前，在工地负责人组织工长、安全员、班组及其他相关人员参加的情况下，由上道工序施工人员进行安全交底并一起进行安全检查和验收，认为合格后，才能交给下道工序使用

（3）安全检查的方法。

随着安全管理科学化、标准化、规范化的发展，目前安全检查基本上都采用安全检查表和一般检查方法，进行定性定量的安全评价。

1）安全检查表是一种初步的定性分析方法，它通过事先拟定的安全检查明细表或清单，对安全生产进行初步的诊断和控制。

2）安全检查方法主要是通过看、量、测、操、验等手段进行检查。

“看”：主要查看管理记录、持证上岗、现场标识、交接验收资料、“三宝”使用情况、“洞口”“临边”防护情况、设备防护装置等。

“量”：主要是用尺进行实测实量。例如：脚手架各种杆件间距、电气开关箱安装高度、在建工程邻近高压线距离等。

“测”：用仪器、仪表实地进行测量。例如：“用地阻仪摇测地阻”等。

“现场操作”：由司机对各种限位装置进行实际动作，检验其灵敏程度。例如：塔吊的力矩限制器、行走限位、龙门的超高限位装置等。总之，能测量的数据或操作试验，不能用估计、步量、“差不多”等来代替，要尽量采用定量方法检查。

“验”：对影响安全的有关因素进行必要的试验或化验。

（二）安全检查的内容

主要是查思想、查制度、查隐患、查措施、查教育培训、查事故处理。

（三）安全检查标准表格

1. 编制安全检查表格的主要依据

（1）有关法律法规、标准规程规范及规定。

为了保证安全生产，国家及有关部门发布了一系列的安全标准、规程规范和文件，这是编制安全检查表的主要依据。

（2）国内外事故案例。

以往的事故教训和研制、生产过程中出现的问题都曾付出了沉重的代价，有关的教训必须汲取。因此，要收集国内外同行业及同类产品行业的事故案例，从中发掘出不安全因素，作为安全检查的内容。国内外及本单位在安全管理及生产中的有关经验，自然也是一项重要内容。

（3）系统安全分析。

通过系统安全分析确定的危险部位及防范措施，也是制定安全检查表的依据。系统安全分析的方法可以多种多样，如预先危险分析、可操作性研究、故障树分析等。

2. 安全检查标准表格的编制

可以参照《建筑施工安全检查标准（JGJ 59—2011）》制定安全检查标准表格，如表 6-2 所示。

表 6-2　施工现场安全检查日检表示例

施工单位		检查日期		天气	
工程名称		检查人员		负责人	

序号	检查项目	检　查　内　容	存在问题及处理
1	脚手架	间距、拉结、脚手板、载重、卸荷	
2	吊篮架子	保险绳、就位固定、升降工具、吊点	
3	插口（挂）架子	吊钩保险、别杠	
4	桥式架子	立柱垂直、安全装置、升降工具	
5	坑槽边坡	边坡状况、放坡、支撑、边缘荷载、堆物状况	
6	临边防护	坑边和屋面、进出料口、楼梯、阳台、平台、框架结构四周安全防护支搭	
7	孔洞	电梯井口、预留洞口、楼梯口、通道口	

续表

序号	检查项目	检查内容	存在问题及处理
8	电气	漏电保护器、闸具、闸箱、导线、接线、照明、电动工具	
9	垂直运输机械	吊具、钢丝绳、防护设施、信号指挥	
10	中小型机械	防护装置、接地、接零保护	
11	料具存放	模板、料具、构件的安全存放	
12	电气焊	焊机间距离、焊机、中压罐、气瓶	
13	防护用品使用	安全帽、安全带、防护鞋、防护手套	
14	施工道路	交通标志、路面、安全通道	
15	特殊情况	脚手架基础、塔基、电气设备、防雨措施、交叉作业、缆风绳	
16	违章	持证上岗、违章指挥、违章作业	
17	重大隐患		
18	备注		

（四）安全检查要求

（1）各种安全检查都应根据检查要求配备足够的资源。特别是大范围、全面性的安全检查，应明确检查负责人，选调专业人员，并明确分工、检查内容、标准等要求。

（2）每种安全检查都应有明确的检查目的、检查项目、内容及标准。特殊过程、关键部位应重点检查。检查时应尽量采用检测工具，用数据说话。对现场管理人员和操作人员要检查是否有违章指挥和违章作业的行为，还应进行应知应会知识的抽查，以便了解管理人员及操作工人的素质。

（3）检查记录是安全评价的依据，要做到认真详细，真实可靠，特别是对隐患的检查记录要具体。如隐患的部位、危险程度及处理意见等。采用安全检查评分表的，应记录每项扣分的原因，不能简单地扣分了事。

（4）对安全检查记录要用定性定量的方法，认真进行系统分析安全评价。哪些检查项目已达标，哪些项目没有达标，哪些方面需要进行改进，哪些问题需要进行整改，受检单位应根据安全检查评价及时制定改进的对策和措施。

第二节 安全检查的组织实施

（1）检查要有计划，要点明确，结合检查内容，确定检查形式、方法，通过检查发现问题，解决问题，交流经验，互相学习，预防事故的发生。

（2）检查要讲求实效，认真贯彻“边检查、边整改”的原则，对检查出来的问题，必须做到条条有着落，件件有交代，在抓整改中要注意抓住以下三个环节：

①分类排队：每次检查，均会发现大量隐患，对隐患要分类排队，以便采取不同的解决办法。

②做好整改工作的“三定”，即定措施、定时间、定人员。

③做好整改督查工作，对于签发停工指令书和隐患期限整改通知单的，必须指定专人进行专项检查。

第三节 安全检查与改进

安全主管部门及项目部要根据安全生产检查制度，定期对施工现场进行安全检查，对安全检查所签发的隐患整改通知单，项目部应根据整改内容的性质，进行分析研究。属于一般性的并能当场予以整改的隐患，应记录在检查表中；属于经常性、系统性的隐患，必须转入隐患整改通知单，做事故隐患评审处理。

（一）事故隐患的整改和处理

整改是安全检查工作重要的组成部分，也是检查结果的归宿。如果光有检查和记录，没有整改、消缺和记录，等于 0，等于没检查。长此以往会造成更大的隐患和问题。

（1）对检查出来的隐患和问题仔细分门别类地进行登记。登记的目的是为了积累信息资料，并作为整改的备查依据，以便对施工安全进行动态管理。

（2）查清产生安全隐患的原因。对安全隐患要进行细致分析，并对施工存在的问题进行纵向比较，找出“通病”和个例，发现“顽固症”，个体问题具体对待，分析原因，制定对策。

（3）发出隐患整改通知单。对存在的安全隐患发出整改通知单，以便引起班组的足够重视。对容易造成事故重大的安全隐患，检查人员就责令停工，被检查单位必须立即整改。整改时要做到“五定”，即“定整改责任人、定整改实施人、定整改措施、定整改完成时间、定整改验收人”。

（4）进行责任处理。对造成隐患的责任人要进行处理，特别是对造成重大安全隐患和问题的单位进行处理。对于违章操作、违章作业行为，必须进行批评指正。

（5）整改复查。各班组安全隐患整改完成后要及时通知安检部门派人进行复查。经复查整改合格后，进行销案。

（二）对检查结果进行书面记录

一般为企业执行有关安全生产的法律、法规及有关国家标准或行业标准的情况，重点是安全隐患必须逐项、如实记录。记录中对于发现的问题及其处理情况，应逐项、如实记录。检查情况的书面记录主要应当包括以下几个方面的内容：

1. 检查的时间

检查的时间一般应当包括检查开始的时间和结束的时间，并一般以“日”为单位，即某年某月某日开始检查及结束检查。必要时，对检查过程中某些重要的时间也应当记录，并应当以“时”甚至是“分”为单位。例如，在检查中发现了有现时危险的重大事故隐患，需要立即排除隐患或者命令撤出作业人员时，就应当将发现隐患的具体时间、做出立即排除隐患决定的时间及命令撤出作业人员的时间等详细记录在案。对检查时间的记录，应当根据每次检查的具体情况予以掌握。

2. 检查的地点

检查的地点一般来讲就是被检查的生产经营单位。有的情况下，检查对象可能是生产经营单位的一个或数个具体的生产经营场所，这时则还需要对具体的生产经营场所予以记录。

3. 检查内容

概括而言，生产经营单位执行有关安全生产的法律、法规及有关国家标准或者行业标准的情况都属于检查的内容。

（三）定期安全通报

1. 通报目的

通过建立定期通报制度，全面掌握施工安全管理工作开展情况，查找存在的问题，提出工作要求；及时发现和总结工作中的亮点和成效，有利于相互促进、共同提高，持续推动施工安全管理有序开展。

2. 通报形式

（1）主要采取季度通报和年度通报两种方式，如有重大事项，可随时通报。

（2）通报可采取会议通报和文件通报两种方式。

（3）通报可采取逐级通报方式。

第四节　月度安全会议

（一）月度会议的主要内容

（1）安全检查隐患及隐患整改情况。

（2）灾害、事故发生处理情况。

（3）安全教育训练受训、参训情况。

（4）安全管理目标指标达成情况。

（5）安全活动组织参与情况。

（6）人员违章行为发生情况。

（7）近期意外事故警示。

（8）重大安全隐患措施研讨。

（9）近期安全部门主要工作说明。

（10）相关单位关注的安全焦点及意见建议沟通。

（二）如何开好月度安全会议

（1）会议前印发会议通知，提出月度安全会议的重点要求和内容，参加会议的人员名单。对不安全事件的分析应指定主要发言单位和发言人。

（2）参会单位、部门在会前应开好月度安全会，预备好书面发言材料。

（3）按规定的程序发言。即：一是各部门、车间汇报上次会议确定要办事项的执行完成情况；二是各部门、车间汇报月度安全生产情况，存在的问题，解决的措施和要求，下月的重点工作和三大措施的重点；三是安监部门综合分析月度安全生产形势，存在的问题和采取的措施；四是参加会议的领导对分析会的内容提出指导性的意见和要求；五是主持会议的领导（一般为行政正职）做总结，对各部门、车间提出的问题做出处理要求，并明确其责任单位和完成时间，同时对下月的工作和措施提出重点要求。

（4）安监部门根据会上各部门、车间的分析发言和领导的总结讲话整理会议纪要。一般包括以下内容：月度安全生产总的形势，发生的不安全事件的原因、责任单位（人）和应采取的重点安全措施，明确相关工作的责任单位和完成时间。

（5）会议纪要应发至有关领导、部门、车间和班组，作为班组周安全活动学习、讨论的内容。

启 示

南方电网公司基建项目安全文明施工检查评价标准表式

一、表格组成

表式分为通用、主网、配网、蓄能四个部分，如表 6-3 所示，涵盖人、机、料、法、环，共 56 张表格。

表 6-3 表格组成

序号	评价主要专业	数量（张）
1	通用部分（TY）	15
2	主网部分（ZW）	25
3	配网部分（PW）	8
4	蓄能部分（XN）	8

二、现场运用基本原则

（1）检查评价单位（机构）应自工程开工至竣工验收完成期间开展检查评价工作（配网可按标段为单位进行检查）。

（2）各检查评价单位（机构）可根据项目现场实际情况，随机抽取检查表格对项目进行检查评价。

（3）检查表的抽取基本原则：根据现场已开展的施工作业、投入的人力和施工机械（具）抽取相应表单进行检查评价。具体原则如表 6-4 所示。

表 6-4 现场运用基本原则

序号	项目类型	抽 取 原 则
1	主网输变电工程	通用部分（TY）+主网部分（ZW）
2	配网工程	通用部分（TY）+配网部分（PW）
3	蓄能项目工程	通用部分（TY）+蓄能部分（XN）+主网部分（ZW）+适用部分
其中表 TY4、TY5、TY9、TY10、TY11、TY12 为必检表（已用“*”标注）		

三、检查评价办法

（一）检查周期

业主每月至少开展一次检查评价，监理、施工承包商可根据现场施工情况不定期进行自检。

（二）检查表格应用方法

（1）检查人员对各检查评价表式中的已检项，在“□”打“√”，合格项为“1”，不合格项为“0”，并在“备注”栏内对不合格项进行简要说明。

（2）检查人员应在各检查评价表式中的“整改要求”栏，对检查发现的安全隐患（问题）提出具体要求，明确整改完成时间。

（3）检查评价单位（机构）应将检查发现的问题书面反馈给受检单位。

（4）检查表和整改回复单等文件由监理单位负责归档管理。

（三）评价汇总类表格应用方法

（1）检查评价单位（机构）使用《安全文明施工检查评价统计表》（表TY1）每月定期统计历次检查项总数和合格项总数，并计算累计合格率$\left(合格率=\dfrac{合格项总数}{检查项总数}\times100\%\right)$，得出总体评价等级。

（2）检查评价单位（机构）使用《安全文明施工检查评价汇总表》（表TY2），计算得出本次检查合格率$\left(合格率=\dfrac{合格项总数}{检查项总数}\times100\%\right)$，得出本次评价等级，并简要评价本次检查的总体情况，如表6-5所示。

表6-5　评价等级

序号	合格率	评价等级
1	≥90%	优
2	80%≤合格率<90%	合格
3	<80%	不合格

（3）受检单位使用《安全文明施工检查评价整改回复表》（表TY3）在规定的时间内将具体的整改情况和应附的文件、资料、图片一并提交复检。复检人员核实现场整改情况与回复附件，合格后完成闭环管理。

四、结果应用

项目安全检查评价得分（合格率）反映项目安全过程绩效和安全结果绩效。

五、表格清单

（一）通用部分

表 TY1 安全文明施工检查评价统计表

表 TY2 安全文明施工检查评价汇总表

表 TY3 安全文明施工检查评价整改回复表

表 TY4 人员持证上岗检查评价表

表 TY5 施工机具“八步骤”检查评价表（特种设备）

表 TY6 施工机具“八步骤”检查评价表（自制设备）

表 TY7 施工机具“八步骤”检查评价表（常规机械设备）

表 TY8 施工机具“八步骤”检查评价表（试验设备）

表 TY9 个人防护用品检查评价表

表 TY10 材料管理检查评价表

表 TY11 安全“四步法”检查评价表

表 TY12 施工现场 5S 管理检查评价表

表 TY13 业主项目部安全文明施工综合管理检查评价表

表 TY14 监理项目部安全文明施工综合管理检查评价表

表 TY15 施工项目部安全文明施工综合管理检查评价表

（二）主网部分

表 ZW1 钢管脚手架检查评价表

表 ZW2 竹脚手架检查评价表

表 ZW3 跨越架检查评价表

表 ZW4 土石方工程检查评价表

表 ZW5 模板工程检查评价表

表 ZW6 钢筋检查评价表

表 ZW7 混凝土工程检查评价表

表 ZW8 高处作业检查评价表

表 ZW9 铁塔组立检查评价表

表 ZW10 变电站构支架组立检查评价表

表 ZW11 放紧线及附件安装检查评价表

表 ZW12 桩基施工检查评价表

表 ZW13 交叉作业检查评价表

表 ZW14 焊接、切割作业检查评价表

表 ZW15 起重作业检查评价表

表 ZW16 电气试验检查评价表

表 ZW17 变电改扩建工程作业检查评价表

表 ZW18 砌筑作业检查评价表

表 ZW19 临时用电和用电设施检查评价表

表 ZW20 施工接地线检查评价表

表 ZW21 四口五临边检查评价表

表 ZW22 危险化学品管理检查评价表

表 ZW23 办公区域、生活区域文明施工管理检查评价表

表 ZW24 变电站（换流站）工程文明施工管理检查评价表

表 ZW25 输电线路工程文明施工管理检查评价表

（三）配网部分

表 PW1 钢管脚手架检查评价表

表 PW2 竹脚手架检查评价表

表 PW3 高处作业检查评价表

表 PW4 起重作业检查评价表

表 PW5 临时用电和用电设施检查评价表

表 PW6 施工接地线检查评价表

表 PW7 高压试验检查评价表

表 PW8 配网（农网）工程文明施工管理检查评价表

（四）蓄能部分

表 XN1 土石方工程检查评价表

表 XN2 混凝土工程检查评价表

表 XN3 危险化学品管理检查评价表

表 XN4 土石料场及渣场管理检查评价表

表 XN5 砂石料生产系统管理检查评价表

表 XN6 大件吊装检查评价表

表 XN7 机组调试检查评价表

表 XN8 抽水蓄能电站工程文明施工管理检查评价表

第七章

推进安全生产风险管理体系建设

安全生产管理体系，顾名思义就是基于安全管理的一整套体系，体系包括软硬件方面。软件方面涉及思想、制度、教育、组织、管理；硬件包括安全投入、设备、设备技术、运行维护等。构建安全管理体系的最终目的就是实现企业安全、高效运行。在全球经济一体化的背景下，国内企业不断尝试引进国际上广为流行的OHSMS、ISO14000、ISO9000、NOSA、HSE、IGH等安健环管理体系，以提高自身的安全管理水平。

可以这样说，企业推进安全生产风险管理体系既是融入国际化和国外进行对标的需要，同时也是企业推进精益安全管理的必然选择和根本。

第一节 安全风险管理体系的起源

18世纪，法国著名的“经营管理之父”法约尔，第一次把风险的管理列为企业管理的重要职能。美国是最先开始进行风险管理理论与实践研究的国家。第一次世界大战后，美国开始研究风险的负担、除去和转嫁方法，并在企业中建立有关组织机构，对风险管理进行交流和技术研究。

第二次世界大战后，人类大量开发利用新技术、新材料和新能源，社会经济得到全面发展，但同时也给社会带来了新的风险。这种威胁促使风险管理开始走向科学化。风险管理正式形成是20世纪60年代。1953年8月3日，美国通用汽车公司的自动变速装置失火，造成5 000万美元的巨额损失，这场灾难震动了美国的企业界和学术界，成为风险管理科学发展的契机。一方面，美国各研究机构加强了对风险管理理论的研究，学术活动十分活跃；另一方面，美国的大中企业纷纷设立风险管理部门及风险经理职务。到了20世纪60年代，风险管理作为一门新的管理科学，首先在美国正式形成。70年代以后，风险管理在世界范围内得到传播。法国有关学者围绕经营管理中偶发风险的控制问题和资产保全问题，研究讨论经营管理型和保险管理型风险管理理论，并取得进展。德国经营学者提出风险管理的主要手段是：风险的限制、分散、补偿、分割、防止、阻断、抵消等，并根据企业的实际状况加以灵活运用。

全球有许多知名的企业都建立了符合自己行业特征的安全管理体系，来实现安全管理运营。其中比较成熟的公司有杜邦公司，其安全管理分为风险控制（工艺风险）与文化建设（行为安全）两个大方面。只有将安全管理体系与企业综合管理体系融为一体，通过安全管理的提升，促进企业综合管理水平的提高，才能实现设备可靠性、产品质量、运营效率、行业口碑、员工忠诚度等多方面的效益。

在不同的行业及企业里，安全管理体系的关键要素存在着不同。但是，大部分优秀企业的安全管理，都具有以下几个类别的要素：

①安全文化及理念的树立。

②管理层的承诺、支持与垂范。

③安全专业组织的支持。

④可实施性好的安全管理程序/制度。

⑤有效而具有针对性的安全培训。

⑥员工的全员参与。

近十几年来，人们在建设工程项目管理中提出了全面风险管理的概念。全面风险管理认为，风险管理是一个动态的过程，应运用系统的方法对风险进行控制，以减少工程项目实施过程中的不确定性。项目管理者必须树立风险意识，防患于未然，要在各阶段、各个方面实施有效的风险控制，形成一个全过程、全部风险、全方位、全部门的风险管理体系。

第二节　典型安全生产管理体系介绍

（一）职业健康安全管理体系

职业健康安全管理体系（Occupation Health Safety Management System，OHSMS）是20世纪80年代后期在国际上兴起的现代安全生产管理模式，它与ISO9000和ISO14000等标准体系一并被称为“后工业化时代的管理方法”。职业健康安全管理体系产生的主要原因是企业自身发展的要求。随着企业规模扩大和生产集约化程度的提高，对企业的质量管理和经营模式提出了更高的要求。企业必须采用现代化的管理模式，使包括安全生产管理在内的所有生产经营活动科学化、规范化和法制化。

1. 体系的由来

职业健康安全管理体系产生的一个重要原因是世界经济全球化和国际贸易

发展的需要。世界贸易组织（WTO）的最基本原则是“公平竞争”，其中包含环境和职业健康安全问题。关税及贸易总协定（GATT，世界贸易组织前身）乌拉圭回合谈判协议就已提出：“各国不应由法规和标准的差异而造成非关税壁垒和不公平贸易，应尽量采用国际标准。”欧美等发达国家提出：发展中国家在劳动条件改善方面投入较少使其生产成本降低所造成的不公平是不能被接受的。他们已经开始采取协调一致的行动对发展中国家施加压力和采取限制行为。北美和欧洲都已在自由贸易区协议中规定：“只有采取同一职业健康安全标准的国家与地区才能参加贸易区的国际贸易活动。”换句话来说，如果没有实行统一职业健康标准的国家和地区的企业所生产的产品将不能在北美和欧洲地区销售。

我国已经加入世界贸易组织（WTO），在国际贸易中享有与其他成员国相同的待遇，职业健康安全问题对我国社会与经济发展产生潜在和巨大的影响。因此，在我国必须大力推广职业健康安全管理体系。

2. 发展情况

1996 年，英国颁布了 BS8800《职业健康安全管理体系指南》；

1996 年，美国工业卫生协会制定了《职业健康安全管理体系》指导性文件；

1997 年，澳大利亚和新西兰提出了《职业健康安全管理体系原则、体系和支持技术通用指南》草案、日本工业安全卫生协会（JISHA）提出了《职业健康安全管理体系导则》、挪威船级社（DNV）制定了《职业健康安全管理体系认证标准》；

1999 年，英国标准协会（BSI）、挪威船级社（DNV）等 13 个组织提出了职业健康安全评价系列（OHSAS）标准，即 OHSAS18001《职业健康安全管理体系——规范》、OHSAS18002《职业健康安全管理体系——实施指南》，此标准并非国际标准化组织（ISO）制定的，因此不能写成“ISO18001”；

1999 年 10 月，原国家经贸委颁布了《职业健康安全管理体系试行标准》；

2001 年 11 月 12 日，国家质量监督检验检疫总局正式颁布了《职业健康安全管理体系 规范》，自 2002 年 1 月 1 日起实施，代码为 GB/T28001—2001，属推荐性国家标准，该标准与 OHSAS18001 内容基本一致。

最新版为 GB/T 28001—2011。

（二）五星安全系统（NOSA）

1. 体系简介

NOSA 也是“南非职业安全协会”的英文缩写，现特指企业安全、健康、环保管理系统，其中文名称是“诺诚”。NOSA 的安健环理念已逐渐被越来越多的人所接受，并在全世界许多国家和地区得到推广。

NOSA 五星管理系统是南非国家职业安全协会于 1951 年创建的一种科学、规范的职业安全卫生管理体系，该系统以风险管理为基础，强调人性化管理和持续改进的理念，目标是实现安全、健康、环保的综合风险管理。在国际上 2000 多个公司推行后，验证了其在减少人员伤亡、减少职业病和其他损失等方面是非常有效和成功的，它为企业在风险因素控制上提供了一个优良的平台。

南非 NOSA 五星风险管理系统，着手建立安全质量标准化体系，加速了安全质量标准化管理。

NOSA 管理系统是一种讲究“人性化”的管理系统，它的推行理念主要是针对员工的安全健康。在贯彻落实实施过程要求全体员工参与。它不同于以往的 ISO 标准体系只注重结果，NOSA 管理系统强调的是过程，因此在操作上更具有“人性化”。

国际职业安全协会（NOSA）的“安全五星”体系同样以风险管理为基础，侧重于对未遂事件的预防和控制。在风险评估的基础上，延伸出针对班组等生产作业单元在工作前的安全评估、五步安全法等安全管理方式。它已成为提高员工安全意识的有效手段。

自 1987 年，NOSA 开始提供对邻国服务，已有十多个国家和地区采用 NOSA“安全五星”管理系统，如美国、加拿大、澳大利亚、南非、印度、印尼、孟加拉、智利、巴基斯坦、肯尼亚、尼日利亚、巴西、中国香港等。广州蓄能水电厂在 1995 年开始引进 NOSA 安全五星管理系统，1996 年 11 月份，由南非 NOSA“安全五星”评核员对该厂进行正式评核，取得了“三星级”良好成绩，并颁发了“三星级”证书，可以说，中国也成为采用 NOSA“安全五星”管理系统的国家之一。2012 年 12 月 20 日，雅砻江流域水电开发有限公司二滩水力发电厂通过 NOSCAR，成为国内首家通过 NOSCAR 认证的水电厂。

2. 适用范围

“安全五星”管理系统是由南非发展起来的产品。它致力于提高职业健康、安全、环保水平，应用范围较广，如电力、机械制造、矿山、捕鱼等行业。自1987年起，NOSA开始提供国外服务，已有包括中国在内的十多个国家和地区采用了该系统。安全五星管理系统在国际上的推行情况证明，其可有效减少人员伤亡和职业病、厂房及设备损坏及其他损失。

3. 体系构成

NOSA五星安健环管理包括五大部分：一是建筑物及厂房管理（11项）；二是机械、电器及个人安全防护（17项）；三是火灾风险及其他紧急事故的管理（8项）；四是事故记录与调查（5项）；五是组织管理（31项），这五大类共72个元素，涉及的项目基本涵盖了企业生产经营的所有活动内容。它通过对每一项元素从“四个层次、三个方面、五种等级”进行综合计算，衡量出该项元素风险是否得到了有效控制。“四个层次”是指：风险意识、文件制度、依从性、实施效果。“三个方面”是指：安全、健康、环境。“五种等级”是指：0、25、50、75、100五个得分等级。

4. 体系核心

NOSA安全五星管理体系的着眼点，一是为企业进一步发展、引导、衡量和考核安健环绩效提供了一个框架；二是把“计划、组织、引导、控制、沟通”五大功能和活动进行了整合。

为了能够最大限度地减少工伤、职业病、意外事故和人身伤亡的发生，NOSA为企业提供了系统化的指导，并帮助企业建立一套全面综合的安健环管理体系。通过基础咨询、进阶的培训课程计划和内外结合的审核等综合手段，NOSA 可以让员工的理解从有限的常识，逐步深入具体完备的安健环知识。NOSA在提供服务的同时，会积极与企业管理层进行沟通合作。NOSA认为，首先企业领导要正确理解，才能让安健环方针措施在企业得到准确落实，继而鼓励公司的每一个员工投入安健环事务中来，各负其责。只有群策群力，开掘组织内部的能力，才能达到NOSA认为最理想的管理境界——自我管理。

5. 评审内容

评审内容主要包含以下两个方面内容：

第一，楼宇和管理，机械、电气和个人安全防护，消防及防火，意外事故的记录及调查，安全管理等五大项目 72 要素（共 2 000 分）。

第二，工伤意外事故率（DIIR），它是一个关键指标，显示每年受伤员工占总数百分率，其统计方法为工伤意外次数乘以 200 000 这个基数，然后再除以员工全年工作小时数。其中，“工伤意外次数”是指由工作导致或工作时所受到的损伤，“200 000”是按 100 人工作一年（50 周），每周 40 小时计算得出；“员工全年工作小时数”是员工总人数全年实际工作小时数。

6. 评级准则

五星评估员根据五大类别 72 个元素的要求对企业进行评分，并计算工伤意外发生率。其与星级对应关系如下：

五星，表示“优”，工伤意外率≤1，实际得分 91～100 分；

四星，表示“良好”，工伤意外率≤2，实际得分 75～90 分；

三星，表示“好”，工伤意外率≤3，实际得分 61～74 分；

两星，表示“一般”，工伤意外率≤4，实际得分 51～60 分；

一星，表示“差”，工伤意外率≤5，实际得分 40～50 分。

（三）HSE 管理体系

HSE 管理体系是健康、安全与环境管理体系的简称，或简单地用 HSEMS（Health Safety and Enviroment Management System）表示。HSEMS 是国际石油天然气工业通行的管理体系。它集各国同行管理经验之大成，体现当今石油天然气企业在大城市环境下的规范运作，突出了预防为主、领导承诺、全员参与、持续改进的科学管理思想，是石油天然气工业实现现代管理，走向国际大市场的准行证。健康、安全与环境管理体系的形成和发展石油勘探开发多年管理工作经验积累的成果，它体现了完整的一体化管理思想。

1. HSE 管理体系简介

HSE 管理体系是指实施安全、环境与健康管理的组织机构、职责、做法、程序、过程和资源等而构成的整体。它由许多要素构成，这些要素通过一先进、科学的运行模式有机地融合在一起，相互关联相互作用，形成一套结构化动态管理系统。从其功能上来讲，它是一种事前进行风险分析，确定其自身活动可能发生的危害和后果，从而采取有效的防范手段和控制措施防止其发生，以便减少可能引起的人员伤害、财产损失和环境污染的有效管理模式。它突出强调了事前预防和持续改进，具有高度自我约束、自我完善、自我激励机制，因此是一种现代化的管理模式，是现代企业制度之一。

HSE 管理体系是三位一体管理体系。H（健康）是指人身体上没有疾病，在心理上保持一种完好的状态；S（安全）是指在劳动生产过程中，努力改善劳动条件、克服不安全因素，使劳动生产在保证劳动者健康、企业财产不受损失、人民生命安全的前提下顺利进行；E（环境）是指与人类密切相关的、影响人类生活和生产活动的各种自然力量或作用的总和，它不仅包括各种自然因素的组合，还包括人类与自然因素间相互形成的生态关系的组合。由于安全、环境与健康的管理在实际工作过程中有着密不可分的联系，因此把健康（Health）、安全（Safety）和环境（Environment）形成一个整体的管理体系，是现代石油化工企业的必然。

HSE 管理体系是一种事前进行风险分析，确定其自身活动可能发生的危害和后果，从而采取有效的防范手段和控制措施防止其发生，以便减少可能引起的人员伤害、财产损失和环境污染的有效管理方式。

中国石油化工集团公司根据自身特点，HSE 管理体系要素设定为 10 个，并将三者排列顺序定位为安全、环境与健康，只是英文叫法上与世界大多数石油公司一样，叫作 HSE 管理体系。

由于安全、环境与健康的管理在实际工作过程中，有着密不可分的联系，因而把健康（Health）、安全（Safety）和环境（Environment）形成一个整体的管理体系，是现代石油化工企业管理方式的必然选择。

建立和实施 HSE 管理体系对企业有以下几点好处：

（1）建立 HSE 管理体系是贯彻国家可持续发展战略的要求；

（2）实施 HSE 管理体系可促进石油化工企业进入国际市场；

（3）实施 HSE 管理可减少企业的成本，节约能源和资源；

（4）实施 HSE 管理可减少各类事故的发生；

（5）实施 HSE 管理可提高企业管理水平；

（6）实施 HSE 管理可改善企业形象，提高经济效益。

（7）HSE 管理流程图如图 7-1 所示。

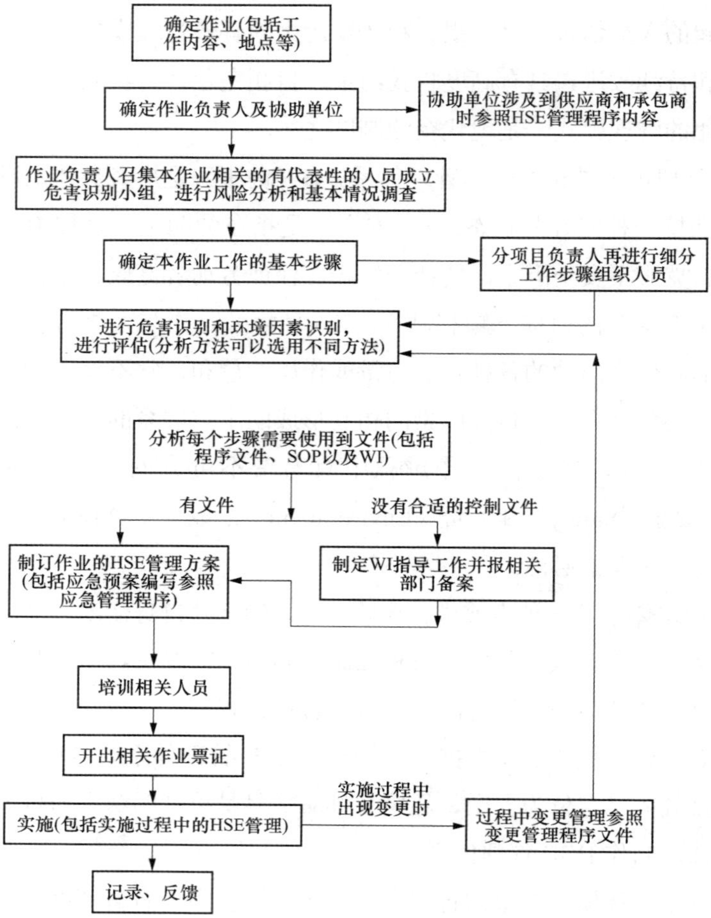

图 7-1　HSE 管理流程图

2. HSE 管理体系前身

健康、安全与环境体系的形成和发展是石油勘探开发多年管理工作经验积累成果，它体现了完整的一体管理思想。1974 年，石油工业国际勘探开发论坛（E&P Forum）建立，作为石油公司国际协会的石油工业组织，它组织了专题工作组，从事健康、安全和环境管理体系的开发。

3. HSE 管理体系发展历程

20 世纪 60 年代以前主要是体现安全方面的要求，在装备上不断改善对人们的保护，利用自动化控制手段使工艺流程的保护性能得到完善；20 世纪 70

年代以后，注重了对人的行为的研究，注重考察人与环境的相互关系；20 世纪 80 年代以后，逐渐发展形成了一系列安全管理的思想和方法。

4. HSE 管理体系管理核心

领导和承诺是 HSE 管理体系的核心。承诺是 HSE 管理的基本要求和动力，自上而下的承诺和企业 HSE 文化的培育是体系成功实施的基础。

5. HSE 管理体系基本要素

体系要素及相关部分分为三大块：核心和条件部分，循环链部分，辅助方法和工具部分，如图 7-2 所示。

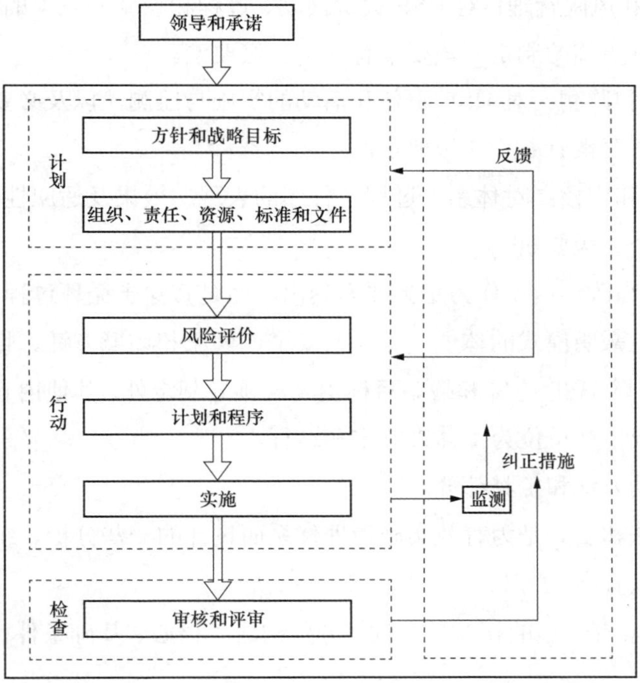

图 7-2　HSE 管理体系要素示意图

（1）核心和条件部分。

1）领导和承诺：是 HSE 管理体系的核心，承诺是 HSE 管理的基本要求和动力，自上而下的承诺和企业 HSE 文化的培育是体系成功实施的基础。

2）组织机构、资源和文件：良好的 HSE 表现所需的人员组织、资源和文件是体系实施和不断改进的支持条件。它有7个二级要素。这一部分虽然也参与循环，但通常具有相对的稳定性，是做好HSE工作必不可少的重要条件，通常由高层管理者或相关管理人员制定和决定。

（2）循环链部分。

1）方针和目标：对HSE管理的意向和原则的公开声明，体现了组织对HSE的共同意图、行动原则和追求。

2）规划：具体的HSE行动计划，包括了计划变更和应急反应计划。该要素有5个二级要素。

3）评价和风险管理：对HSE关键活动、过程和设施的风险的确定和评价，以及风险控制措施的制定。该要素有6个二级要素。

4）实施和监测：对HSE责任和活动的实施与监测，以及必要时所采取的纠正措施。该要素有6个二级要素。

5）评审和审核：对体系、过程、程序的表现、效果及适应性的定期评价。该要素有2个二级要素。

6）纠正与改进：不作为单独要素列出，而是贯穿于循环过程的各要素中。

循环链是戴明模式的体现，企业的安全、健康和环境方针、目标通过这一过程来实现。除HSE方针和战略目标由高层领导制定外，其他内容通常由企业的作业单位或生产单位为主体来制定和运行。

（3）辅助方法和工具部分。

辅助方法和工具是为有效实施管理体系而设计的一些分析、统计方法。由以上分析可以看出：

1）各要素有一定的相对独立性，分别构成了核心、基础条件、循环链的各个环节；

2）各要素又是密切相关的，任何一个要素的改变必须考虑到对其他要素的影响，以保证体系的一致性；

3）各要素都有深刻的内涵，大部分有多个二级要素。

6. HSE管理体系结构特点

（1）按戴明模式建立。HSE管理体系是一个持续循环和不断改进的结构，即“计划—实施—检查—持续改进”的结构。

（2）由若干个要素组成。关键要素有：领导和承诺，方针和战略目标，组织机构、资源和文件，风险评估和管理，规划，实施和监测，评审和审核等。

（3）各要素不是孤立的。这些要素中，领导和承诺是核心；方针和战略目标是方向；组织机构、资源和文件作为支持；规划、实施、检查、改进是循环链过程。

7. HSE 管理体系管理目的

（1）满足政府对健康、安全和环境的法律、法规要求；

（2）为企业提出的总方针、总目标及各方面具体目标的实现提供保证；

（3）减少事故发生，保证员工的健康与安全，保护企业的财产不受损失；

（4）保护环境，满足可持续发展的要求；

（5）提高原材料和能源利用率，保护自然资源，增加经济效益；

（6）减少医疗、赔偿、财产损失费用，降低保险费用；

（7）满足公众的期望，保持良好的公共和社会关系；

（8）维护企业的名誉，增强市场竞争能力。

（四）南方电网公司安全生产风险管理体系

1. 基本情况

南方电网公司自 2003 年起开始现代安全管理体系的研究。在综合研究国内外安健环管理体系的基础上，经过近 4 年研究，于 2007 年建立了具有自主知识产权，内容涵盖所辖企业安全生产各环节的安全生产风险管理体系。该体系以“基于风险、系统化、规范化、持续改进”为管理思想方法，以“危害辨识与风险评估、制定措施、过程控制与总结回顾”为风险闭环管控模式。体系的建立为所辖发电、电网和电力建设企业安全生产风险管控提供一套科学实用的管理内容、方法与手段。

2007 年 10 月起南方电网公司系统全面推广应用安全生产风险管理体系，形成了“以推行体系为抓手、以风险管控为主线、以标准化文件为载体、过程与结果并重”的安全生产风险管控机制。风险体系推行以来，人员风险意识不断提高，管理水平和安全风险管控能力得到有效提升，安全生产事故事件逐年下降，绩效指标持续向好，安全生产管理基础得到较好夯实。

2. 体系的主要内容

电力生产活动涉及电网、设备、生产环境、作业及管理等方面的风险，如何有效地控制电力生产活动的相关风险，是体系设计的一条主线。因此，南方电网公司以基于风险原则，系统设计了风险控制流程脉络图，如图 7-3 所示。

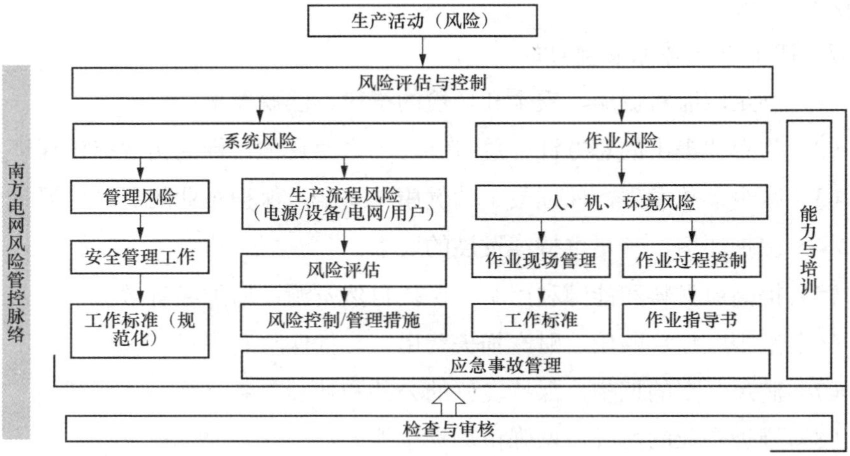

图 7-3　南方电网公司安全风险管理体系风险控制流程脉络图

根据风险控制流程脉络图，系统地梳理了安全生产管理内容，形成了由 9 个管理单元、49 个管理要素、157 个管理节点和 561 条管理子标准组成的安全生产风险管理体系。9 个管理单元包括：安全管理、危害辨识与风险评估、应急与事故/事件管理、作业环境、生产用具、生产管理、职业健康、能力要求与培训、检查审核与改进，这 9 个单元指出了安全生产需要管理的范围。49 个要素指出了安全生产需要具体管理的工作和管理目的，管理节点指出了要素的管理流程节点，管理子标准明确了各个管理流程节点的工作要求或方法。

安全生产风险管理体系从风险控制出发，在管理内容、要求及方法方面提出了规范管理要求，为安全生产管理提供管理框架，解决安全生产“管什么、怎么管”的问题。体系的规范要求是南方电网公司安全管理的最低要求，要求南方电网公司各单位的安全生产管理必须满足体系规范要求。

南方电网公司安全生产风险管理体系各单元的主要内容如下：

第一单元：安全管理。包括 12 个管理要素：安全生产方针、安全生产责任制、安全生产法律法规与标准、安全生产目标与指标、安全生产会议、安全管理机构与人员配置、安全生产文件与数据的控制与管理、流程与变化管理、安全生产信息沟通、供应商与承包商管理、安全科技、工余安健环。

本单元要求企业对安全生产风险管理投入足够的时间、精力和资源，为企业安全管理提供组织保障。围绕安全生产方针提出的目标及努力方向，对责任、法律法规/规章制度、目标/指标、资源（机构/人员）、管理措施及与企业活动有关的相关方（如采购、承包商等）提出了管理要求。

第二单元：风险评估与控制。包括5个管理要素：危害辨识与风险评估原则、电网风险评估、设备风险评估、作业风险评估、环境与职业健康风险评估。

本单元要求企业全面、持续、动态地识别和评估企业安全生产过程中的风险，制定风险控制，实现风险的超前控制。提出了风险评估与控制管理的总体要求与方法，阐述了电网、设备、作业、环境与职业健康的危害识别和风险评估实施要求与操作方法，规定了风险概述建立和风险评估结果应用的管理要求。

第三单元：应急与事故管理。包括2个管理要素：应急管理、事故/事件管理。

本单元要求企业认定和识别潜在的事件或紧急情况，认识发生的可能性、评估后果的严重度，决定处理步骤和应急对策，以减轻事故后果和损失。同时，通过对事故/事件的报告、调查、统计分析，揭示发生的内外因素，研究发生的机制，制订防止重复发生的措施。

事故应急管理体系是安全生产风险管理体系的一个子体系，根据管理体系的规范要求，对应急与响应的应急事件、组织机构、应急预案、物资保障、培训与演练、响应程序、回顾等各个环节进行管理。

第四单元：作业环境。包括8个管理要素：标识管理、划线管理、通风、照明与能见度、建筑物与构筑物、内务管理、消防管理、安保管理。

本单元要求企业要识别和控制作业环境存在的安全与健康风险。通过对生产现场实施管理，消除或防范作业危害因素所带来的风险，确保生产现场整洁、规范、安全健康和有序，防止人员伤害和财产损失。

第五单元：生产用具。包括7个管理要素：个人防护用品、工器具、特种设备、测试设备、用电设备、爬梯/平台及脚手架、机动车辆。

本单元根据电网企业日常工作实际，针对生产作业中所使用的生产用具可能产生的危害，从管理、维护和使用方面提出了风险控制的要求与方法，以确保与生产密切相关的生产用具本身的安全状态和控制使用中的风险得到有效的控制，是控制作业风险的重要环节。

第六单元：生产管理。包括 8 个管理要素：规划与设计、工程建设、新设备投运及并（联）网管理、系统运行管理、用户管理、设备运行管理、作业过程控制、物资与仓储管理。

本单元运用系统、规范的要求和方法，要求从源头开始控制生产活动各个环节的风险，对生产流程、电网、设备和人身的管理提出了管理要求和方法，将系统化、规范化和 PDCA 闭环管理思想与方法贯穿于生产活动的各个环节，充分体现了电力生产特点。

第七单元：职业健康系统。包括 2 个管理要素：职业健康管理、人机工效。

本单元对职业健康工作、职业健康危害监测、职业医疗及优化人、机与环境界面提出了规范管理要求，控制员工作业过程和工作环境的职业健康危害与风险，确保员工的身心健康，促进安全生产工作。

第八单元：能力要求与培训。包括 2 个管理要素：员工选聘、能力与意识提升。

本单元从员工选聘与培训着手，控制因人员因素造成的风险。通过员工选聘，确保人员能满足安全生产基本需要。通过基于岗位胜任力模型的培训系统，确保人员的知识、能力与岗位相匹配，为企业的安全生产管理提供人员能力保障。

第九单元：检查与审核。包括 3 个管理要素：检查、审核、纠正与预防。

本单元要求企业对安全生产过程实施检查，对体系及其运作效果进行系统分析，提出检查与审核要求和方法。通过检查，识别安全生产活动各环节中可能存在的风险，进而采取措施进行控制。通过审核，对管理体系的运作情况进行全面的检查，评估管理体系的效果及其对企业管理的作用，确保体系运行的有效性和持续改进。通过纠正与预防系统，针对问题的根本原因制定纠正与预防措施，并跟踪落实、评估效力，实现企业自我改进和自我完善。“检查与审核”是确保企业实现持续改进的重要环节，是 PDCA 闭环管理中的 C 环节，也是风险评估的一种方法和手段。

3. 体系建设模式

南方电网公司安全生产风险管理体系的推行模式是：实施危害辨识与风险评估、建立标准、执行标准、查找并纠正偏差，实现 PDCA 闭环管理。

一是实施危害辨识与风险评估，全面识别风险。建立科学的风险评估技术标准，规范风险评估方法，量化风险等级。通过风险因素识别，评估作业、电网、设备、环境与职业健康及其衍生的社会影响的风险和程度，为控制风险和安全投入提供科学的判断依据，实现风险的超前控制。

南方电网制定了作业、设备、电网、环境与职业健康风险评估方法和管理标准，通过开展基准风险评估、基于问题的风险评估和持续的风险评估方式，实现风险识别的全面性、针对性和实时性。通过全员参与的风险评估，形成了风险数据库，厘清了各专业具体风险与管控措施，并通过定期或不定期的回顾更新，确保风险识别实时性与控制措施的有效性。

基准风险评估就是要求各专业依据风险评估标准，对企业在电网、设备、人身、环境与职业健康及其衍生的社会影响等方面可能存在的风险进行识别，形成风险数据库，并动态更新，确保风险识别的全面性和充分性。

基于问题风险评估就是针对基准风险评估重大风险或生产过程中突出问题，进行专项分析评估，确保风险识别的针对性。

持续风险评估当环境或条件发生变化时，及时进行重新风险识别，确保风险识别的实时性。如负荷变化、运行方式变化、现场作业环境变化等。

二是制订措施，做好风险管控。对评估出来的不可接受的风险，制订风险控制措施，并采用相关途径使控制措施有效“落地”。属于管理措施的融入制度标准和业务指导书中；属于作业过程执行的措施融入作业指导书的作业步骤中；属于维修改造的纳入技改检修项目计划中；属于完善电网结构的纳入电网建设规划；属于检查维护的纳入日常工作计划；属于教育培训的纳入培训计划，使风险管控在日常工作得到落实。

在具体风险管控模式上，南方电网实行“分类、分级、分层、分专业”的“四分管控”机制，对不同种类风险及其严重程度明确管理相应管理职责和实施主体。分类：按照人身风险、电网风险、设备风险、环境与职业健康风险及其衍生的社会影响风险五类，明确管控对象。分级：按照特高、高、中、低、可接受五个等级对风险进行分级管控，明确风险严重度。分层：按照网公司、分子公司、生产单位、部门/车间、班组五个层级对风险进行分层管控，明确管控责任。分专业：按照“谁主管、谁负责”的原则，分专业进行风险管控，明确管控主体。

在“四分管控”模式下，推行“年报告、月计划、周调整、日落实”的风险管控机制。年报告：年初发布安全风险报告。对电网、人身、设备、环境与职业健康和社会影响五个方面安全生产风险进行全面评估。每年各层级发布风险分析报告。年报告方式体现对企业基准风险和控制策略的全面把握。月计划：结合月度运行方式安排和隐患排查，下达月度风险和重大隐患管控计划。要求各单位根据上一级的月计划，发布自己的月计划。月计划体现了具体风险控制措施制定和执行。周调整：每周对风险管控情况进行跟踪，并结合实际运行情况对风险管控计划进行调整，每月发布。周调整体现了风险变化管理，确保风险得到动态管控。日落实：各单位根据现场实际工作安排，每日落实施工作业现场风险管控措施，体现风险措施的执行。“年报告、月计划、周调整、日落实”的风险管控机制，体现了“风险识别与评估、制定措施、落实措施、风险信息沟通、风险监督与回顾”的风险管控理论在日常工作中落实。

三是建立体系文件，实现管理与作业规范化。依据体系管理内容与要求，按“写我所做”的要求，建立业务指导书，明确各项工作职责、内容、方法与质量要求，落实5W1HT和PDCA闭环管理，解决管理工作“落地”问题。针对作业任务，建立作业指导书，明确流程控制、风险控制与质量控制步骤及方法，解决基层班组作业要求“落地”的问题。建立记录表单，为管理和作业的痕迹管理和统计分析，提供持续改进的依据。

传统管理也存在上述三类文件，但南方电网更关注的是文件的管理流程、风险控制的有效性、文件的可操作性和PDCA闭环管理。特别是业务指导书克服了传统管理缺乏制度的承接载体，导致管理制度或要求不能有效落地情况。目前，南方电网统一用业务指导书作为管理工作落地操作性文件，以作业指导书作为现场作业操作性文件。这两类文件统一叫作作业标准，出台了作业标准编制指南，以规范作业标准编制。

四是执行标准，确保工作有效。按建立的作业标准做好安全生产管理各项工作，由于标准规定了具体工作内容、时间与质量要求，严格执行标准，就保证了各项工作管理到位。对各项检修、试验、定检等各项作业任务，执行已建立的作业指导书，确保作业过程安全与设备质量要求。

五是建立信息管理系统，实现风险动态管理。通过建立安全生产信息管理系统，将风险控制与工作流程固化，实现流程管事，同时实现过程管理和监督。如将日常的电网运行和设备试验、定检等纳入信息管理系统，实现计划、执行及相关风险在流程中得到可视和掌控，实施动态管理。目前，在公司一体化框架内，逐步建立或完善风险管理信息系统。

六是建立审核机制，促进持续改进。南方电网研究建立了从策划、执行、依从、绩效四个方面进行评价管理绩效的 SECP 审核模型［S（Scheme—策划）、E（Execution—执行）、C（Consistency——致性）、P（Performance—绩效）］，体现既关注过程又注重结果的审核模式。建立了《安全生产风险管理体系审核管理办法》和《安全生产风险管理体系审核指南》，为体系审核提出了要求和依据，建立以“钻级”衡量安全表现的激励机制。审核机制的建立，使企业定期进行自我检测、自我改进和自我完善，极大地促进了安全生产各项管理提升，为持续改进奠定了基础。

南方电网公司经过多年实践表明，体系审核机制是有效推进安全生产管理水平的重要手段，而科学的审核方法又是促进持续改进的有效保障。体系 SECP 的审核模式遵循“有正确的过程管理，才会有理想的结果”的理念，从策划、执行、依从与绩效四个环节着手，与传统安评、达标认证方法相比较，体系审核不仅关注做了没有，更加关注怎么做，方法是否正确。其审核过程是对安全生产管理所做的各项策划是否科学实用进行评价，检查各项工作是否按照策划得到执行和依从（按标准要求执行到位情况），并评价效果。更重要的是，体系审核通过发现现象，分析安全生产管理问题和根本原因，而不是就现象改变现象，而是要求从策划、执行、依从等环节找出问题的根本原因，提出针对性改进措施，提出改进建议，实现持续改进。

在体系审核方法上，南方电网公司制定了审核指南，同时设计了员工访谈和领导答辩环节，以了解和促进相关人员对体系方法认识和掌握应用，特别是领导层对体系认识和理解至关重要，关乎企业决策部署和工作安排的科学性和有效性。

在审核评分评级方面，不是按传统简单地根据审核标准，检查做还是没做，机械地评分。而是要分析没做或做得不够的原因，并根据问题的从属性（SECP环节等）、关键性和严重性综合地评分和评价。

体系的审核不是针对生产技术问题，而是关注企业基于风险的管理系统的全面性、适宜性、充分性与有效性。通过 SECP 审核方法，系统地诊断风险管控内在系统问题，使自身的风险管理系统不断臻于完善，运转更加科学有效。

4. 体系主要特点

南方电网公司《安全生产风险管理体系》的主要特点如下：

一是以先进理论为基础，提出了体系化的管理思想。安全生产风险管理体系充分借鉴、吸收和运用了国际先进的事故预防理论、现代风险管理理论（MSRM）、PDCA 闭环管理等安全管理理论，在此基础上提出了“基于风险、系统化、规范化、持续改进”体系管理的核心思想。

基于风险，是指做任何一项工作，都要清楚风险所在，清楚需要控制什么风险，其落脚点是危害辨识与风险评估。系统化，是指要控制好这些风险，应从哪些方面去控制，各方面的相互间逻辑关系如何，具体要做好哪些工作，其落脚点是管理脉络或流程。规范化，是指在做具体工作时，应采用什么方法或手段去控制风险，其落脚点就是标准化文件等执行载体。持续改进，是指要对上述三个环节进行定期回顾总结，反思风险识别是否全面，管控手段方法是否科学有效，并提出和落实相关的改进措施，以达到不断提升管理绩效目的，其落脚点是建立问题发现及处理机制（体系中提出若干个问题发现与处理要素）。

二是以风险管控为主线，提出了系统化的管理内容。体系依据电力企业涉及的风险，确定安全生产过程中管理对象，并以要素形成加以明确。解决安全生产“管什么”或“干什么”的问题。

该体系管理要素的确定是基于电力企业自身风险与管理的内在需求而定，并没有按简单机械叠加的方式将“迎峰度夏、保供电、隐患排查”作为具体管理要素。实际上，“迎峰度夏、保供电”是与常态风险比较，负荷或环境等风险因素发生了变化，则应按照体系中“变化管理”要素要求实施危害辨识与风险评估、制订措施、落实措施等环节工作，以实现变化风险的有效管控。“隐患排查治理”属于体系内容中“危害辨识与风险评估、制订措施、落实措施”过程，实现隐患排查的手段在体系中包括了“危害辨识与风险评估、日常例行检查、特殊检查、安全区代表检查、任务观察与审核、纠正与预防”等问题发现与处理的要素，以达到隐患排查的全面性、针对性与常态化和动态化。换句话来说，只要通过体系有效运行就能实现“迎峰度夏、保供电、隐患排查”的工作目的。

三是以 PDCA 闭环管理为原则，提出了规范化的管理要求与方法。体系各要素的管理内容实现 PDCA 闭环管理，提出 PDCA 各环节具体的管理要求与方法，解决安全生产“怎么管”或“怎么干”的问题。

体系各要素的子标准是基于风险并以 PDCA 闭环管理要素进行梳理并排列，在实际应用中，要求相应管理标准也要满足 PDCA 管理要求，从制度标准层面确保各项工作得到闭环管理。

四是体现超前控制，将安全防范关口前移。体系要求实施风险分析与评估，全面识别安全生产过程风险，通过事先采取控制措施，使事故消灭在萌芽状态，达到主动、超前控制，实现安全防范关口前移。

体系的风险管控范围包括了电网、设备、作业、环境与职业健康及其衍生的社会责任风险，系统性地搭建了风险管控模型，并应用于安全生产管理过程中，实现风险闭环管控。

五是结合电力企业实际，实现体系管理本土化和专业化。体系在充分借鉴了国际上先进管理体系内容与管理理念和方法的基础上，密切结合了电力企业传统的经验和做法，突出了电力设备、电网运行的安全风险管理，显现专业化水平，对电力企业具有较好的针对性和指导性。

5. 体系应用成效

南方电网安全生产风险管理体系已推行超过 10 年，在供电、输电、发电、基建、调度、修试等专业领域得到了较为广泛的应用，也取得了良好的成效。

一是形成了统一模式与标准，有效推进了安全生产规范化管理。南方电网总结了一套推行体系的模式与方法，建立了“风险危害辨识与风险评估、制定措施、过程控制、总结回顾”风险管控模式并应用于实际工作中，形成了一套风险评估技术方法以及安全生产管理与现场作业的管理标准、技术标准和工作标准，解决了电力企业安全生产管理应该“管什么、怎么管、干什么、怎么干”的问题，夯实了规范化管理基础。

二是提高了员工的风险意识，改变了行为习惯。通过风险管理培训和开展危害辨识和风险评估，使员工清楚自身面临的风险和可能后果，增强了风险意识。同时也改变了包括领导层在内的思维习惯，提高系统分析问题和解决问题的能力。通过风险控制方法的应用，也使员工清楚在实际工作中如何有效地进行风险控制。培养了员工“事前风险识别、事中风险控制、事后回顾”和按标准做事的作业与管理行为模式。

三是逐步建立了安全生产长效机制。通过建立并执行体现 5W1H 和 PDCA 闭环管理的安全生产作业标准，在规定时间周期内做好包括风险管控在内的各项安全生产工作，有效促进了工作的常态化。通过持续运转安全生产管理的问题收集与改进机制，有效促进了安全生产管理的持续改进。

四是安全生产指标明显提升。从体系推行以来，南方电网公司系统安全生产事故事件呈逐年下降趋势。2016 年各类电力安全事件降幅 40%，四钻单位发生三级及以上事故事件平均 0.9 次/家，三钻单位发生三级及以上事故事件平均 1.46 次/家，四钻单位发生事故事件比三钻及以下的平均下降 38.36%。从 2010 年开始，南方电网公司基建工程项目全面开展安全风险管理体系建设，开展作业危害辨识、风险评估与控制，形成基建安全“四步法”、施工机具“八步骤”和现场“5S”管理的施工现场安全管理模式。建立了承包商日常检查扣分监督管理机制。其中 2013、2014、2016 年实现基建安全零事故，实现历史性突破。

（五）神华集团安全生产风险预控管理体系

1. 基本情况

神华集团公司自 2005 年起积极探索科学有效的安全生产管理方法和手段，逐步在煤炭、电力生产过程中推进安全风险预控管理体系研究和建设。首先在煤炭行业成功推广应用并促进形成了国家安全标准《煤矿安全风险预控管理体系规范》（AQ 1093—2011），其次于 2010 年完成了以安全风险预控为核心的《火力发电企业本质安全管理体系》及评价标准编制和试点，于 2011 年起在神华集团公司所属火力发电企业全面应用。

《火力发电企业本质安全管理体系》以本质安全管理为目标，以安全风险预控为核心，其核心子标准之一为《火力发电企业风险预控管理体系要求》，有力推进企业风险预控管理规范化运行，较好地解决了随着生产技术、生产规模、生产要求变化导致传统的安全生产管理前瞻性不足的问题，构建了安全管理前瞻、预控机制，并以细致的实施标准、流程保障安全风险控制措施落地。

该体系应用以来，神华集团下属各发电企业进一步提高安全生产水平，安全风险辨识、预控提高了全员安全生产主动性，切实变“要我安全”为“我要安全”，现场安全措施、规范得到有效执行。

2. 体系主要内容

《火力发电企业风险预控管理体系要求》包括“总要求”“安全生产方针”“风险预控体系策划”“体系文件”“资源、机构、职责和权限”“危险源辨识和风险评估”“能力、培训、意识和文化”“建设项目”“生产系统运行控制”“不安全行为控制”“其他要素控制”“相关方管理”“应急准备和响应”“隐患和事件”“安全信息”“安全检查与评价”“持续改进”17 个一级管理要素和 85 个二级管理要素。

（1）总体要求方面，提出企业应依据本文件的要求，建立风险预控管理体系的要求，以及建立体系的基本原则。

（2）安全生产方针方面，包括 2 个要素，提出了企业制定安全生产方针应满足的要求，安全生产方针的主要内容及其控制方法。

（3）风险预控体系策划方面，包括 3 个要素，对企业识别和遵守法律法规、行业标准、确定风险管控目标及其管理提出了明确的要求，明确了企业风险预控管理体系策划的内容。

（4）体系文件方面，包括 4 个要素，主要包括安全手册、文件控制和记录控制，对文件的管理流程进行了规范。

（5）资源、机构、职责和权限方面，包括 3 个要素，对企业实施风险预控管理所需资源的配置与支持提出了要求，对企业组织管理涉及的机构、职责和权限提出了要求。

（6）危险源辨识和风险评估方面，包括 6 个要素，主要包括危险源辨识、风险评估、风险控制、危险源监测、风险预警等内容，明确了辨识和评估的类别、方法、评估结果的应用载体，明确了辨识和评估与实际工作的关系，并提出了建立并保持安全风险预控管理程序的要求，以实现全面风险预控管理。

（7）能力、培训、意识和文化方面，包括5个要素，明确要求企业通过持续培训，提高人员岗位技能，塑造标准化行为，提升人员安全意识，通过全员良好安全行为习惯的形成，意识的普遍趋同，真正实现企业安全文化。

（8）建设项目方面，包括7个要素，对建设项目“三同时”管理、安全责任与组织、建设项目质量、施工安全、调试和试运行、生产准备等工作提出了基本要求，明确提出建设项目的质量是运营期安全生产的保障的要求。

（9）生产系统运行控制方面，包括11个要素，以行业传统安全生产管理为基础，按照基于风险的原则，对生产系统运行的风险控制提出了要求，突出强调了设备台账、生产规程、生产定期工作等基础工作的重要性，对生产技术分析做了重点要求，提出了趋势分析的概念。

（10）不安全行为控制方面，包括4个要素，主要包括岗位规范、行为观察与纠正等，提出了建立并保持人员不安全行为控制程序的要求，以实现对人员准入、培训、监督全过程的流程管理。

（11）其他要素控制方面，包括14个要素，主要包括作业许可、职业健康、变更、节能与环保、作业环境、个人防护用品、消防安全、特种设备、工器具、危险化学品、重大危险源、交通安全、安保等内容，对各常规安全管理项目提出了明确的管理要求。

（12）相关方管理方面，包括4个要素，对承包商、供应方、访问者都提出了安全管理要求。

（13）应急准备和响应方面，包括6个方面，主要包括应急预案、应急组织、应急设施、装备和物质、应急培训与演练、应急启动和救援等内容，对发电生产应急管理提出了明确的要求。

（14）隐患和事件方面，包括3个要素，主要包括隐患控制、事件调查管理等内容，对隐患的管控流程、各类不安全事件的管控流程和管理标准进行明确。

（15）安全信息方面，包括5个要素，主要对内外部安全信息的收集、整理、共享、吸取经验提出了明确的管理要求，对安全信息化提出了指导意见。

（16）安全检查与评价方面，包括4个要素，主要对例行的安全检查、体系审核、管理评审等内容进行了规范，提出了明确的要求。

（17）持续改进方面，包括 3 个要素，主要对问题的整改和预防提出了明确的要求，确保体系的闭环运行。

上述 17 个一级管理要素，其核心思想为基于风险的安全控制。通过危险源辨识，明确发电企业安全生产管理的对象；通过风险评估，明确发电企业安全生产管控的重点；通过风险管理标准的制定，明确发电企业安全生产管理应该管到什么程度；通过风险管理措施的制定，明确发电企业安全生产管理应该怎么管；通过危险源监测，明确危险源是否处于受控状态；通过风险预警，对失控危险源进行及时警示；通过体系考核，检查体系运行效果，强化体系的有效执行，实现可持续发展的目标。

在体系标准中，明确了风险识别和评估的方法，从人、机（设备）、环（作业环境）、管四个维度，对发电生产过程及其相关的生产任务，进行全员、全方位、全过程梳理，以达到对危险源的全面掌握，对安全生产职责的逐岗位落实。

3. 体系建设模式

神华集团公司风险预控管理体系建设实施统一标准、分级管控的模式。神华集团公司负责确定体系标准，包括 17 个一级管理要素，85 个二级管理要素，明确基本的管理要求与原则；相关子分公司按照体系标准的总体原则与要求，制定本企业的管理体系；发电厂根据上级企业的管理体系，结合本单位实际，编制本单位具体的体系实施细则。

以国华电力公司为例。按照神华集团公司体系标准的原则要求，在原“发电管理系统”基础上，国华电力公司建立了本企业的《发电本质安全管理体系》。该体系分为“安健环管理篇”和“发电业务篇”两部分，共 22 个管理子系统、78 个标准、55 个制度构成，将神华集团公司体系标准的 17 个一级管理要素和 85 个二级管理要素融入其中，明确了管理标准及国华电力公司管理流程。其所属的发电单位以《发电本质安全管理体系》为基准，结合本单位实际，编制实施细则，确定本单位各项管理工作流程，确保神华集团公司体系标准的有效“落地”执行，如图 7-4 所示。

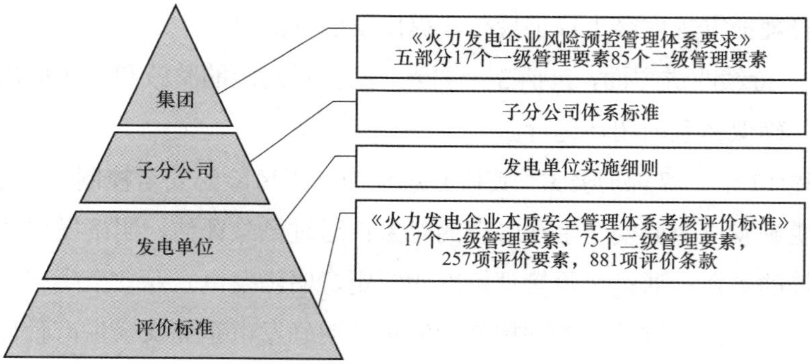

图 7-4　神华集团公司火力发电企业安全风险预控管理体系管理结构

由神华集团公司组织编制了《火力发电企业风险预控管理体系考核评价标准》，评价标准在体系标准的基础上，对 85 个二级管理要素按照“PDCA”的管理原则，进一步分解为三级管理要素，根据三级管理要素在执行中的重点，设定评价条款，用以测量发电单位风险预控管理体系的执行表现，如图 7-5 所示。

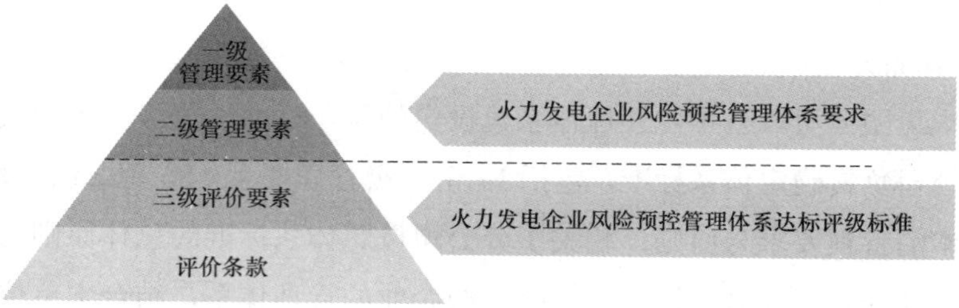

图 7-5　体系标准与评价标准的关系图

具体到发电厂站，以神华下属盘山发电公司、锦界能源公司为例，两家发电厂按照神华集团公司、国华电力公司的要求，结合本单位管理和生产的实际情况，将体系标准进行了细化分解，建立了本单位基于风险的安全生产管理体系。在体系建立的过程中，一项主要工作是建立了风险识别与评估的风险预控管理模式。

针对发电生产过程的工艺特点，对生产设备、区域和生产任务进行危险源辨识和风险评估，形成设备风险数据库、作业环境（区域）风险数据库、作业任务风险数据库，三个数据库之间的信息相互关联。

（1）风险预控管理程序。

风险预控管理由危险源辨识、风险评估、风险控制、危险源监测和风险预警5个连续环节构成，如图7-6所示。

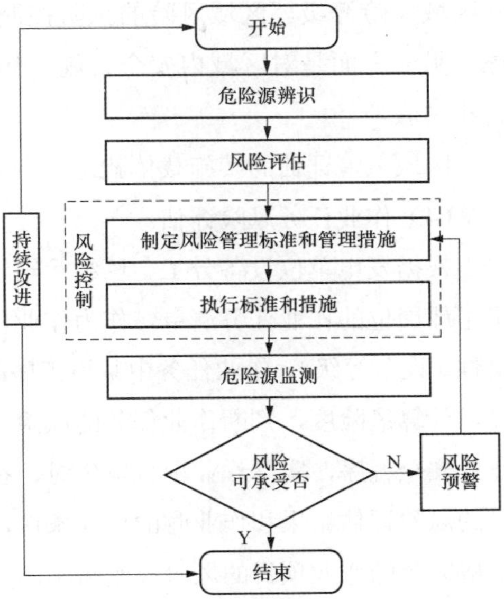

图7-6 风险预控管理程序

危险源辨识：根据事故类型和致害因素，进行危险源辨识，确定安全管理对象。

风险评估：通过事故发生可能性、严重程度，判定风险等级，确定安全管理重点，实施分级管控。

风险控制：引用国家法律法规、行业标准，制定管理标准，确定如何做；制定管理措施，确定如何管；明确责任，确定如何落实。

危险源监测：在生产过程中，对危险源是否处于受控状态要进行监测。

风险预警：根据企业外部环境与内部条件的变化，以及危险源的发展变化，对企业未来的风险进行预测和报警。

（2）设备风险评估。

以设备清单为基础，确定评估的设备对象。依照《电力可靠性管理代码》中提及的设备故障类型，结合生产实际经验，确定评估的设备可能出现的故障模式。根据设备故障类型的危害影响后果，判定设备风险等级。结合设备厂家说明书、现行的生产规程、生产工作标准、制定设备故障类型的预防控制措施，设备风险预控措施依照行业惯例可归类为运行、维护、试验、消缺、检修和技改，通过设备风险的过程，对现行的各类生产工作进行复核，确保其完整有效，同时对各类工作的目的与目标进行回顾，对生产人员是一个培训和强化的过程。

设备风险评估的实施载体就是诸如运行巡检、定期切换与试验、维护、消缺、检修和技改。

（3）区域风险评估。

根据专业、企业组织结构等因素对生产区域进行划分，确定区域风险评估对象。依据区域内设备的风险评估结果，以及区域内生产环境的影响，判断区域风险等级。区域风险的预防控制措施，一方面关联相关设备的预控措施；另一方面是对区域内安全设施、作业环境的安全管理，可与定期安全检查相关联。

区域风险评估的实施载体就是安全检查。

（4）作业任务风险评估。

根据发电单位设备分工、班组管辖设备及岗位职责，结合工作经验，确定班组或岗位的作业任务清单，作为作业任务风险评估对象。依据作业设备的关键性（设备等级）、作业任务中某道工序的危害影响后果，以及作业任务发生频度，计算风险度，判断作业任务的风险等级。对作业任务按照工序分步，形成作业安全程序，实际作业项目发生时，在作业安全程序的基础上，结合作业区域的风险评估结果和作业时的作业条件，开展作业前的风险识别和评估，综合形成完整的作业项目的风险控制措施。

作业任务风险评估的实施载体就是操作票、工作票，以及与“两票”配套使用的作业安全程序及作业前的风险评估措施。

（5）危险源监测与风险预警。

在神华集团公司发电单位风险预控管理体系的实践过程中，将危险源监测与风险预警的实施手段与电力行业传统的生产工作进行了密切的结合，以技术监督、指标监测报警系统等作为设备实时风险监测与预警的载体，以生产指标统计分析、缺陷统计分析、违章统计分析、各类不安全事件的统计分析等作为工艺安全与职业安全的风险趋势监测及预警的载体。

（6）职责落实。

在风险评估中，通过既定标准判断风险等级，对于不同等级的风险，实施不同的管控级别。如高等级风险，参与管控的岗位包括厂级、部门级、班组级；中等级风险，参与管控的岗位包括部门级、班组级；低等级风险的管控岗位就在班组。确定风险等级，其实质就是为了明确管理的层次，落实管理职责。

4. 体系主要特点

神华集团公司火力发电企业风险预控管理体系经过研究、试点、应用、改进，较好地实现了风险预控管理。该管理体系既基于发电企业传统安全生产管理进行传承，吸取经验，又根据安全生产管理理论、国家对安全生产工作要求及生产技术、生产规模的发展，对发电生产全过程提出了基于风险管理的新模式。该管理体系，具有“一个流程”“两个机制”“三个阶段”“四个特征”的特点，在实施过程中，发挥各管理层级作用，制定标准，落实职责，确保风险预控管理体系规范实施和有效落实。

（1）一个流程。即风险预控的管理流程。风险预控管理流程由危险源辨识、风险评估、风险控制、危险源监测和风险预警等五个连续环节构成。

通过全面辨识各生产系统、各作业环节、各工作岗位存在的不安全因素，明确安全管理对象；进行风险评估，确定不安全因素的危险程度，明确各个环节安全管理的重点；制定管控标准和措施，明确安全管理的依据和手段；落实管控责任部门和责任人，保证标准和措施执行到位。对体系中的每个管控元素进行细化分解，将各项工作任务分配到相关领导、部门和生产单位，形成“横向到边、纵向到底”的责任体系。

（2）两个机制。即全员参与和持续改进。安全生产是企业中每个人的权利与义务，不仅包括企业员工，也包括承包商，只有全员都参与到安全的事务中，尽到岗位职责，安全绩效才会有保障，安全管理才能有实质性提升。在神华集团公司发电单位风险评估的实践中，是以一种自下而上的方式开展的，发动全员参与到岗位危险源的辨识、风险评估的工作中，保证了全厂危险源统计的完整性，保证了各级管理者对全厂危险源的准确掌握。

目前开展的风险识别和评估工作，就是对既定的生产规程、生产管理标准与措施进行梳理、完善的过程。体系标准中明确规定了风险评估的周期，分为基准评估、持续评估和专项评估（基于问题的评估），并规定以机组大修周期作为基准评估的时限。通过不断实践、不断改进，提高对风险的掌控能力。

（3）三个阶段。即事前管理、事中管理、事后管理。事前管理就是风险预控，通过危险源辨识，识别出影响安全生产的因素，以生产定期工作的方式实现对危险源的安全预控，阻绝危险源发展为隐患的可能。事中管理就是应急管理，根据危险源造成危害后果的情况，制订相应的应急响应计划，降低事故损失。事后管理就是事故调查分析管理，对于已发生的事故，这是事后的管理，从事故防范、杜绝同类事故重复发生来说，是一个持续风险评估过程的开始，意义上亦属于事前管理，是持续改进机制的衔接环节。

（4）四个特征。即量化管理、均衡管理、系统管理和持续管理。

量化管理。风险管理通过对各类要素的固有安全能力进行分析与量化评估，给出衡量本质安全水平的量化值。在风险管理过程中，通过往复执行“评估风险管理水平→制定风险管理水平提升目标→采取措施实现提升目标”这一过程，实现对安全生产的全过程量化管理。

均衡管理。管理认为，企业整体风险管理水平的提升是要素“人员”、“设备”和“环境”三者相互配合、协同作用的结果。当某一要素的风险管理水平偏低，将会显著影响企业的整体风险管理水平；当某一要素的风险管理水平偏高，则无法显著提升企业的整体风险管理水平。只有“人员”“设备”和“环境”三者的风险管理水平处于均衡状态，才能使企业在特定的投入下，取得整体风险管理水平的显著提升。

系统管理。风险管理对各要素实施的是“全方位管理”，即将企业所有与安全生产有关的对象全部纳入管理范围。对企业生产过程实施的是“全过程管理”，即将企业各类生产过程的所有环节全部纳入管理范围。对“设备”实施的是“全寿命周期管理”，即对设备的设计、选型、制造、采购、安装、使用、储存、维修、报废等过程全部纳入管理范围。

企业安全绩效的实现不仅需要依靠科技提高“设备”和“环境”的安全水平，而且需要提高“人员”的安全素质、增强“人员”的安全意识、因此，实施风险管理的企业必须统筹兼顾，注重“人员”“设备”“环境”和“管理”的全面、系统和协调发展。

持续管理。风险管理认为，企业安全水平的提升不是“一蹴而就”的，而是一个持续改进的过程，期望短时、高速地提升是不科学和难以现实的。同时，风险管理模式在企业的应用也是一个持续的过程，不能持之以恒地实施风险管理，则无法实现企业安全水平地持续提升。国内外典型安全生产管理体系内容比较如表 7-1 所示。

表 7-1 国内外典型安全生产管理体系比较

比较内容	OHSAS18001	NOSA	南方电网公司 安全生产风险管理体系
背景出处	1999 年，由 13 个国际组织制定的国际认可的通用标准体系，面向所有企业	1951 年，由南非职业安全协会开发的，针对企业安全、健康管理的标准体系。主要面向矿山及一般工业企业	21 世纪，由各企业自主开发的针对安全、健康、环境等方面的全面风险管理体系，结合自身企业的特点
关注焦点与适用性	关注职业安全、健康管理的符合性，主要采纳于口出型产品、贸易、建筑等企业	主要关注于现场环境、工具、火灾、事故事件等基础性环节的职业安全、健康、环境管理，适用于安健环管理基础比较弱的企业	主要关注于企业全生命周期内基础设备、管理、人员等因素的综合风险管理，它结合企业自身特点，有很强的适宜性，是企业实现长效管理的先进手段与模式。它仅适宜于企业内部公司或同类型公司
核心思想	没有明确提出核心思想与原则，主要思想来源于质量管理体系，关注过程管理	没有明确提出核心思想与原则，主要思想是基于事故致因理论及风险控制	有明确的核心思想与原则：①基于风险；②系统性；③规范化；④持续改进
支撑方法	没有明确的支撑方法与理念，在客户自身理解的基础上建立。由于缺少支撑，要求不易理解与落地，易产生“两张皮”	由一些基础的课程，比如风险评估、事故原因分析、JSA 等，方法由 NOSA 机构提供 由于在内容上关注于公共性需求，与企业生产实际啮合度差，其理念与方法不易在生产实际中应用与落地，无法实现企业全面风险管理的提升	从体系的设计、策划、建立、执行及测量/审核都有系统的方法及理论的支撑，包括风险管理与控制理论、安全工程学、安全心理学、安全行为学、人机工效学等 36 个支撑课程 内容与支撑方法的系统性为体系的生存提供了很强的生命力，为企业全面提升风险管理提供了模式、方法与工具
测量手段	由社会认可的第三方机构提供，测量没有标准，主要依据审核员经验，测量主要关注条款的符合性	由 NOSA 机构实际，没有测量标准，主要基于 NOSA 审核员判断，审核通过风险、系统、依从性与效果 4 个环节，找出存在的问题，提出改进意见，NOSA 审核不太关注体系的系统性、充分性	由企业自身确定，主要是内外部结合审核方式，有设定基础的审核指南、审核方法、认可方法等要求，审核关注于风险系统的适宜性、充分性与有效性，通过 SECP（策划、执行、依从与绩效）审核方法的使用，系统诊断风险管控的内在系统问题
维护管理	目前没有明确的维护机构	由 NOSA 机构进行标准的维护，周期很长，从 1951 年至现在，在系统中有过两次的更新，其主要考虑公共需求	由企业自身维护，维护是动态的，其关注企业本身的适宜性，可操作性

第三节 为什么要推进安全生产风险管理体系建设

系统化管理是现代职业健康安全管理的显著特征。美国杜邦公司、新加坡新能源电网公司和中国的香港中华电力有限公司等国际先进安全管理企业均运用体系化、规范化、指标化的安全管理模式，具备完善的制度标准体系、良好的安全行为模式和深厚的安全文化基础，关注对安全风险的全过程分析和评估，实施动态的、主动的和超前的安全风险管理。由于管理体系的有效运作，国际先进企业在国际通行的主要安全业绩指标——百万工时工伤意外率上表现优异。

（一）安全风险管理体系的优势和作用

1. 与传统管理办法相比的主要优势

随着社会的不断进步和发展变化，企业生产组织管理模式较传统相比发生了变化，同时，新设备、新技术、新工艺、新材料在生产过程中的不断应用，对传统的生产技术、工艺管理也带来了极大的冲击，因此安全生产管理必须要做出相应的变革以适应发展。风险预控管理是现代科学技术和生产力发展的必然结果，风险预控管理体系的建立，是对传统安全生产管理的继承、完善和提升。相对于传统的安全生产管理而言，风险预控管理体系在科学化、系统化、标准化方面有了长足的发展。

一是风险预控管理体系以现代安全管理理论为理论基础。风险管理理论不断发展，成为提升现代化企业管理的重要基础性手段。通过风险识别与评估，对生产过程及相关生产工作任务中存在的安全影响因素进行全面细致的掌握，实现风险识别的全面性、针对性与实时性，为企业全面充分识别风险、控制风险提供一套科学理论方法支持。动态安全风险管理将安全绩效作为以时间为变量的函数，强调将安全放在一个周期中去考量，以统计分析的手段，掌握安全生产的变化规律，对安全风险进行预分析、预控制，及时消除或控制安全风险，解决安全生产工作的主要矛盾，体现了现代安全管理超前防控、科学防控的理念。

二是风险预控管理体系弥补了传统安全生产管理系统化不足的问题。传统的安全管理项目、管理内容也比较全面，但这些管理项目相对独立，一事一议，“头痛医头，脚痛医脚”的管理现象还比较普遍，习惯于依赖上级的部署来推动，属于平面的管理结构。风险预控管理体系突破了平面的局限，应用了覆盖全面、自我改进、闭环管理的系统化管理模式，以自身风险为驱动，建立了安全风险超前管控、闭环管控模式，使各类风险得到有效管控，实现主动、超前风险管控。

三是安全风险管理体系程序化、标准化，并注重风险管控载体的科学性和实用性。传统的规章制度往往是原则性要求较多，特别是在管理工作方面，没有相关载体文件使制度要求转化为可操作条款，执行起来效果各异。现代安全生产管理提出了标准化的要求：生产技术标准化、设备设施标准化、生产作业标准化、管理内容标准化，通过制订满足 PDCA 闭环管理措施和落实 5W1H 的标准化文件，明确流程、流程中应控制哪些风险和质量要求，实现管理和作业过程的流程控制、风险控制与质量控制，力求使标准化文件简单、实用、可操作强和符合现场实际，执行起来管理效果显著并趋于一致。在风险评估中，判定危险源影响和风险等级的过程，就是对照标准、衡量标准的过程。风险控制措施中明确技术标准和管理标准， 保证风险控制措施的执行有效性，提高员工的执行效率。

四是切实建立安全生产管理的长效机制。传统的管理办法中，还没有完全脱离“运动式”“救火式”的安全生产管理模式，出了事故就来个专项整治，造成安全生产抓一抓好转，松一松变差，不停地对漏洞进行修补，周而复始，缺乏前瞻性的管理。体系要求企业系统建立符合 PDCA 闭环管理和落实 5W1H 的标准化管理与作业文件，对各项工作“为什么做、做什么、谁做、何时做、怎么做”进行了规定，实现工作常态化。同时，通过体系若干个问题发现和改进要素，使企业存在的包括生产、管理、机制、人员等各类问题得到全面、动态、持续地识别和改进，使隐患排查在体系运行过程中得到落实，达到不断持续改进和提升管理绩效目的。

五是强调过程管理与注重结果。传统的管理办法中，重视结果管理，忽视过程控制现象较为普遍，大都只关注已成为事实的事故，侧重于对结果的管理，而疏忽了对大量隐性事件及其成因的管理。体系要求按照基于风险的思想，以危害辨识与风险评估为落脚点，遵循风险闭环管控套路，以标准化为文件为载体，强化按套路、按标准做事意识与责任。在日常风险管控过程中，关注管控方法是否正确，标准化文件是否科学、实用和可操作，是否做我所写，管理效果是否符合预期。

2. 在提升本质安全水平方面的主要作用

实践证明，已采用安全生产风险管理体系的单位，已初步达到了强化企业风险管控的目的，有效促进企业隐患整改，切实推进施工行业建立和不断自我完善、持续改进的安全生产长效机制。安全生产风险管理体系内容覆盖全面，系统性强，实用性强，对提升企业本质安全功不可没。

一是以安全风险体系支持管理品质全面提升。实施风险预控管理体系，建立了一种基于风险的管理模式，明确了各项管理工作的目的和实施标准，为各单位安全生产管理品质的提升提供了统一的平台。风险预控管理体系对传统安全生产管理经验进行总结、提炼、归纳，提升，对已取得管理成效的企业是促进和提升，对新企业、新项目是一个支持、推动和提升。风险预控管理体系的建设保证了各单一企业在统一平台支持下的经验共享、共同提高。

二是以标准化手段深化设备安全管理。本质安全生产的基础是生产设备的安全可靠，如南方电网公司以设备故障模式评估（FMEA）为理论基础，制定了设备危险源辨识和风险评估标准，以解剖的方式将生产系统、设备划分为基础元件，作为管理对象，判断元件可能出现的故障类型，以设计标准、设备厂家说明书、行业技术标准，以及设备的故障统计分析等对现行的生产规程、生产工作标准进行衡量与梳理，补充完善，形成完整的设备风险管控措施，以生产定期工作标准为载体在日常工作中实施，对深化设备管理起到了极强的推动作用。

三是以行为规范促进全员安全意识提升。风险预控管理体系较比传统安全管理，理念更为超前，将安全生产管理重心全面转移到事前控制阶段，对各级人员行为习惯产生了较大的影响，在体系建设过程中，有关企业开展了各种形式的培训，着重对各级人员，包括承包商进行理念的灌输和方法的解读，使员工了解风险预控管理体系建设的必要性和实效性。在风险识别与评估过程中，着重人员生产行为标准化的建设，切实提升了全员的安全意识。

（二）体系建设中重点解决或关注的问题及工作难点

各企业对体系推进都经历了研究、试点、再研究、再试点的过程。在体系建设、推进过程中，受传统管理思想与习惯束缚，经历了抵触、接受、认可到融入的过程，存在以下主要问题或工作难点。

一是如何结合实际实现体系管理本土化和专业化问题。体系的建设应基于安全生产管理现状，能够切实解决安全生产实际问题，对国际上安全管理体系要加以消化、吸收和应用，实现体系本土化和专业化，不能生搬硬套，体系才有生命力。在实际运用中要结合电力安全生产传统有效的安全管理方法和手段，这样才能为广大员工所接受和应用，才能发挥体系应有效果。各级各类人员的业务技能是风险预控管理建设质量的最大制约因素，人员的业务技能包括管理技能、技术技能，需要不断进行培训，加深对体系的理解、吸收、完善能力。

二是如何提高对体系认识和理解问题。由于受传统“运动式”管理影响，认为体系建设是一项短期行为，当作一项任务来对待。同时认为体系与社会上流程的“三标”等体系没什么区别，表面作用多，实际效果差，从心理上产生抵触情绪，认为增加员工工作负担。在具体应用中，将体系与现行安全管理割裂看待，没有认识到体系内容就是安全生产管理的内容，体系方法就是安全生产管理方法。因此，各级需加强对风险管理理论方法的学习，避免凭经验想当然的思维方法看待体系。

三是如何研究和应用风险管控技术方法的问题。有效的风险管控是实现安全生产的重要保证，而风险管控的基础是危害辨识与风险评估。目前，国际可借鉴的有作业风险评估的方法，还有一些在军工及化工企业使用的设备与工艺风险评估方法。但施工行业的项目风险评估目前还没有一个世界通行的方法与手段，因此，需要企业投入资源进行研究并在实践中进行完善。另外，风险管理体系只是个框架性管理要求，如何让体系按要求落地，需要各应用专业结合实际，研究形成科学实用模式与方法。

四是如何实现体系知识和操作方法的掌握和运用问题。与传统的安全管理比较，风险管理体系有许多与传统安全管理不同的特点、内容、管理理念和方法。因此，体系推行过程中必须进行体系相关知识与技能的培训，使企业员工，特别是管理层了解、掌握体系管理内容、体系结构和运作方法及体系作用，才能充分调动员工的积极性，有效地推动体系的建设，确保应用的效果。

五是如何实现全员参与并与日常工作结合问题。体系的建立和实施涉及安全生产的各个环节、各个部门，需要各部门和各层次的员工参与。体系应用单位要落实责任，制订体系推行实施计划，安排好培训、风险评估、体系文件编写和应用等工作。在体系应用过程中，一些企业“一把手”虽然重视，但重视的方法仍存在问题，如过于关注绩效，责、权、利不能保证统一，未能和日常工作有机结合等。应按“延用、完善、建立”原则开展各项工作，即延用符合体系要求的规范标准、方法与手段，完善对已存在但不满足体系要求的规范标准、方法与手段，按体系要求建立新的规范标准。

六是如何提升体系文件的科学性和可操作性问题。体系的实施需要一系列管理和作业文件的支撑，包括业务指导书、作业指导书和记录表格等，它是实现科学化、系统化、标准化管理和作业的实施性文件。应用作业标准等体系文件是落实法律法规和规章制度的一种有效的方法，其编写过程实际上也是梳理各项安全工作怎么做、怎么管的过程。因此，要高度重视体系文件的编写工作，制订详细的可控的工作计划，组织具有管理和实际工作经验的专业人员，按照简单、实用和有效的原则，根据法律法规、规章制度及体系规范要求和企业实际编写作业标准等体系文件。

七是如何坚持长期、持续推进体系应用问题。在安全生产风险管理体系的推行过程中，要坚决杜绝形式主义，绝不能将体系的建设和实施作为一种运动和一项短期工作进行突击，要切实把推行体系管理作为提高安全生产管理水平，实现持续改进的手段。实施过程中要避免出现“只写不做”“新的建立起，工作仍照旧”的“两张皮”现象。要切实按照“写我所做、做我所写、记我所做”的运作原则，根据制定的业务指导书、作业指导书等体系文件要求，扎扎实实抓好各项安全管理工作和现场作业。

八是承包商队伍的管理存在薄弱环节。工程项目施工管理中承包商队伍管理水平参差不齐，人员来源不稳定，特别是一些短期承包工作，体系推广应用较为困难。

九是信息化平台开发应用尚未做到无缝对接。风险管理信息化平台的开发与应用是提升风险预控管理体系建设效能的有力支撑，如何在现行软件基础上继续开发，或者新软件如何与在用管理系统有序对接，是安全风险信息化建设中的一个主要问题，需要加大人力、物力投入。

第四节　安全生产风险管理体系的发展方向

安全生产风险管理体系是基于目前安全生产管理现状和企业发展要求而建

立的。体系从管理理念、管理内容、管理方法等方面规范我们的安全生产管理，提高管理软实力， 既有现实意义又有战略意义。体系从风险控制出发，提出了一套安全生产管理模式和方法，解决安全生产“管什么、怎么管，做什么、怎么做”的问题，它从管理理念、内容和方法上确保安全生产风险可控在控。

从体系应用结果来看，建立推行“基于风险、系统化、规范化与持续改进”的安全生产风险管理体系是实现风险预防、安全关口前移的重要手段，是企业建立安全生产管理长效机制一个有效载体，也是落实 “安全第一、预防为主、综合治理” 安全生产方针的有效途径。从体系实践结果来看，方法是可行的，成效也是比较显著的。因此，为推动生产关系更加适合生产力发展， 各企业应进一步深入推进安全生产风险管理体系的建设，提高企业安全生产管理水平与管理绩效。

启 示

中国南方电网公司基建安全生产风险管理体系建设

一、概述

（一）国际先进安全管理企业安全管理模式

系统化管理是现代职业健康安全管理的显著特征。美国杜邦公司、新加坡新能源电网公司和中国的香港中华电力有限公司等国际先进安全管理企业均运用体系化、规范化、指标化的安全管理模式，具备完善的制度标准体系、良好的安全行为模式和深厚的安全文化基础，关注对安全风险的全过程分析和评估，实施动态的、主动的和超前的安全风险管理。由于管理体系的有效运作，国际先进企业在国际通行的主要安全业绩指标——百万工时工伤意外率上表现优异。

（二）国内发电行业、国家电网公司基建安全管理模式

国内发电行业中，以中国大唐集团公司为例，该公司以安全风险管控为重点，关口前移，以实施安全质量标准化为载体，大力推进本质安全型企业建设。

厂网分开后，电网安全生产面临新的形势和任务，国家电网公司深入推进安全生产责任体系、保证体系与监督体系建设的“三大体系”建设，针对不同管理层次和人身、电网和设备风险，逐步形成了上下衔接并逐级负责的安全风险防控机制。

（三）南方电网公司安全风险管理体系与基建安全管理

南网公司在 2003 年成立之初，便致力于运用现代安全管理手段，对传统电力安全管理进行完善和优化。从 2004 年开始，在深圳、珠海等供电局启动安全生产风险管理体系建设试点工作。在总结试点成功经验的基础上，2007 年 10 月正式发布并推行具有自主知识产权的安全生产风险管理体系。体系由 9 个单元、49 个要素、157 个管理节点和 561 条管理子标准组成，以风险控制为主线，以 PDCA 闭环管理为原则，系统地提出了电网企业安全生产管理的具体内容，指明了风险管控的目标、规范要求与管理途径。目前，安全生产风险管理体系在南网公司下属的所有生产经营单位全面推行，取得了良好的效果，2012 年荣

获了国家电监会和安监总局联合颁发的电力安全生产科技成果一等奖，为国有企业探索建立现代安全生产管理体系做出了积极贡献。

多年来，南方电网公司电网建设保持了长期快速发展的趋势。“十二五”期间，南方五省区社会经济对电力需求稳定增长，年均增长率超过 8%，五年需要新增电力供应 6 000 万千瓦；五年西电东送新增 1 730 万千瓦，2015 年西电东送总规模将达到 4 300 万千瓦。为此南方电网进一步加大电网发展投入，“十二五”期间固定资产投资将超过 5 000 亿元。但由于项目作业条件及环境差异性大，作业工序复杂，施工人员技能和安全教育培训不足，导致施工安全存在极大隐患。仅依靠安全管理人员经验进行现场安全监督、参照施工安全技术方案进行重大危险源辨识、评价和控制等常规方法进行安全管理，存在随意性大、非结构化，无法对施工过程中的危险源进行动态管理等问题，无法适应电网建设工程大规模、快速集成化安全施工的需要。2007—2011 年，南方电网基建项目共发生 18 起人身死亡事故（尚不包括农电领域），传统的基建安全管理观念和措施亟待改变。

二、对基建安全管理的阐述

（一）南网公司基建安全管理思路

电力安全生产涉及企业的方方面面，南方电网公司安全生产从概念上包括了生产、基建、农电和营销等领域，包含规划、设计、施工、运行、维护等各个环节和专业。在基建安全管理上，树立“大安全”的理念，融入公司推行的安全风险管理体系，各环节、各专业都实现安全，进而保证实现公司总体安全生产目标。

（二）安全风险体系在基建领域的延伸应用

2010 年下半年开始，公司提出安全风险管理体系向基建、农电等领域推广，并修编充实了体系中“工程建设”的内容，至此基建领域以防范人身伤亡事故为重点，安全管理开始逐步融入安全生产风险管理体系。“全网一盘棋”，供电部门和各基建（施工、监理）企业作为南方电网公司风险管理体系中的具体实施主体，全面推行安全风险管理体系建设，在基建项目中抓住风险体系核心，落实作业风险的辨识、评估与控制，以体系化的思路规范安全管理工作。

三、南网基建安全管理的做法

（一）基建企业安全风险管理体系建设情况

2011 年以来，南网公司连续印发了基建领域体系建设工作方案，明确了体系建设目标、内容和工作措施，指导各基建企业全面开展了安全风险管理体系建设工作。

按“大生产、大安全”的概念，各地市供电部门基建管理融入整体体系建设中，“工程建设”作为生产管理的要素纳入体系内部、外部审核。随着安全风险管理体系的深入应用，各基建业主管理部门基于风险的管理理念、PDCA 闭环管理思想逐步建立，管理要求更加明确、合理。

（二）抓住风险体系核心，在基建项目中开展作业危险源辨识、风险评估与控制

1. 系统安全工程原理、方法及与公司实际做法的结合

系统安全工程方法是安全科学领域最新提出的实现事故控制的手段，强调通过危险源辨识识别系统中的危险源对象及特征、通过风险评价确定危险源导致事故的可能性和后果情况，以及判定系统的安全性、通过风险控制实现系统事故控制。

危险源控制是指利用工程技术（Engineering）、教育培训（Education）和管理手段（Enforcement）来控制危险源，即事故控制的 3E 理论。

南方电网公司在基建项目中抓住安全风险体系的核心，运用系统安全工程原理开展危险源辨识与控制工作，将体系风险管控的理念在施工现场落地。

2. 以标准化的施工作业指导书主要施工步骤规范开展作业危险源辨识，进行定量风险评估

危险源辨识是识别危险源的存在并确定其特性的过程，通过分析或测试出系统中存在的能量物质或载体及其特性，即可确定出危险源对象。

对危险源导致危险事件可能性分析，最理想的方式是定量的概率风险评价方法，但该方法需要详尽的系统安全分析和完善的基础数据库，而且方法操作需要专业人员来完成，不能得到广泛应用。电力行业依据自身生产特点，实际中多采用半定量评价方法。即通过考察危险源对象，对影响危险源导致事故可能性因素和后果大小因素确定为简单的几个相关联的影响因素，直接对这几个

因素实施量化打分，进而得出风险程度的评价。

南方电网为规范基建项目施工作业，推行标准建设，现场应用标准施工作业指导书。标准的施工作业指导书规定了该项作业任务的作业流程、作业准备、作业方法与质量控制标准等内容，因此，实现作业风险的规范管控理论上应以作业指导书为支撑。

在实际的危险源辨识与风险评价中，南方电网采用的规范做法是对标准的施工作业指导书划分关键作业步骤，再对每道关键作业步骤采用风险值 =后果（S）×暴露（E）×可能性（P）的半定量评价方法进行相应地风险分析。以“土方开挖”作业为例，如表 7-2 所示，首先选择适用的标准作业指导书——《土方开挖作业指导书》（BDTJ-ZW-01）；其次划分为确定坡度、确定开挖顺序、测量放线、土方开挖、修边清底等五个关键作业步骤，对每项步骤进行危险源辨识，如“土方开挖”步骤辨识出“未按要求放坡”“未降水的基坑”两项主要危害；对辨识出的每项危害，重点考虑防止“人身伤害”，通过对危害的“后果”“暴露”“可能性”分别进行量化打分，得出此项危害的量化风险值，从而确定其风险等级。

表 7-2 中“危害类别、危害可能导致的风险后果、风险范畴、风险细分种类、风险等级分析”等均以南方电网《作业危害辨识与风险评估技术标准》中相关标准为分析依据。

以往的危险源辨识与风险评价过程一般由施工项目部人员完成，由于水平能力的差异、作业项目施工方法的不同等因素不可避免地带来危险源因素识别不充分、风险等级评价不准确及控制措施不完善等问题。因此，南网公司组织标准施工作业指导书的编制专家完成此项工作，形成了基于标准作业指导书的安全基准风险指南，并在应用中删除了其中辨识与评价的过程，以便于现场施工人员直接应用，如表 7-3 所示。

对评估结果中风险等级为“中等风险”及以上等级的，应提出控制风险的措施建议，控制措施建议从管理措施和工程技术措施两个方面提出，优先考虑工程技术措施。

3. 将风险控制措施固化输出到安全施工作业票，针对现场进行差异化分析

规范的进行作业危险源辨识和风险评价后，将制订的风险控制措施固化到

表 7-2　土方开挖作业危险源辨识与风险评价表

序号	作业任务	作业步骤	危害名称	危害类别	危害及暴露的描述	可能导致的风险后果	细分风险种类	风险范畴	风险等级分析				风险等级	风险控制措施
									后果	暴露	可能性	风险值		
1	土方开挖	……												
		土方开挖	未按要求放坡	物理	特殊地质 2 米深以上且有地下水	重伤	坍塌	人身伤害	15	1	1	15	可接受的风险	……
			未降水的基坑	物理	在较深基坑边缘 2 米范围内堆放	重伤	坍塌	人身伤害	15	1	1	15	可接受的风险	……
			……											
……														

表 7-3 电网建设施工安全基准风险指南

序号	作业任务	危害名称	风险种类	风险等级	风险控制措施
1	土方开挖	未按要求放坡	坍塌	可接受的风险	……
		未降水的基坑	坍塌	可接受的风险	……
		……			
……					

安全施工作业票，由施工人员根据现场实际情况进行差异化选择控制措施。

安全施工作业票便于现场直接应用，且明确了南方电网公司基建项目施工过程中哪些作业任务需要持票作业，规范了以往施工企业各自实行的作业票的深度和控制措施。

4. 通过“站班会”落实风险控制措施

“站班会”是针对施工作业的全过程，以作业班组为基本组织形式开展的一项危险预知的教育训练活动，目的是控制作业过程中的危险，预测和预防可能发生的事故，确保工程作业人员开工前清晰解到要做什么工作、如何做、有什么风险及如何防范。“站班会”制度从人这一主导因素入手，以一套制度化、规范化、科学化的流程规范了人的行为，也从中充分发挥了人的主观能动性，通过人的安全行为去正确判断物的不安全状态，并且采取有效措施，使现场作业处于可控状态。

以“站班会”为途径，通过“三交三查”落实安全施工作业票的控制措施，施工人员持票作业，有效地将安全风险管理体系的核心要求落地。

5. 持续改进

南网公司在试行安全基准风险指南、安全施工作业票后，与标准施工作业指导书形成了对应关系，对规范现场作业风险管理起到了积极有效的作用。根据现场反馈情况，将安全基准风险指南、安全施工作业票分别置入对应作业的指导书中，更便于现场执行，且将基建项目的安全风险管理与作业指导书的执行应用融为一体，更加规范、简化现场实际操作。三者对应关系及数据如表 7-4 所示。

表 7-4　三者对应关系及数据

施工作业指导书			安全基准风险指南		安全施工作业票
册	专业	作业指导书	危害辨识	对应措施	
1	输电线路	13	13	312	29
2	变电电气安装	17	21	506	21
3	变电土建	28	28	379	22
4	电气试验	27	27	292	27
5	继电保护	19	19	240	19
6	变电自动化	13	13	99	13
7	通信	7	19	171	19
8	配网工程	84	84	1196	84
合计	8 个部分、208 份		224 种危害	3195 项措施	234 份

采用半定量评价方法进行危险因素识别的优点是简单易行，缺点是缺少对系统内部因素的详尽分析，可能会出现疏漏。需结合实际，深刻反思，对地质灾害易发、多发地区施工人员临建设施的选址、搭设纳入项目安全风险管理，及时完善了相应安全基准风险指南和安全施工作业票，实现持续改进。

四、取得的成效

（一）基建安全管理逐步融入风险体系化管理模式

南方电网基建安全管理从管理理念、内容和方法上积极借鉴国际先进安全管理模式，树立了“大安全”理念，运用风险管理体系的模式和方法，以风险控制为主线，关注事前的风险分析与评估，把安全防范的关口前移，实现动态的、主动和超前的安全生产风险管理。南方电网基建领域推行安全风险管理体系建设，各供电企业基建安全管理逐步融入安全风险体系范畴，各施工、监理企业稳步有序推进体系建设工作，基建安全管理逐步实现管理规范化和作业标准化，有效提高了风险管控能力。通过安全风险管理体系的建设及应用，提升了整体安全管理水平和管理绩效，基建安全管理逐步提升至国内同业先进水平。

（二）关注基建项目现场，人身伤亡事故得到了有效遏制

加强基建安全管理是一项基础性、长期性的工作，南方电网基建项目的危险源辨识和控制通过安全施工作业票以“站班会”的形式落地，直接面向一线

施工作业现场和人员，在基建项目中形成了施工人员风险管控的意识，确保每个工人都知道要干什么活、怎么干、有什么安全风险、如何防范，基本掌握现场的安全、技术要求及危险点，安全防范意识明显提高。2013、2014、2016年，全网基建项目保持了“零”伤亡事故，创造了南方电网公司成立十多年以来的最长安全记录。

五、结论

规范化和体系化的安全风险管理模式已成为国际化的趋势。南方电网基建安全管理通过安全生产风险管理体系的延伸建设与应用，以风险管控的理念，逐步形成了作业指导书—风险分析—安全作业票—站班会的施工作业文化。

为强化承包商安全管理，南方电网将鼓励更多相关方参建企业开展安全风险管理体系建设工作，提高自身职业健康安全管理水平。

第八章

开展项目施工现场安全标准化管理

规范、完备的安全标准化建设是建立安全长效机制的根本途径。安全生产标准是国家、行业制定的安全生产技术规范和质量工作标准，目的是为了使安全生产工作经常化、规范化、标准化。企业加强安全标准化建设，就要做到重视安全生产标准、执行安全生产标准，要采用安全性能可靠的新技术、新工艺、新设备和新材料，通过加大安全生产投入，运用安全生产标准来保障安全生产，提高企业安全水平。

多年来，由于工程施工本身固有的露天作业、危险性大等特点，在传统的粗放的施工现场管理模式下，社会把“工地”当成了脏乱差的代名词，“工人”也成了素质低下人群的典型代表。作为工程建设的重要环节，施工现场管理水平高低不仅事关工程安全，而且直接影响到施工行业的长远健康发展。因此，推行施工现场标准化管理是工程管理方式的重大革新，也是重塑行业形象、提高行业竞争力的重大举措，这对转变施工现场管理模式，提升行业形象，增强产业发展后劲，具有深远的社会意义和现实意义。开展工程项目施工现场安全标准化建设是施工安全精益管理的集中体现。

第一节 施工现场标准化管理的释义及内涵

施工现场管理标准化就是借鉴工业生产标准化理念，通过引进系统理论，对施工现场安全生产、文明施工、质量管理、工程监理、队伍管理、合同履行等要素进行整合熔炼、缜密规范，形成密切相关、交织科学的施工现场管理新体系。其目标是以实施施工现场管理标准化为突破口，整合管理资源，建立有效的预防与持续改进机制，全面改革现场管理方式和施工组织方式，从而提高企业管理水平。其内涵和特点主要包括以下几个方面：

一是将以往分割、独立的安全生产文明施工管理、质量管理、工程管理、队伍管理进行整合与熔炼，使四项管理互相渗透、互为作用，成为一个统一的管理体系，并将国际通行的安全、质量、环保三大管理标准的管理理念与管理方法有机融入其中，优化管理流程，形成管理合力，实现管理理念与管理方式的升华，促进施工现场由传统管理向现代管理的转变。

二是对施工现场人、机、料、法、环五大生产要素的协调、有序管理做出标准化要求，注重建筑施工对周边环境的影响，体现可持续发展观和绿色建筑的管理理念，实现场容场貌的秩序化，进而彻底扭转社会对施工现场“脏、乱、差”的传统印象，塑造全新的行业形象。

三是体现“以人为本”的管理理念，把对从业人员的职业技能、职业素养、行为规范的要求贯穿于标准化的全过程，建立对从业人员和执行行为的自律约束机制，促进行业素质的快速提升。

四是提出工程建设活动全过程的行为准则和检查考核标准，建立监督制约机制，使企业对应做什么、如何做、做到何种程度明明白白，大大提高其自控意识和自控能力，实现市场行为的规范化。

五是对工程活动的各个环节实行程序化管理，做到安全管理环环相扣、层层把关，处于受控状态；尤其是通过标准化管理体系的实施，建立预防与持续改进机制，有效消除安全隐患，提升安全管理水平。

第二节　推行施工现场标准化管理的意义

施工现场管理作为工程运行的平台和载体，既是矛盾的集中点，又是工作的着力点。推行施工现场标准化管理既是抓住了行业创新的关键点，又是新时期施工现场管理的最低要求，这对转变施工现场管理，具有深远的社会意义和现实意义。

（一）实施“标准化管理”适应了构建和谐社会的需要，进一步确保了工程安全质量

就工程管理来讲，离开施工安全和质量保证，和谐社会、社会稳定就失去了前提。以前，许多施工现场实行的是经验式管理、运动式管理、作坊式管理，管理理念落后、管理方式陈旧、管理方法简单，管理体系有缺陷、管理机制有漏洞。现在把施工现场各类质量的所有相关要素最大限度地整合，使其系统化、规范化、信息化、精细化，符合工地管理的发展方向，最大限度地减少质量安全事故，为构建和谐社会做贡献。

（二）实施“标准化管理”适应了创建节约型社会的需要，提高企业经济效益和社会效益

长期以来，许多施工现场实行的是粗放式管理，机械、材料、人工等浪费严重，生产成本高，经济效益低，能源消耗和发展效率极不匹配。实行标准化

管理，把科学管理落实到工地的每个细节、每个过程、每个岗位，使各项管理流程程序化，实现对现场的准确、快速、全过程的监管，不仅有利于现有施工规范条件下的生产节约、降低成本，而且有利于把建筑节能新技术、新产品真正运用到实践中，加快技术创新，促进技术进步，促进建立循环经济模式和创建“节约型社会”。

（三）实施“标准化管理”适应了建设文明社会的需要，提高了产业文明度，提升了行业新形象

长期以来，由于建筑业露天施工、农民工高度集中等自身特点，建筑业的社会形象与其社会贡献极不对称。建筑工地的“脏、乱、差”给人们留下很差的印象。实行标准化管理，可以进一步强化文明施工，改变场容场貌秩序化，并不断增强农民工的文明意识，逐步使农民工向产业工人、文明工人过渡，从而全方位地提高产业文明度，提升产业新形象。

（四）实施“标准化管理”适应了时代发展的需要，提高了企业管理水平和政府监管水平

管理标准把原来比较分散的质量、安全、队伍管理等各项重点管理要求有机地整合串联起来，形成一个清晰、明确的链条，有利于企业学习掌握和在实践中有效贯彻。同时，标准化管理有利于行业主管部门对企业的行业管理，促使企业不断查找管理缺陷，堵塞管理漏洞，实现政府监管方式从运动突击式、重审批、重处罚向长效的管理服务型转变。

第三节　推行施工项目现场标准化管理

推行施工项目现场标准化管理对实现施工安全精益管理十分重要。同时推行施工项目现场标准化管理涉及项目的方方面面，与业主单位、监理单位、施工单位、设计单位和分包单位，管理人员、作业人员等息息相关。从某种角度上讲，推行施工项目现场标准化管理也是一项系统工程。

（一）推行项目工作计划管理

1. 工作计划是提高工作效率的有效手段

工作中有两种形式：

（1）消极式的工作（救火式的工作：灾难和错误已经发生后再赶快处理）。

（2）积极式的工作（防火式的工作：预见灾难和错误，提前计划，消除错误）。

撰写工作计划实际上就是对我们自己工作的一次盘点。让自己做到清清楚楚、明明白白。计划是我们走向积极式工作的起点。

2. 怎样写好工作计划

首先要申明一点：工作计划不是写出来的，而是做出来的。计划的内容远比形式重要。我们拒绝华丽的辞藻，欢迎实实在在的内容。简单、清楚、可操作是工作计划要达到的基本要求。

如何才能做出一分良好的工作计划呢？一般要写出工作计划的四个要素。工作计划的四大要素：

（1）工作内容 （做什么：WHAT）。

（2）工作方法 （怎么做：HOW）。

（3）工作分工 （谁来做：WHO）。

（4）工作进度 （什么时候做完：WHEN）。

缺少其中任何一个要素，这个工作计划都是不完整的、不可操作的，不可检查的，最后都会走入形式主义，陷入“为了写计划而写计划，丧失写计划的目的”的怪圈。

3. 确保工作计划得到有效执行

工作计划写出来，目的就是要执行。

首先，要调查、结合本项目当地的实际情况，编制计划，确保可行性，这样的计划才会被很好执行。

其次，每月、每旬、每周的工作计划应该拿到例会上进行公开讨论。目的有两个：一是通过每个人的智慧检查方案的可行性；二是每个部门的工作难免会涉及其他部门，通过讨论赢得上级支持和同级其他部门的协作。

再次，工作计划应该是可以调整的，是动态的。当工作计划的执行偏离或违背了我们的目的时，需要对其做出调整，不能为了计划而计划。还有，在工作计划的执行过程中，各级管理人员要经常跟踪检查执行情况和进度。发现问题时，就地解决并继续前进。因为我们是管理人员，同时还是一个执行人员。

最后，修订后的工作计划应该有企业领导审核与签字，并负责跟踪执行和检查。计划完成情况也是绩效考核的一项重要指标。

（二）开展作业风险控制

作业风险为因内部作业、人员及系统之不当与失误，或其他外部作业与相关事件，所造成损失之风险。包括“法律风险”，但排除策略风险及声誉风险。作业风险衡量方法主要有三种：基本指标法（Basic Indicator Approach，BIA）；标准法（Standard Approach，SA）；进阶衡量法（Advanced Measurement Approcah，AMA）。作业安全风险无时不在、无处不在，只要措施得力，风险是可以控制的。只要人们在思想上重视它，则人们应是有能力掌握它、防范它的。所以，安全生产要常抓不懈，安全管理要严、细、实，打基础、重过程、强管理，才能有效控制各项作业安全风险，才能确保作业安全。

1. 作业活动的分类

企业日常的生产经营，需要进行很多相关的作业活动，如生产运行控制、检维修、营销、后勤服务等，按要求所有存在风险的活动都应该进行危害识别，并采取相应的对策措施。企业常见的高风险的作业活动主要包括：

（1）动火作业；

（2）进入受限空间作业；

（3）破土作业；

（4）临时用电作业；

（5）高处作业；

（6）吊装作业；

（7）设备检修作业；

（8）抽堵盲板作业。

2. 危害识别的策略

（1）现场存在什么危害。

能量、有害物质的存在和失控是危害产生的根本原因。因此，在作业活动前，应查找和辨清两类危险源：

第一类危险源——根据能量意外释放理论，把系统中存在的、可能发生意外释放的能量或危险物质称作第一类危险源。它是造成系统危险或系统事故的物理本质，也称为固有型危险源。

第二类危险源——导致约束或限制能量措施失效、破坏的各种不安全因素称作第二类危险源。第二类危险源是导致第一类危险源失控，作用于人员、物质和环境的条件，它是系统从安全状态向危险状态转化的条件，是使系统能量意外释放，造成系统事故的触发原因，又称为触发型危险源。

（2）谁（什么）会受到伤害。

可从人身伤害（包括人身伤害、疾病、死亡等）、财产损失（包括停工、违法、影响信誉等）和环境破坏（包括工作环境、自然环境等）方面考虑。

（3）伤害怎样发生。

要针对不同危害的特点，辨别和了解伤害发生的条件、时机和方式，以便有针对性地采取安全防范措施，防止伤害的发生。如，火灾的发生要同时具备3个条件（火灾三要素：点火源、易燃物和助燃物），如能控制其中任何一个要素不出现，就能有效防止火灾的发生。

3. 危害识别要点

在每次作业前，作业人员及监护人员应首先进行危害识别。危害的识别，应从人的不安全行为、物的不安全状态入手。

一是人的不安全行为。《企业员工伤亡事故分类标准》将不安全行为分为十三大类：

（1）操作错误、忽视安全、忽视警告；

（2）造成安全装置失效；

（3）使用不安全设备；

（4）用手代替工具操作；

（5）物体（成品、材料、工具等）存放不当；

（6）冒险进入危险场所；

（7）攀、坐不安全位置；

（8）在起吊物下作业、停留；

（9）机器运转时进行加油、修理、检查、调整、焊接、清扫等工作；

（10）有分散注意力行为；

（11）在必须使用个人防护用品用具的作业或场合中，忽视其使用；

（12）不安全装束；

（13）对易燃易爆等危险物品处理错误。

作业人员在做每项任务之前应仔细思考、识别潜在的危害，调整自己的行为以保护自己；同时需要注意其他人的不正确行为，并相互指出问题所在，从而保护大家免受工作场所危害的伤害。

二是物的不安全状态。《企业员工伤亡事故分类标准》将物的不安全状态分为四大类：

（1）防护、保险、信号等装置缺乏或有缺陷；

（2）设备、设施、工具、附件有缺陷；

（3）个人防护用品用具——防护服、手套、护目镜及面罩、呼吸器官护具、听力护具、安全带、安全帽、安全鞋等缺少或有缺陷；

（4）生产（施工）场地环境不良。

4. 安全防范措施

辨识、明确了危害，就要根据其特点，有针对性地采取安全防范措施，以防止安全事故的发生。

（1）能量控制。

事故的发生是一些非需能量相互作用的结果，消除引发事故的触发能量是防止事故发生的关键步骤。因此，做好能量隔离工作是做好风险控制的重中之重。比如，在危险场所/部位动火作业前，要采取有效的隔离、隔断措施，进行清洗、置换并分析合格；在检修、施工场所要设置警戒线和安全警示标志；检修、施工用的机械、器具，在作业前应进行全面检查，确保其完好、适用。

（2）作业许可。

对每一个现场作业要有严格的申请、审批和作业检查程序。风险较大的作业，如动火作业、进入受限空间作业、破土作业、临时用电作业、高处作业、吊装作业、设备检修作业、抽堵盲板作业等，要履行严格的作业许可程序，作业前办理相应的作业许可证。

（3）安全培训。

对作业的有关人员，要进行安全培训：

1）作业活动必须遵守的有关安全规章制度；

2）作业过程中可能存在或出现的危害及对策；

3）作业过程中个体防护用具和用品的正确佩戴和使用；

4）作业项目、任务、方案和安全措施等。

（4）劳动防护用品。

企业应严格按 GB 11651《劳动防护用品选用规则》《劳动防护用品监督管理规定》（国家安监总局令第 1 号）、地方政府及行业等有关规定，根据作业环境的特点和具体情况，选择、配备和使用劳动防护用品。

5. 作业现场风险管控模式

为有效控制作业安全风险，实现安全生产的目标，必须在作业过程管理中严格执行作业安全风险管控“三部曲”，从作业安全风险的辨识评估、预警控制及改进等方面开展安全风险的管控。

第一步，作业安全风险辨识与评估。

风险是指某一特定危险情况发生的可能性和后果的组合，一般分为静态风险和动态风险两部分。作业安全风险管控至关重要的是要认清风险，找准危险点。风险辨识主要针对设备、环境、人员素质和作业项目进行如下辨识与评估。

（1）LEC 法进行静态风险辨识评估。

静态风险是指电网、设备、环境和管理中存在的可能造成人身、电网、设备事故的固有隐患、缺陷或问题。不同的作业项目都会存在不同程度的作业安全风险，依据 LED 法开展作业项目的设备、环境、工器具的静态风险辨识。D=LEC，式中 D 为风险值。L——发生事故的可能性大小，E——暴露于危险的频繁程度，C——发生事故产生的后果。

（2）PR 法进行动态风险辨识评估。

动态风险是指现场作业活动和管理过程中人的不安全行为。用 P 值代表事故发生的可能性，即在风险已经存在的前提下，发生事故的可能性。按照事故的发生率将 P 值分为四个等级。R 值代表后果严重性，即在此风险导致事故发生之后，造成对人身、电网或设备的危害程度。根据经验分类，将 R 值可分为特大、重大、一般、轻微四个级别。不同的作业安排会有不同的安全风险，作业前的现场勘察摸底是动态风险分析到位的前提，只有根据作业任务、现场状况、工期情况、人员安全承载能力等进行分析，才能充分认识作业的动态安全风险程度。

第二步，作业安全风险预警与控制。

项目开工前，由项目负责人召集各专业工作负责人进行现场摸底，根据项目工作特点、所处地理环境和施工方法等制订规范的施工计划及“三措”方案。根据作业静态风险、动态风险辨识评估，对一般及以上风险等级的作业项目编制“作业项目安全风险控制措施卡”，并与“三措”方案一并报上级主管部门批准后实施。

（1）作业安全风险预警。

风险预警是指对可能发生人身伤害事故和由人员责任的电网和设备事故的作业安全风险，对被评估为较大及以上风险等级的作业项目实行安全预警。风险预警的关键是找准风险点，明确风险控制措施，制定切实有效的施工步骤，使项目实施过程安全在控、可控、能控。

（2）作业安全风险控制。

风险控制是指采取预防措施或控制措施将风险降低到可接受的限度。在作业现场，安全风险并不是一成不变的，应实行动态管理。

（3）注重人机安全模式的建设。

各专业班组强化工器具的管理及规范使用，确保人、机安全。特别是对安全工器具、电动机具、起重用具及劳动防护用品的检查，做到标明测试结果、检测（自查）时间、检测（自查）有效期的卡片式管理，并做到电动机具的接地专用线及操作说明书一应俱全，确保带进变电所的工器具安全可用，且专业人员安全正确使用。

（4）充分发挥班前会、班后会的作用。

班前会的实效性是作业安全风险控制的有效保证，班后会的实效性是作业安全风险控制水平提高的有力支撑。项目实施时必须做到作业前“四清楚”：清楚作业任务、危险点、作业程序和安全措施。项目实施完成后，必须对现场安全措施的执行情况进行点评，细化风险控制过程管理，以坚固的安全基础，确保作业安全。

（5）贯彻落实现场安全措施。

作业安全的保证，要有科学严谨的“三措”方案来规范专业人员的作业步骤和程序，避免安全事故的发生，更须对现场安全措施的贯彻落实。作业人员是作业安全风险控制措施的现场执行人，现场作业必须严格执行工作票制度和工作许可、监护制度，做到作业现场“四到位”：人员到位、措施到位、执行到位和监督到位。有效控制人的不安全行为，减少人为失误，切实履行风险预警、控制措施，避免人身伤害和人员责任事故的发生。

第三步，作业安全风险控制状况检查与改进。

安全风险管理的实质是要规避风险，提高风险识别能力和处置能力，最大限度地减少或消除安全风险，形成“流程规范、措施明确、责任落实、可控在控”的安全风险管控机制。

（1）强化作业安全风险管控的闭环管理。

消除、控制风险工作不是一劳永逸的，须对项目实施过程的风险管控情况进行动态管理、分析及总结。作业安全风险管控从项目实施的前期摸底“三措”方案编制、现场风险控制措施制订、贯彻落实及检查评估，从不同角度对风险按照评估—整改—改进—再评估的要求实施PDCA的闭环管理，固化作业流程，优化作业环节，提升作业安全风险管控能力。

（2）充分发挥安全监督体系的作用。

安全保证体系在确保作业现场严格执行规范化、标准化管理要求，积极进行风险管控的基础上，必须充分发挥安全监督体系的作用，对作业项目负责人及班组工作人员的安全风险控制实行“全面、全员、全过程、全方位、全时段”的管理和监督，及时纠正不安全的行为，把控好项目实施过程中的每道安全关卡，提高制度执行的严肃性和风险管控能力。

（三）推行施工作业标准化

丰田公司的标准化管理水平是世界领先的。其在世界各地的工厂均采用统一的生产标准，所有型号的汽车都能实现高质量的复制。其中，“标准作业表”和“目视化管理”是其体系的精髓，给了我们不少的启迪。

1. 推行标准施工作业指导书管理

工程项目要推行施工作业标准化，需要建立符合项目特点的作业指导体系。随着人们对工程建设管理经验地不断总结，施工作业指导书已越发得到工程建设管理者的重视和关注。

无论是国内还是国外，众多行业的工程建设管理者，为保证工程施工操作在受控状态下按规定的程序和要求进行，都在应用施工作业指导书来指导和规范施工人员的作业行为。而且，它们的形式与内容都在不断更新和完善，应用范围也在不断扩大。

在欧美等发达国家，目前已将施工作业指导书的内容精细到每个动作和完成这个动作所需的时间，既包含作业内容又包含作业时间因素。施工作业指导书的编制除了依据国家、企业的相关标准与规范外，更要体现工程建设实践经验的总结，它来源于实践，亦指导实践。其编写是否正确，是否能够真正起到正确的指导作用，必须经过实践的检验。施工作业指导书一般应包括施工内容、施工准备、施工方法、质量控制与检验、安全措施、进度要求、成本管控等基本要素。

2. 规范施工组织设计文件管理

施工组织设计必须包括保证安全生产的安全技术措施和预防职业病的技术措施、施工现场安全标志平面图和现场排水平面图，安全生产技术措施必须根据工程特点、施工方法、劳动组织和作业环境等具体情况制定，要求内容全面，有针对性、可行性和可操作性。施工组织设计应由技术人员编制，经企业技术负责人审批，并经项目总监理工程师审批。遇特殊情况，需要修改的，应由编制人出具变更通知单，审批人签发后方可实施。

3. 严格专项施工方案管理

对达到一定规模的、危险性较大的分部分项工程，应按照中华人民共和国住房和城乡建设部《危险性较大的分部分项工程安全管理办法》（建质［2009］87 号）文件编制专项施工方案，并附具安全验算结果，经企业技术负责人、总监理工程师签字后实施，由专职安全生产管理人员进行现场监督。

危险性较大工程包括：

（1）基坑支护、降水工程。

开挖深度超过 3m（含 3m）或虽未超过 3m 但地质条件和周边环境复杂的基坑（槽）支护、降水工程。

（2）土方开挖工程。

开挖深度超过 3m（含 3m）的基坑（槽）的土方开挖工程。

（3）模板工程及承重体系。

1）各类工具式模板工程：包括大模板、滑模、爬模、飞模等工程。

2）混凝土模板支撑工程：搭设高度 5m 及以上；搭设跨度 10m 及以上；施工总荷载 $10kN/m^2$ 及以上；集中线荷载 $15kN/m^2$ 及以上；高度大于支撑水平投影宽度且相对独立无联系构件的混凝土模板支撑工程。

3）承重支撑体系：用于钢结构安装等满堂支撑体系。

（4）起重吊装及安装拆卸工程。

1）采用非常规起重设备、方法，且单件起吊重量在 10kN 及以上的起重吊装工程。

2）采用起重机械安装的工程。

3）起重机械安装、拆卸工程。

（5）脚手架工程。

1）搭设高度 24m 及以上的落地式钢管脚手架工程。

2）附着式整体和分片提升脚手架工程。

3）悬挑式脚手架工程。

4）吊篮脚手架工程。

5）自制卸料平台、移动操作平台工程。

6）新型及异型脚手架工程。

（6）拆除、爆破工程。

1）建筑物、构筑物拆除工程。

2）采用爆破拆除的工程。

（7）其他。

1）建筑幕墙安装工程。

2）钢结构、网架和索膜结构安装工程。

3）人工挖扩孔桩工程。

4）地下暗挖、顶管及水下作业工程。

5）预应力工程。

6）采用新技术、新工艺、新材料、新设备及尚无相关技术标准的特殊工程。

专项施工方案内容应包括工程概况、编制依据、施工计划、施工工艺、安全技术措施、检查验收标准、计算书及附图等，并符合以下规定：

（1）建筑施工企业应根据工程规模、施工难度等要素，明确各管理层方案编制、审核、审批的权限。

（2）专业分包工程，应先由专业承包单位编制，专业承包单位技术负责人审批后报总包单位审核备案。

（3）经过审批或论证的方案，不准随意变更修改。确因客观原因需修改时，应按原审核、审批的分工与程序办理。

施工单位应当根据建设单位提供的施工现场及毗邻区域内的供水、排水、供电、供气、供热、通信、广播电视等地上、地下管线资料、气象和水文观测资料、毗邻建筑物和构筑物、地下工程的有关资料制定现场周边管线设施保护方案，并按方案组织施工。

4．专项施工方案专家论证

对于超过一定规模的、危险性较大分部分项工程，应按《危险性较大工程安全专项施工方案编制及专家论证审查办法》规定组织专家进行论证，出具论证报告，审查后，才能组织施工。超过一定规模的、危险性较大分部分项工程包括：

（1）深基坑工程。

1）开挖深度超过 5m（含）的基坑（槽）支护、降水工程。

2）开挖深度虽未超过 5m，但地质条件、周围环境和地下管线复杂，或影响毗邻建筑（构筑）物安全的基坑（槽）支护、降水工程。

（2）模板工程及支撑体系。

1）工具式模板工程：包括滑模、爬模、飞模工程。

2）混凝土模板支撑工程：支撑高度 8m 及以上；搭设跨度 18m 及以上，施工总荷载 $15kN/m^2$ 及以上；集中线荷载 $20kN/m^2$ 及以上。

3）承重支撑体系：用于钢结构安装等满堂支撑体系，承受单点集中荷载 700kg 以上。

（3）起重吊装及安装拆卸工程。

1）采用非常规起重设备、方法，且单件起吊重量在 100kN 及以上的起重吊装工程。

2）起重量 300kN 及以上的起重设备安装工程；高度 200m 及以上内爬起

重设备的拆除工程。

（4）脚手架工程。

1）搭设高度50m及以上落地式钢管脚手架工程。

2）提升高度150m及以上附着式整体和分片提升脚手架工程。

3）架体高度20m及以上悬挑脚手架工程。

（5）拆除、爆破工程。

1）采用爆破拆除的工程。

2）码头、桥梁、高架、烟囱、水塔或拆除中容易引起有毒有害气（液）体或粉尘扩散、易燃易爆事故发生的特殊建、构筑物的拆除工程。

3）可能影响行人、交通、电力设施、通信设施或其他建、构筑物安全的拆除工程。

4）文物保护建筑、优秀历史建筑或历史文化风貌区控制范围的拆除工程。

（6）其他。

1）施工高度50m及以上的建筑幕墙安装工程。

2）跨度大于36m及以上的钢结构安装工程；跨度大于60m及以上的网架和索膜结构安装工程。

3）开挖深度超过16m的人工挖孔桩工程。

4）地下暗挖工程、顶管工程、水下作业工程。

5）采用新技术、新工艺、新材料、新设备尚无相关技术标准的重大危险性工程。

危险性较大的工程开工前，新工艺、新技术、新设备应用前，企业的技术负责人及安全管理机构应向施工管理人员进行安全技术方案交底。

（四）规范现场作业人员持证管理

目前工程建设市场体制的要求是必须建筑施工企业必须全部使用劳务分包单位，不允许再使用个人承包管理的模式。规范现场作业人员持证管理也迫在眉睫。

1. 加强劳务班组的选择

劳务分包单位（班组）的选择宜采用招投标方式进行，建立合格班组名录，由公司和项目部主要管理人员对其评价。班组承包合同的价格以遵循市场价格的原则进行管理。

挑选班组首先做好班组的考察工作。重点考察班组的信誉、工作经验与能力、职业道德、劳动力与技术力量等。

2．加强劳务人员的管理

劳务人员的管理，首先要依托劳务公司（班组）进行管理，因为劳务公司（班组）是劳务作业人员的直接管理者。施工项目中的劳动力，关键在使用，使用关键在提高效率，提高效率的关键是如何调动职工的积极性，调动职工积极性最好的办法是加强思想政治工作和利用行为科学，从劳动力个人的需要和行为的关系观点出发，进行恰当的激励。项目部对劳务人员的管理应体现人性化的管理。即要对他们严格的管理，又要对他们进行关心与爱护，只有他们才能为我们带来效益和收入。在工作上严格管理，严格要求。项目部对农民工的管理有一种很好的办法，就是以赛代管，项目上应举行形势多种多样的评比竞赛（安全、质量知识竞赛，业务水平竞赛，生活娱乐活动的竞赛等），充分调动员工工作积极性和能动性，让竞赛促生产。当然这竞赛的规则与方法要适当，也不能一味地强调竞赛，有些是不能拿来比的，比如高危部位、重点部位等。

3．自有班组的管理

企业自有班组管理总体上看相对规范，现场只需依据企业发布的内部规章制度进行管理即可。

4．严格执行持证上岗管理

结合实际，工程项目上岗资格认定按国家有关部委或行业规定执行。特种作业人员要求按照国家有关规定取得有效的资格证书，如表 8-1 所示，方可上岗作业。严把人员进场关，杜绝不合格人员进入施工现场，使其在资质许可范围工作，规范现场作业，有效提高现场安全管控水平。

表 8-1　作业分类示例

第一类	特殊（特种）作业（有相关技能、资质证件）
1	焊工
2	氩弧焊工
3	高空作业（登高架设作业）
4	电工（建筑低压）
5	电工作业（安装、维修）

续表

6	电工作业（高压运行）
7	电工作业（电气试验）
8	电工进网作业（高压）
9	电工进网作业（特种—继保）
10	电工进网作业（特种—高压试验）
11	电工进网作业（特种—电力电缆）
12	起重机械作业
13	起重工（塔吊、物料提升架、卷扬机等）
14	导线液压接
15	牵张机司机
16	爆破工
17	架子工
18	测量工
19	土石方机械操作工（含驾驶员）
第二类	一般作业人员
1	砌筑工
2	混凝土工
3	钢筋工
4	装饰装修工
5	手工木工
6	土建施工员
第二类	特殊（特种）作业（有相关技能、资质证件）
7	电气施工员
8	其他一般人员
第三类	管理人员（有相关的技能、职称、注册证）
1	项目经理
2	项目总工（技术负责人）
3	技术员
4	安全员
5	质检员
6	材料员
7	机械设备管理员

（五）开展施工机械设备规范化管理

现阶段我国的施工机械设备繁杂，没有统一的应用标准，机械设备的购买渠道复杂多样，这直接导致了机械设备的使用性能受到一定制约。而机械设备的维护至关重要，倘若在使用过程中维护不当，将影响建设工程项目的施工进度、施工质量及施工安全等。所以，工程机械的正确使用与正常维护管理，有利于工程项目的进度、质量、安全等，对施工企业的项目管理和经济效益有着重大意义。为了提高企业自身的市场竞争力，必须重视施工机械设备的管理维护工作。

1. 施工项目机械设备的供应

主要有四种渠道：

（1）公司自有机械设备；

（2）从市场上租赁设备；

（3）公司为施工项目专购机械设备；

（4）分包机械施工任务（如土石方工程、打桩工程等）。

2. 机械设备的管理权限

企业机构设备管理部门应统一管理项目部使用的机械设备。项目经理部应编制机械设备使用计划报公司审批，由企业来决定是购买还是租赁。如远离公司本部的项目部可由公司授权，项目部就地解决机械设备来源。项目部负责对进入现场的机械设备（机械施工分包的机械设备除外）做好使用中的维护和管理。

3. 机械设备管理基本要求

（1）机械设备的使用应贯彻“管用结合、人机固定”的原则，按设备性能合理安排，正确使用，充分发挥设备效能，保证安全生产。

（2）各级机械设备管理人员、操作人员应严格执行上级部门、本单位制定的各项机械设备管理规定，遵守安全操作规程，经常检查安全设施、安全规程的执行情况，发现问题及时指出并加以解决。

（3）坚持持证上岗，严禁无操作证者上机作业。学徒工（持实习证）不准单独顶班作业。

（4）不属于本人负责的设备，未经领导同意，不得随意上机操作。

（5）现场设备（含临时停放设备）均应有防雨、防砸、防火、防盗、防破坏措施，并实行专人管理。

（6）机械设备的安装应严格遵守安装要求，遵守操作规程。安装场地应坚实、平整。起重类设备严禁超载使用，确保设备及人身安全。

（7）设备安装完毕后，应进行运行安全检查及性能试验，经试运转合格，专业职能人员检验签认后方可投入使用。

4. 机械设备安全措施

（1）各种施工机械在施工组织设计中应制订使用过程中的定期检测方案，并如实填写施工机械安装、使用、检测、自检记录。

（2）在机械设备进场前应结合现场情况，做好安装、调试等部署规划，并绘制出现场机械设备平面布置图。

（3）机械设备安装前要进行一次全面的维修、保养、检修，达到安全要求后再进行安装，并按计划实施日常保养、维修。

（4）机械设备操作人员的配备应保持相对稳定，严格执行定人、定岗、定机，不得随意调动、顶班。

（5）操作人员严格执行例保制度，凡不按规定执行者均按违章处理。

（6）大型设备经由建设行政主管部门或法律规定的其他部门登记备案后，才能租赁、安装，安装完成自检合格后，经具有检测检验资质的机构检测合格后，方可投入使用。

（7）各种机械设备在移动、清理、保养、维修时，必须切断电源，并设专人监护，在设备使用间隙或停电后，必须及时切断电源，挂停用标志牌。

（8）凡因违章、违纪而发生机械人身伤亡事故者，必须依据《生产安全事故报告调查处理条例》，按照“四不放过”原则严肃处理。

5. 机械设备操作人员的安全教育

（1）机械设备安全操作使用知识必须纳入“三级安全教育”内容。

（2）机械设备操作人员必须经过专门的安全技术教育培训，考试合格后方能持证上岗，上岗人员必须定期接受继续再教育。

（3）安全教育要分工种、分岗位进行。教育内容包括：安全法规、本岗位职责、操作规程、管理制度、事故案例等，并做好记录，归档备查。

（4）执行班组每日班前讲话、自查制度，并结合季节，施工环境、施工进度、施工部位及易发生事故的地点等，做好有针对性的分部分项安全技术交底工作。

（5）各项培训记录、运行记录、维修保养记录等均应归档备查。

6. 机械设备的安全检查

（1）项目部机械安全检查每月不得少于四次，机械负责人和机械操作人员每天上班前，必须自行检查。

（2）按照施工安全检查标准对施工现场施行定期和不定期检查，重点检查机械设备制动和安全装置是否齐全、有效、可靠。机械设备是否带病作业，是否有异常现象；金属结构部分是否有开焊、开裂、变形；连接部位是否牢固、可靠；是否定期维修保养；操作人员是否持证上岗；有无违章指挥、违章操作行为等。

（3）对塔吊接地装置、机身垂直度等应定期检查检测，做好记录。

（4）对检查中发现的问题要采取相应措施，定人、定时、定措施落实整改，并及时复查，填写整改回执。

（5）定期对施工现场安全状况进行全面评估，对违章指挥、违章操作和事故隐患严格按照“四不放过”原则进行严肃处理，并做好记录。

7. 机械设备的使用与维修保养

（1）机械设备应有专人负责管理、使用。实行“管用结合、人机固定”原则，执行定人、定机、定岗的“三定”制度，多班作业时，必须有交接班制度。

（2）大型设备（多人或多班作业）要委任司机机长，一般设备要委任责任人。

（3）机械设备操作人员要熟悉本机情况，做到“四懂三会”，即懂原理、懂结构、懂性能、懂用途；会操作、会维修保养、会排查排除故障。

（4）在用的机械设备应保持技术性能良好，运转正常，安全装置齐全、灵敏可靠。失修或带病的机械设备不得投入使用。

（5）严格执行日常保养、换季保养、走合保养、停放保养制度。加强机械设备在作业前、运行中、作业后所进行的“清洁、紧固、调整、润滑、防腐”“十”字作业，保持设备的应有效能，消除事故隐患。

（6）大型设备要实行日常检查和定期检查，并做好记录。

8. 机械设备的进场安装、验收、签证管理

（1）凡进场的大、中、小（固定）型机械设备都应在相关技术责任人的指导下，由相关专业人员进行安装。

（2）大、中、小型机械设备的安装验收，应根据试运转情况，按照施工安全检查标准表格内容分项进行。

（3）工作棚的搭设要符合安全文明工地标准，实行定型化、工具化，做到美观、实用。

（4）进场的机械设备经安装、验收完毕后，所有参加安装验收的人员应在验收表上签字确认后，方可投入使用。

（5）新购置、大修理或经过改造的机械设备进场安装、验收、使用均按新设备时的运转、验收等内容进行。

施工机械设备管理对一个工程项目施工企业来说是至关重要的，机械设备的管理水平决定了机械的工作应用效率，影响到机械性能方面的优劣，对于工程项目的投资、进度、质量、安全等均有重大的影响。所以，作为一个施工企业来说，更要以科学技术做指导，用科学的管理方法对工程中的机械设备加以管理，实现建设工程质量的优越，从而为企业创造更多的经济效益，提高同行之间的竞争力度。

（六）改善项目现场作业环境管理

在任何时间、季节和条件下施工，都必须给施工人员创造良好的环境和作业场所。生产作业环境中，湿度、温度、照明、振动、噪声、粉尘、有毒有害物质等，都会影响人的工作情绪。作业环境的优劣，直接关系到企业的品牌和形象。作业环境管理的核心是如何保持作业环境的整洁有序与无毒无害，给作业人员创造一个良好的作业环境。在施工生产过程中，要及时发现、分析和消除作业环境中的各种事故隐患，努力提高施工人员的工作和生产条件，切实保障员工的安全与健康，防止安全事故的发生，不断促进生产力的发展，提高企业的品质与竞争力。

5S 管理是一种推行“整理、整顿、清扫、清洁、素养”的现场先进管理方法和工具。国内外多家企业实践证明，5S 管理通过营造规范、可视化的工作环

境，对促进企业管理制度、作业要求落地，培养一线员工良好的工作习惯，最终形成卓越的企业管理文化具有深远意义。目前，国内如中国南方电网公司、中国华电集团公司等均已明确在基建项目中推行5S（7S）管理，起到了很好的示范效应。

项目现场作业环境管理的要点如下：

1. 施工平面布置

施工现场平面布置图是施工组织设计（方案）的重要组成部分，必须科学合理地规划、绘制施工现场平面布置图。在施工实施阶段，根据要求设置道路、组织排水（应重点考虑）、搭建临时设施、堆放材料和设置机械设备、土方及建筑垃圾、围墙与入口位置等。做到分区明确、合理定位。

施工平面布置的总体要求是布置紧凑，充分利用场地；场内道路畅通，运输方便，减少一次搬运；在保证施工顺利的条件下，尽可能减少临时设施搭设，尽可能利用附近的原有建筑物作为临时设施；应便于工人生产和生活，办公用房、福利设施应在生活区内。平面布置图应符合防火治安、卫生防疫、环境保护和无建设公害的要求。

2. 施工现场功能区划分

根据施工项目的要求，划分为作业区（辅助作业区）、材料堆放区和办公生活区。作业区与办公生活区分开设置，并保持安全距离。办公生活区应设置于在建筑物坠落半径之外，应设置防护措施，划分隔离，以免人员误入危险区域。对功能区的划分还应考虑交通、水电、消防和卫生、环保等因素。

在生活区内设置的办公会议室、值班室、宿舍、食堂、阅览室、活动室、职工学校、保健室、厕所、淋浴室等应当符合《建筑施工现场环境与卫生标准》（JGJ146—2013）。不得在尚未竣工的建筑物内设置员工集体宿舍。

3. 安全警示标志

根据工程特点及施工的不同阶段，在危险部位有针对性地设置、悬挂明显的安全警示标志。危险部位主要是指施工现场入口处、施工起重机械、临时用电设施、脚手架、出入通道口、楼梯口、阳台口、电梯井口、桥梁口、隧道口、基坑边沿、爆破物及有害危险气体和液体存放处等。安全警示标志的类型、数量应当根据危险部位的性质不同，设置不同的安全警示标志。

根据《安全色》（GB 2893—2008）标准，安全色是表达安全信息含义的颜色。分为红、黄、蓝、绿四种颜色，分别表示禁止、警告、指令和指示。

根据《安全标志》（GB 2894—2009）标准，安全标志是表示特定信息的标志。由图形符号、安全色、几何图形（边框）或文字组成。安全标志分禁止标志、警告标志、指令标志和提示标志。

4. 封闭管理

施工现场围挡应沿工地四周连续设置，不得留有缺口。围挡的材料应坚固、稳定、整洁、美观。宜选用砌体、金属板材等材料，不得使用布条、竹包或安全网，要确保围挡的稳定性、安全性。围挡的高度应高于1.8m，主要交通道路边围墙高度不低于2.5m。工地进出大门应牢固美观，大门上应标有企业名称和企业标识，设置专职值班保卫人员。大门出口处应设置洗车槽，保证汽车干净上路。项目部工程技术管理人员、施工员、作业人员等应当佩戴工作卡。

施工现场的进口处应有整齐明显的“八牌二图”：公司概况牌、工程概况牌、管理目标牌、管理人员名单及监督电话牌、施工安全措施牌、消防保卫牌、安全生产计时牌、文明施工牌；施工现场总平面图、工程效果图等。

（七）开展项目隐患排查和治理

经常化、制度化的隐患排查治理是隐患及时发现、整改的有效方法。安全隐患是事故发生的“导火索”，做好隐患排查治理才能够及时发现隐患，及时整改隐患，确保安全生产。排查隐患是一项细致的工作，排查隐患要严密组织，周密安排，严密检查，要建立健全隐患排查治理的各项规章制度，充分调动企业干部员工参与隐患排查治理工作的积极性，通过多种方式、方法，突出重点部位，深入、细致、全面、全方位、深层次地开展排查，确保隐患排查横向到边、纵向到底，不留死角，排查出来的安全生产隐患，必须在整改上狠下功夫，不等不靠。发现重大险情，要迅速采取应急处置措施，并及时上报。经常化、制度化的排查治理加上积极有效的整改措施的落实，必然会全面压降事故发生的“苗头”。

工程项目隐患排查治理的工作流程可分为：

（1）隐患填报（自查、互查、安环部检查）。

（2）隐患整改。

（3）隐患复查。

（4）隐患签转与撤销。

（5）隐患统计报表，给上级主管部门上报数据。

（八）实现施工现场重大危险源监控

合理、统筹的重大危险源监控是实现被动防范向源头管理转变的重要举措。重大危险源是能导致发生重特大事故发生的根源，要有效控制重大事故，必须对重大危险源进行全面监控，严密监视重大危险源的安全状态，加强对重大危险源的控制管理，及时发出预警信息或应急指令，把事故隐患消灭在萌芽状态。做好辨识和确认重大危险源监控就要强化内部管理，落实措施，自主保安，实现重大危险源监督管理工作的科学化、制度化和规范化，立足于从超前防范、源头控制、主动预防入手，抓重点、抓基础、抓工作到位、抓制度落实、抓防控到岗。实现重大危险源监控从被动防范向源头管理的重大转变。

1. 施工现场危险源

由于建筑施工活动，可能导致施工现场及周围社区人员伤亡、财产损失、环境破坏等意外的潜在不安全因素。

2. 危险源辨识

项目部应成立由项目经理任组长的危险源辨识评价小组，在工程开工前由危险源辨识评价小组对施工现场的主要和关键工序中的危险因素进行辨识。

3. 危险源分类

建筑施工企业的危险源大概可分为以下几类：高处坠落、物体打击、触电、坍塌、机械伤害、起重伤害、中毒和窒息、火灾和爆炸、车辆伤害、粉尘、噪声、灼烫等。

施工现场内的危险源主要与施工部位、分部分项（工序）工程、施工装置（设施、机械）及物质有关。如：脚手架（包括落地架，悬挑架、爬架等）、模板支撑体系、起重吊装、物料提升机、施工电梯安装与运行，基坑（槽）施工，局部结构工程或临时建筑（工棚、围墙等）失稳，造成坍塌、倒塌意外；高度大于 2m 的作业面（包括高空、洞口、临边作业），因安全防护设施不符合或无防护设施、人员未配备劳动保护用品造成人员踏空、滑倒、失稳等意外；焊接、金属切割、冲击钻孔（凿岩）等施工及各种施工电器设备的安全保护（如漏电、绝缘、接地保护等）不符合，造成人员触电、局部火灾等意外；工程材料、构件及设备的堆放与搬（吊）运等发生高空坠落、堆放散落、撞击人员等意外；人工挖孔桩（井）、室内涂料（油漆）及粘贴等因通风排气不畅造成人员窒息或气体中毒重大危险源。施工用易燃易爆化学物品临时存放或使用不符合、防护不到位，造成火灾或人员中毒意外；工地饮食因卫生不符合，造成集体中毒或疾病。

4. 危险源识别

在对危险源进行识别时应充分考虑正常、异常、紧急三种状态及过去、现在、将来三种时态。主要从以下作业活动进行辨识：施工准备、施工阶段、关键工序、工地地址、工地内平面布局、建筑物构造、所使用的机械设备装置、有害作业部位（粉尘、毒物、噪声、振动、高低温）、各项制度（女工劳动保护、体力劳动强度等）、生活设施和应急、外出工作人员和外来工作人员。重点放在工程施工的基础、主体、装饰、装修阶段及危险品的控制及影响上，并考虑国家法律、法规的要求，特种作业人员、危险设施、经常接触有毒、有害物质的作业活动和情况；具有易燃、易爆特性的作业活动和情况；具有职业性健康伤害、损害的作业活动和情况；曾经发生或行业内经常发生事故的作业活动和情况。

5. 风险评价方法

风险评价是评估危险源所带来的风险大小及确定风险是否可容许的全过程，根据评价的结果对风险进行分级，按不同级别的风险有针对性地采取风险控制措施。

根据伤害类型，采用作业条件危险评价法（LEC 法）对各种危险源进行风险评价。其中：L 表示发生事故的可能性大小如表 8-2 所示；E 表示暴露于风险环境的频繁程度如表 8-3 所示；C 表示事故产生的后果如表 8-4 所示；D 表示风险值（即 $D=L\times E\times C$）如表 8-5 所示。

表 8-2　L（事故发生的可能）

分数值	事故发生的可能性
10	完全可以预料
6	相当可能

续表

分数值	事故发生的可能性
3	可能，但不经常
1	可能性小，完全意外
0.5	很不可能，可以设想
0.2	极不可能
0.1	实际不可能

表 8-3　E（暴露于危险环境的频繁程度）

分数值	频繁程序
10	连续暴露
6	每天工作时间内暴露
3	每周一次，或偶然暴露
2	每月暴露一次
1	每年几次暴露
0.5	非常罕见地暴露

规定连续出现在危险环境的情况分值为 10，而非常罕见出现在危险环境的情况分值为 0.5，其他情况对应表中取值。

表 8-4　C（发生事故产生的后果）

分数值	后果
100	大灾难，许多人死亡
40	灾难，数人死亡
15	非常严重，一人死亡
7	严重，重伤、致残
3	重大，轻伤、部分致残
1	引人注目，不利于基本的健康安全要求

因为事故造成的人身伤害与财产损失变化范围很大，所以取值范围也很大，为 1～100。

表 8-5 D（风险等级判定）

分数值	风险级别	风险程度
>320	1 级	极其危险，不可能继续作业
160～320	2 级	高度危险，需要立即整改
320～159	3 级	一般危险，要注意
<320	4 级	稍有危险，可以接受

风险值 D 确定后，将风险级别 D 值≥160 分高度危险的危险源定为重大危险源，对重大危险源应采取严格的控制措施，对未列入重大危险源的危险源可按维持现有的运行控制加强管理。

6. 风险控制策略

1 级（D 值≥320）：作为重点的控制对象，制定目标、指标和管理方案实施控制。

2 级（320＞D 值≥160）：采取具体措施直至风险降低后才能开始工作。为降低风险有时必须配备大量资源。当风险涉及正在进行中的工作时，应采取应急措施。在方案和规章制度中制定控制办法，并对其实施控制。

3 级（159＞D 值≥20）：应努力降低风险，但应仔细测定并限定预防成本，在规章制度内进行预防和控制。

4 级（D 值＜20）：是指风险减低到合理可行的，最低水平不需要另外的控制措施，应考虑投资效果更佳的解决方案或不增加额外成本的改进措施，需要监测来确保控制措施得以维持。

（九）注重劳动保护及职业病预防

1. 工程项目施工职业危害因素

（1）粉尘。

工程在施工过程中会产生很多粉尘，其中主要包括石棉尘、电焊尘、水泥尘、矽尘及其他粉尘。在工程施工中产生这些粉尘的主要作业有：

1）矽尘：喷砂除锈作业；爆破作业；隧道和竖井掘进作业；土方工程；凿岩机、打桩机、压路机、铺路机、挖土机作业等。

2）水泥尘：水泥的运送、存储及使用。

3）电焊尘：电焊施工。

4）石棉尘：防腐工程、保温工程、绝缘工程等。

5）其他粉尘：利用石棉代用品产生渣棉、人造玻璃纤维粉尘等；装饰装修工程中腻子粉的混合粉尘；铝合金、钢筋切割过长中产生的金属尘；木材加工产生的木尘。

（2）化学物。

施工过程中可能产生很多有毒化学物，主要有以下几方面：

1）爆破工程中会随着施工产生氮氧化物、一氧化碳等有毒气体。

2）防腐工程及油漆中产生的有毒物有铬、镉、汞、铅等；一些机器会产生有机蒸气，蒸气中含有汽油、四氯化碳、二甲苯等。

3）涂料中会产生一些铬、镉、汞、铅等金属毒物；一些有机蒸气中含有二甲苯、甲苯、游离甲苯二异氰酸酯及甲醛等有害物质。

4）防水工程中产生的化学品有聚苯乙烯、环氧树脂、聚氯乙烯、丙烯酸树脂、聚氨酯、阴离子再生乳胶及石棉；还会产生一些二甲苯、煤焦油、沥青烟等有机溶剂。

5）电焊工程中会产生一氧化碳、氮氧化物等有害物质。

6）地下工程在施工过程中会出现缺氧状态，也可能会产生甲烷、硫化氢、一氧化碳等有害物质。

（3）高温。

工程大多都是露天施工，夏季施工温度比较高，大多数施工与热源有一定的关系。因此，建筑水电工程施工存在高温影响。

（4）噪声。

工程施工会产生大量的噪声，主要分为机械性噪声和空气动力性噪声，产生噪声的施工主要有：

1）机械性噪声：施工过程中会产生机械性噪声的环节主要有模板加工、安装、拆除、修复等施工环节；可能会出现机械性噪声的设备和工具包括金属切割机、电动圆锯、混凝土振动棒等，同时，碾压机、混凝土破碎机等作业过程中也会产生机械性噪声，传输机、混凝土搅拌机、挖泥船、自卸车、推土机、凿岩机等作业过程均会产生机械性噪声，利用以上工具和设备施工时都会出现机械性噪声。

2）空气动力性噪声：管道吹扫、爆破及空气压缩机、鼓风机、通风机等作业过程中都会出现空气动力性噪声。

（5）其他可能的危害因素。

2. 主要措施

（1）施工现场应根据具体情况编制职业病预防的措施，如电气焊、油漆、水泥操作工等。

（2）严格按照劳动保护用品的发放标准和范围为相关人员配备符合国家或行业标准要求的口罩、防护镜、绝缘手套、绝缘鞋等劳动保护用品，尤其是一线工人的特殊劳动保护用品和必要的劳动保护用品。

（3）加强施工现场的劳动保护用品的采购、保管、发放和报废管理，严格掌握标准和质量要求。所采购的劳动保护用品必须有相关证件和资料，必要时应对其安全性能进行抽样检测和试验，严禁不合格的劳保用品进入施工现场。

（4）对于二次使用的劳动保护用品应按照其相关标准进行检测试验，破损严重、失去防护功能、不能有效保证安全的劳动防护用品必须及时更换。

启示一

中国南方电网公司标准施工作业指导书研究应用

一、概述

1. 作业指导书的演变过程及国内外应用现状

作业指导书，是从“写我所做，做我所写”的思想发展而来的，是用以指导某个具体过程、事物形成的技术性细节描述的可操作性文件，是指导保证过程质量的基础文件。任何作业指导书都须用不同的方式表达出“5W1H”，并满足“最好，最实际”的原则。作业指导书普遍运用于施工、操作、检验、安装等具体作业过程。

为施工作业编制的指导书称为“施工作业指导书”，即将工程建设施工作业每道工序的标准操作步骤和要求以统一的格式加以描述，用以指导和规范日常工作的一种指导性文件。随着人们对工程建设管理经验地不断总结，施工作业指导书已越发得到工程建设管理者的重视和关注。无论是国内还是国外，众多行业的工程建设管理者，为保证工程施工操作在受控状态下按规定的程序和要求进行，都在应用施工作业指导书来指导和规范施工人员的作业行为。而且，它们的形式与内容都在不断更新和完善，应用范围也在不断扩大。

（1）在欧美等发达国家，已将施工作业指导书的内容精细到每个动作和完成这个动作所需的时间，既包含作业内容又包含作业时间因素。

日本丰田公司的标准化管理水平是世界领先的。其在世界各地的工厂均采用统一的生产标准，所有型号的汽车都能实现高质量的复制。其中，“标准作业表”和“目视化管理”是其体系的精髓，给了我们不少的启迪。

（2）在我国，从房屋建筑到道路桥梁和市政，从水利到电力，也都在逐步应用施工作业指导书来指导和规范施工人员的作业行为。然而，就其形式与内容及在应用方面较发达国家还有很大的差距，这正是我们要努力改进的方向。

2. 南方电网公司基建系统应用施工作业指导书的必要性分析及目标

中国南方电网公司“十二五”“十三五”期间每年投资额巨大；参建单位及相关管理部门承受着沉重的压力，众多施工单位各施各法、千差万别，基建工程建设的安全与质量状况不甚理想，管理力度亦有待加强，亟待统一的作业标准进行规范。ISO9000 系列标准中对作业指导书有这样的要求：“如果没有作业指导书就不能保证质量时，则应对生产和安装方法制定作业指导书”（GB/T 19001－ISO9001—9.1）。因此，南方电网公司基建系统应用施工作业指导书，是根据南方电网公司现状，总结以往经验，为稳步推进基建一体化和向生产移交一个规范达标、绿色可靠、文档齐全、零缺陷的基建工程而提出的一项非常及时的科学决策。

根据国内外电力企业之间存在的差别，南方电网公司基建系统对施工作业指导书的应用提出了目标：不断总结经验，依据标准设计和质量标准逐步改进和完善施工作业指导书的内容，将作业指导书内容按施工环境、设备型号等关键要素细化到每个工序，对工程施工安全、工艺流程、质量控制起到全方位指导作用，从而形成让南方五省（区）实现高质量复制建设的标准化施工作业指导书。

二、南方电网公司标准施工作业指导书的构建与实施

1. 施工作业指导书的编制依据、一般要素和适用范围

施工作业指导书的编制除了依据国家、企业的相关标准与规范外，更要体现工程建设实践经验的总结，它来源于实践，亦指导实践。其编写是否正确，是否能够真正起到正确的指导作用，必须经过实践的检验。

施工作业指导书一般应包括施工内容、施工准备、施工方法、质量控制与检验、安全措施、进度要求、成本（工程投资）管控等基本要素。

施工作业指导书的适用范围应能涵盖应用企业相关领域及专业的具体施工作业。

2. 南方电网公司施工作业指导书的内容构成

《南方电网有限责任公司电网建设施工作业指导书》是以工程实体为对象，施工工艺为核心，将电网建设工程施工内容和工序与工程安全质量管控方法相结合编制而成。指导书编制的技术立足点是公司所属主要电网建设施工企业几十年的送变电工程施工经验积累，以及南方五省（区）已得到广泛应用的先进电网建设工程技术及施工工艺技术的成功实践。《施工作业指导书》（2012 年版）按电压等级分为主网交流部分及配网部分；按专业细分为输电线路、变电电气

安装、变电土建、电气试验、继电保护、变电自动化、通信、配网工程 8 个分册。全书共有 208 个单项作业，其中包含主网交流部分的输电线路（包括高压电缆）13 个、变电电气安装 17 个、变电土建 28 个、电气试验 27 个、继电保护 19 个、变电自动化 13 个、通信 7 个单项作业指导，配网部分的配网工程包含土建 30 个、电气 45 个、通信及自动化 9 个单项作业指导。

每个单项作业指导书均包括适用范围、编写依据、作业流程、安全风险辨析与预控、作业准备、作业方法、质量控制措施及检验标准，共 7 个方面的内容，以及作业内容分析表和安全施工作业票等相关附件。其中“安全风险辨析与预控”融入了《电网建设施工安全基准风险指南》的内容，“质量控制措施及检验标准”则列出了相关质量控制“WHS”点及《10kV—500kV 输变电及配电工程质量验收与评定标准》的对应验评表号，体现了南方电网基建系统质量安全工作紧紧围绕施工作业指导书为核心开展的总体思路，如图 8-1 所示。

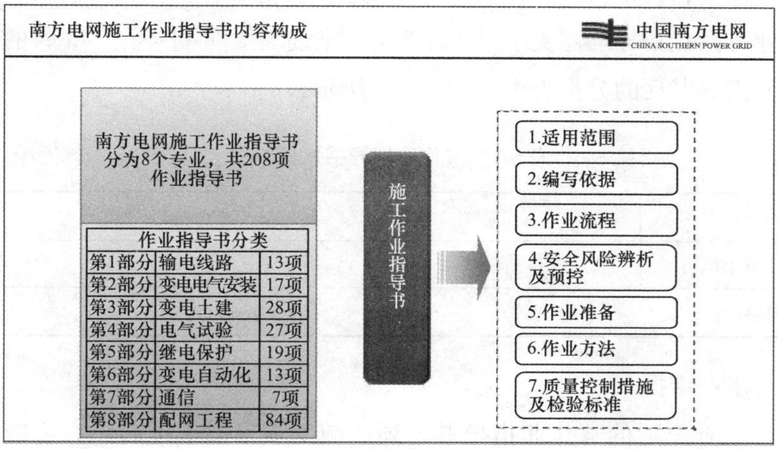

图 8-1　南方电网施工作业指导书内容构成

3. 南方电网公司《作业指导书》现场应用“四步骤”详析

为规范南方电网《作业指导书》的现场应用，编写组配套编写了“《作业指导书》应用说明”。其中已明确《作业指导书》的应用包括筛选、分析、审批、应用四个步骤。

第一步：筛选。

工程开工前，由施工项目部根据工程实际情况，从208份单项《作业指导书》中选出相关部分，形成工程项目的《作业指导书》设置表，如表8-6所示。

表8-6 《作业指导书》设置表

项目名称：

施工单位：

序号	专业	指导书名称	指导书编号	备注

第二步：分析。

《作业指导书》中规定的施工流程、质量标准必须严格执行。施工项目部可针对施工器具、设备材料、作业环境和安全因素等具体情况，对需要调整或增补的作业方法在指导书原文上以“*”号进行标注，并将补充、完善的内容填写在相应指导书后的分析表中，如表8-7所示。

表8-7 《作业指导书》分析表

作业指导书名称	
作业指导书编号	
具体内容：	

第三步：审批。

分析、补充后的《作业指导书》须经施工项目部审批后，方可应用于现场施工。

第四步：应用。

施工人员严格按照审批后的《作业指导书》开展现场施工，围绕作业流程应用标准工艺，做好安全与质量管控工作。同时，为使作业指导书的要求更好地贯彻到施工现场，施工项目部应采用“看板提醒”措施，在作业现场设置“作业指导书小看板”（简单的图形或表格），标识作业的主要工艺流程、关键工序技术标准及安全风险辨析等，如图8-2所示。

4. 南方电网公司施工作业指导书的培训工作

为实现南方电网施工作业指导书的真正落地应用，正确指导和规范施工人员的作业行为，进一步提高电网工程建设施工质量水平，必须使全体参建人员，特别是施工作业人员了解作业指导书的应用目的，熟悉作业指导书的基本内容，掌握如何正确应用作业指导书的技术要领。因此，必须对全体参建人员，特别是一线施工作业人员进行常态化的作业指导书技能培训。

从 2012 年开始，公司每年从电网建设施工作业指导书所列 208 项作业中，选取若干项关键作业（指频度高、安全风险高、对质量影响大、技术难度高及近年来发生过人身伤亡事故的作业项）作为年度培训内容，要求南方电网区域内施工单位从事相关关键作业的技工或技术人员 100%经过培训，并且考试合格。

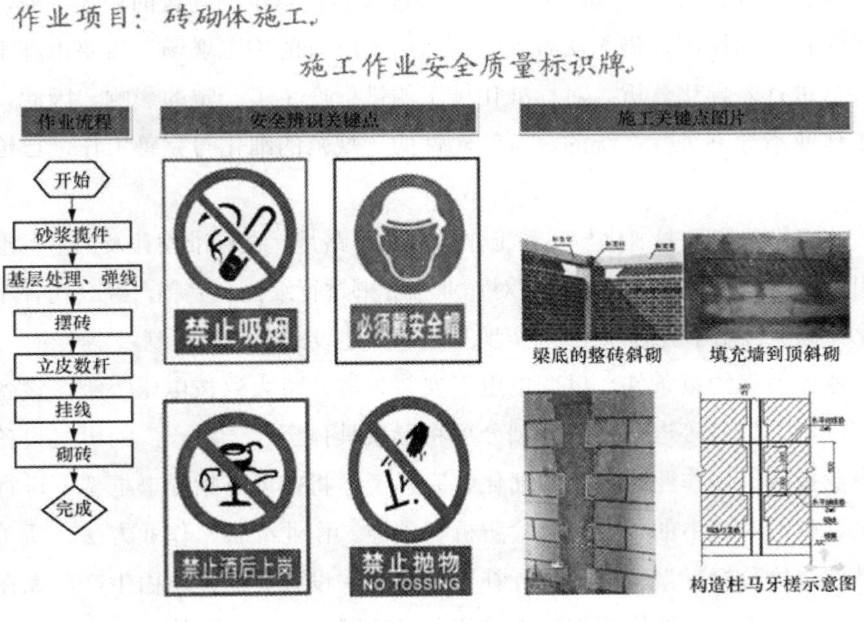

图 8-2 《作业指导书》小看板

各施工单位的培训结果，将纳入对该施工单位的承包商年度资信评价，并作为下一年度该施工单位投标时商务评分依据之一。

为使培训工作收到良好的效果，还需注意以下几点：

（1）把取得南方电网公司基建系统颁发的施工作业指导书技能培训合格证作为进网作业的必要条件之一。

（2）培训的内容，除施工作业指导书的技术内容外，还应包括如何正确应用等问题。

（3）培训的方式，应采用南方电网公司统一培训课件（大纲），网公司、省公司、地市局及参建单位等进行分级培训。

（4）对于考试和颁证，应由南方电网公司统一命题、统一评分及合格标准、统一培训证书的编码规则及样式。

（5）除公司确定的年度培训内容外，各施工项目部还应根据项目确定应用的施工作业指导书进行内部培训，确保施工人员理解与执行。

5. 南方电网公司施工作业指导书的细化与完善思路

虽然目前的 208 项施工作业指导书能基本覆盖电网建设的相关专业，但由于颗粒度的原因，仍无法做到完全适用于所有的施工现场。需要由施工单位各自进行差异化分析，对标准化施工的推行产生了一定的影响。因此，对施工作业指导书进行系统的、有针对性的、规范的细化与完善工作，已迫在眉睫。

施工作业指导书细化与完善工作的总体思路是：在标准设计及质量标准的指引下，根据各种外部约束条件对作业指导书进行细化、完善，经公司评审后固化为标准应用于五省（区），实现基建项目建设的高质量复制。

各种外部约束条件，以变电电气安装为例，可大致按电压等级、设备名称、厂家、型号等进行划分。划分后将形成具体至“一对一”的电气设备安装作业指导书。作业指导书的细化、完善工作将在现有指导书框架下进行模块化调整，对其中的“安全风险辨析与预控、作业准备、作业方法、质量控制措施及检验标准”四部分进行补充、修订。设备类的模块由生产厂家在招标时提供，施工类的模块由施工单位负责编写，所有的模块经公司评审后固化为标准指导书。

施工单位在开工前的质量策划阶段应筛选出相关的施工作业指导书并及时开展分析与培训工作。同时，应鼓励施工班组根据实际施工条件积极开展以改进质量、降低消耗，改善作业环境和提高经济效益为目的 QC 活动，并将成果转化为标准的施工作业指导书模块，经公司评审、完善后，纳入标准体系。

施工作业指导书按 PDCA 的要求进行管理，实现动态的补充与完善。

三、取得的初步成效

自南方电网公司 2010 年推行应用施工作业指导书，以及 2012 年组织开展技能培训以来，基建系统在对应用作业指导书重要性的认识、规范安全控制、提升施工工艺水平、改进工程质量验收方法、提高工程实体质量等方面都有了明显的改观，已取得较好的成效。

1. 逐步实现标准化作业

（1）规范人员需求、机具配备、作业工时。

所谓“术业有专攻”，不同专业的施工对作业人员有着不同的数量及素质要求。同时，“工欲善其事，必先利其器”，必须配备适当的、技术含量较高的施工机具，才能安全、高效地完成工作。最后，还需明确每项作业的工作时间，确保满足进度要求。目前的施工作业指导书已较好地规范了每项作业“由什么人、用什么机具、花多少时间完成”，为标准化施工打下了基础。

（2）规范安全控制、施工工艺、验收方法。

各项施工作业可能出现的安全风险以及对应的预控措施、有关规程规范对各道工序的施工工艺要求及对工程施工质量验收的方法与标准，目前均已纳入施工作业指导书的内容。通过施工作业指导书的落地应用，相应施工作业的安全控制、施工工艺和验收方法已逐步在五省区内得到规范。

2. 施工人员安全意识、施工工艺不断提高

通过对作业指导书的应用与实践，强化了施工企业的安全投入、增强了施工人员安全防范意识，有效地减少了安全事故的发生；同时，施工企业的装备水平、施工人员的技术素质与工艺水平也在不断提高，随之而来也带动了效率的跃升，标准化作业的优势正逐步显现。

3. 工程实体质量明显提升

随着标准化、规范化施工的逐步推进，主、客观环境的不断改善，施工企业和作业人员已自觉地把施工作业指导书作为自己作业的行为指南，压制了施工过程中的行为差错，减少了工程的质量缺陷，特别是质量通病，从而使基建

项目的实体质量得到了明显提升。

四、结论

实践证明，标准化建设是南方电网基建系统可持续、健康发展，实现公司“三步走”发展战略的必由之路。

标准化建设的关键是科学地应用施工作业指导书，作为建设过程的标准与核心，持续改进、不断完善，最终实现高质量的可复制建设，向生产移交“零缺陷”的优质工程。

启示二

5S 管理简介

一、5S 管理要素实施要求

（1）整理。

整理规则：对施工现场摆放的物品进行分类，从而区分出物品的使用等级。不常用的材料应及时清理出现场或划定区域临时堆放。

（2）整顿。

整顿规则：将施工现场要保留下的物品按照“三定原则”进行科学合理的布置和摆放，并设置明确、有效的标识。（三定原则；定物，就是选择需要的物品保留下来，而将大部分不需要的物品转入库房或者进行废弃处理；定位，根据物品的使用频率和使用便利性，决定物品所放置的场地。一般来说，使用频率越低的物品，应该放置在距离施工现场越远的地方；定量，确定保留在施工场地或其附近的物品的数量。物品数量的确定应该以不影响工作为前提，数量越少越好。）

（3）清扫。

清扫规则：对施工现场进行彻底清扫，杜绝污染源，及时维修异常的设备，将不需要的物品清除掉，或者标识出来放在仓库中。每日清扫时间不少于 5～15 分钟，每 2 周至少安排 1 个清扫日，清扫 1 小时。

（4）清洁。

清洁规则：在整理、整顿、清扫之后进行认真维护，重复不间断地保持整理、整顿和清扫，使其制度化。

（5）素养。

素养规则：通过持续开展以上 4S 的活动，让每个员工都自觉遵守基建施工相关管理要求，养成良好的工作习惯和爱岗敬业的职业道德。

二、5S 管理推动的主要机制

（1）定点照相。

对同一地点，面对同一方向，进行持续性的照相，把现场不合理现象予以定点拍摄，并且进行连续性改善。

（2）红牌作战。

使用红色牌子，使工作人员都能一目了然地知道现场的缺点在哪里。

（3）看板管理。

制作看板，使工作人员易于了解作业流程，以进行必要的作业；展示活动开展情况，明确管理薄弱区域。

（4）颜色管理。

运用人对色彩的分辨能力和特有的联想力，将复杂的管理问题，简化成不同色彩，区分不同的程度，以直觉与目视的方法，以呈现问题的本质和问题改善的情况，使每一个人对问题有相同的认识和了解。

启示三

工程项目施工现场作业标准规范

一、施工现场管理规范和环境保护

（一）围挡

（1）施工现场要封闭严密、完整、牢固、美观。按照规划审批的范围在施工界限处设立围墙，外立面要直，临街面高度不低于2.4m，侧面、后面不低于2m，围墙压顶可盖琉璃瓦或采用其他造型，但必须美观、大方。

①规定必须用彩板围档的城市，彩板底座应操平，砖砌20cm高，粉刷平整，上口应用角钢固定，确保水平度、垂直度；

②围墙厚度24cm，每隔3～4m设一个37cm×37cm的抗风柱，柱子上顶预留彩旗插孔；

③围墙内、外应粉刷、刷白，围墙外墙面上顶刷25cm、墙脚刷35cm的海蓝色线条。

④墙外布置：按文明施工标牌内容实施。

（2）施工现场的大门和门柱应美观、牢固。高层建筑或建筑面积在2万m^2以上的群体工程，考虑到大型设备和混凝土泵车进出大门，大门门柱高度为6m，宽度6.8m；建筑面积在5000m^2以下者，门柱高度为5.6m，宽度为5.8m，铁质大门，高度2.5m。

（3）大门门柱横梁：

①大门两边门柱，可用砖砌（49cm×73cm×580cm）或（49cm×73cm×400cm）；

②大门门头横梁用50mm角钢焊接成框架（73cm×120cm×680cm）（73cm×100cm× 580cm），外用1mm厚薄钢板或多层板全包；

③大门门柱和横梁刷白色，里外面的边缘刷10cm海蓝色线条；

④大门两边门柱对联用蓝底白字，内容应突出公司企业文化（建品牌工程，塑企业形象）；横梁：（×××项目部）。

（4）大门及门外布置：

①不采用商品混凝土的施工现场，应设门头，在门头横梁上每隔1m插一

面彩旗，彩旗上面印司徽。办公区门口应设旗杆座，中间插国旗，左边插彩旗，右边插公司旗；采用商品混凝土泵车等大型设备经常进出的施工现场，可不设门头。

②门口两侧各设4个盆景花卉一组。春、夏、秋三季摆放季节时令花卉，冬季摆放常青树花盆。

③大门警卫。施工现场要加强安全保卫管理工作，门口必须设专职安全保卫人员，由经警统一着装上岗。建立来访登记，不登记者外来人员不准入内。

（二）场容场貌

1. 道路与排水

①施工现场主道路必须硬化处理，砂、石料场和堆放其他建筑成品、半成品材料的场地也必须进行硬化和半硬化处理。硬化后的道路要平整坚实，畅通无积水，做到晴天不起尘，雨天不起泥。

②施工现场内应有排水措施。现场临时设施屋面滴水线，脚手架周边，地下室护坡挡水墙外及大门口内1m处设深度大于30cm，宽度为20cm的排水明沟或暗沟，明沟上加盖钢筋篦板或砼盖板。

2. 施工现场材料堆放管理

①施工区域内，各类材料、半成品、成品、废品要按施工平面布置图的要求分类、分区堆放，挂牌标识。

②现场的材料保管应根据材料的性能，采取必要的防水、防潮、防冻、防火、防爆、防损坏等措施；易燃、易爆及有毒物品应按有关规定分别存放或入库，建立严格的领、退料手续，品种标识要明显。

③现场水泥库水泥堆放要整齐，散落灰必须及时清理使用，水泥袋打包回收，管理责任落实到个人。水泥库大门应朝外开启。

④搅拌机四周、拌料处及施工现场内无废弃砂浆和混凝土。运输道路和操作面落地料及时清理。砂浆、混凝土倒运时，应用容器或铺垫板。浇筑混凝土时，应采取防撒落措施，责任落实到队、组、个人。

⑤现场砂、石和其他散料的堆放，必须做到砂、石成方，堆放整齐，界限清楚，不得混杂，并标识明确。使用时随用随清，不留底料。

⑥施工现场外临时存放施工材料，须经城管部门批准，并应按规定办理临

时占道手续。材料要码放整齐，符合要求，不得妨碍交通和影响市容，堆放散料时应进行围挡，围挡高度不得低于1.5m。

⑦料具和构配件应按施工平面布置图指定的位置分类码放整齐。预制构件和大模板存放时，场地应平整夯实，有排水措施，码放应符合规定。

⑧施工现场各种砌筑材料分规格码放整齐、稳固，砖应成丁、成行堆放，高度不得超过1.5m；砌块材料码放高度不得超过1.8m。

⑨钢管、脚手板等周转设施料进场后，应按施工平面布置图分类、分区域堆放，做到一头齐、一般高、一条线。

（三）标识标牌

1. 文明施工标牌

在大门外面两边醒目处张挂建设部统一规定的七牌二图：施工标志牌、管理人员名单及监督电话牌、安全措施牌、文明施工牌、消防保卫牌、入场须知牌、建筑工人维权须知牌；施工现场总平面布置图和工程立体效果图。另增加一块环境保护牌。七牌二图内容可制成电脑喷绘彩图。大门外两侧围墙空间较大，可将公司创优夺杯获奖的标志性建筑制作成喷绘彩图，彰显企业文化。施工标志牌规格为：高1.5m，宽1.8m，其他标牌不得小于1.2m×0.8m。

2. 在大门口侧面，围墙上应设灯光亮化橱窗

内容是企业简介、企业所建成的有代表性的工程图片、项目部人员简介（8寸彩照）

3. 胸牌和安全帽

①实行现场胸牌标识制度。施工现场所有人员都必须挂胸牌，胸牌规格8cm×12cm，管理人员胸牌为红底黑字，作业人员为橘黄底黑字，胸牌上面应有二寸彩色照片，标明职务、工种、姓名，一律采用挂带式胸牌。

②进现场人员必须正确佩戴安全帽，公司统一规定，即公司、分公司、项目经理及外来检查、参观人员戴白色安全帽，项目部管理人员戴红色安全帽，作业工人戴黄色安全帽。安全帽正前面印公司司徽字样。

③施工现场安全员、班组义务安全员、塔吊指挥工必须戴红袖标上岗。

4. 统一着装

①如条件允许时，项目部管理人员上班时应统一着装，春、秋、冬外穿深

蓝色三紧式工作服，内穿白色衬衣，打领带；夏季穿白色短袖衬衣，要求整洁干净（尤其是有关政府部门、外单位考察时应统一着装）。

②作业工人上班时间应统一穿深蓝色三紧式工作服。

（四）作业环境

（1）施工现场各类安全防护设施（工作棚、机械设备防护棚、临边洞口等）的搭设应标准化、定型化、工具化。参照文明工地创建实施式样图册实施，工作棚的防水必须采用彩板材，严禁使用石棉瓦。

（2）现场垃圾管理。

①不论主体或装修施工，每天安排专人清理建筑物内的零散碎料和垃圾渣土。楼梯踏步、休息平台、阳台处等悬挑结构上不得堆放料具和杂物。

②严禁楼层上的垃圾直接往楼下倾倒。

③工人操作应做到工完料净场地清，划分责任区，保证小责任区整洁，整个施工现场文明。

④施工现场应设垃圾站，及时集中分拣、回收、利用、清运垃圾。垃圾清运出现场必须到批准的消纳场地倾倒，严禁乱倒、乱卸。

（3）环保措施。

①施工组织设计或（专项方案）中应结合公司环境保护体系，识别重大环境因素，有针对性地制定环境保护措施，并在施工作业中认真组织实施。施工现场应在大门醒目处悬挂环境保护牌。

②施工现场应根据工程大小，建立相应有效的环境保护、自我保证体系和信息网络，并保持有效运行。

③施工现场应建立烟尘、噪声及环保管理工作的自检记录。

④施工现场应经常采取多种形式进行环保宣传教育活动，不断提高员工的环保意识和法制观念，经常进行考核检查，并做好记录。

⑤高层或多层建筑清理施工垃圾，必须搭设封闭式临时专用垃圾道或采用容器吊运，严禁随意凌空抛撒。施工垃圾应及时清运，适量洒水，减少扬尘。水泥和其他易飞扬的细颗粒散体材料，应安排在库内存放或严密遮盖，运输时要防止遗洒、飞扬，卸运时应采取有效措施，以减少扬尘。

⑥施工现场使用的茶水炉应尽量采用电锅炉。食堂大灶燃料尽量采用液化

气，若采用其他燃料，必须符合环保要求。茶炉用消烟除尘型或烧无烟煤型，大灶用无烟煤、油、液化气。

⑦拆除旧建筑时，应随时洒水湿作业，减少扬尘污染。

⑧凡进行现场搅拌作业的，必须在搅拌机前台及运输车清洗处设置沉淀池，废水经沉淀后方可排入市政污水管网或回收用于洒水降尘。

⑨凡进行现场水磨石工艺作业和使用乙炔发生罐作业产生的污水，必须控制污水流向，在合理的位置设置沉淀池，经沉淀后方可排入市政污水管网。施工污水严禁流出施工区域，污染环境。

⑩凡在居民稠密区进行强噪声作业的，必须严格控制作业时间，一般不得超过晚 22 时；特殊情况需连续作业的，应尽量采取降噪措施，做好周围群众工作，并报工地所在市、县环保局备案后方可施工。

⑪对人为的施工噪声应有降噪措施和管理制度，并进行严格控制，最大限度地减少噪声污染。

⑫大门处应设置车辆冲洗设施，设沉淀池，污水经沉淀后排出。

⑬拉运建筑材料的车辆，易产生扬尘污染的物料必须采取遮盖、封闭、洒水等措施。

⑭水泥库、混凝土搅拌站必须采取封闭措施，防止水泥粉尘污染环境。

⑮施工区与办公区和生活区必须隔离，并有醒目的标识。废品要按施工平面布置图的要求分类、分区堆放，挂牌标识。

(五)防火防爆防毒

(1)施工现场的材料保管应根据材料的性能，采取必要的防水、防潮、防冻、防火、防爆、防损坏等措施；易燃、易爆及有毒物品应按有关规定分别堆放或入库，建立严格的领、退料手续，品种标识要明显。项目部应制定施工现场消防管理制度、治安保卫制度、门卫管理制度。施工现场应建立治安消防管理组织机构，责任分解细化并落实到人。消防器材配置应建立统计台账和平面分布图，消防安全通道应保持畅通无阻。现场应编制消防、综合治理应急预案，建立应急救援领导小组、组建应急救援小分队，建立台账，并对小分队人员进行培训。

(2)项目部应与当地政府有关部门签订治安、防火、环保协议。对现场从业人员进行防火、防盗、防中毒、防环境污染的教育培训，建立培训记录。

（3）现场安全员对施工现场设置的吸烟室或吸烟点应及时收集照片，并对三级动火审批表、劳务人员登记表、定期保卫消防检查记录、消防演练策划、实施、评审记录和照片及时分类整理存档。

（六）施工组织设计与管理

（1）严格执行施工组织设计（专项方案）编制、审核、审批程序，坚持谁签字谁负责、谁审批谁负责的制度。各项施工工艺必须坚持工序、程序管理。每道工序开始前五天，安全技术措施必须下发到下道工序，并对相关人员做好安全技术交底。特种工艺应先做样板，确定工艺操作程序后方可大面积施工。

（2）施工现场临时用电必须编制临时用电组织设计（或专项方案）。用电符合三级配电、二级漏电保护，装饰阶段三级漏电保护，工作零线、保护零线，分别使用，不得混用，同一施工现场不准同时采用保护接零和保护接地措施。

（3）24m 以上钢管落地式外脚手架、悬挑式脚手架、附着升降脚手架的搭拆必须编制专项方案，有计算书、搭设图、搭设说明和书面安全技术交底。

（4）编制施工组织设计（专项方案）内容要全面，有针对性，符合现场实际，审批程序齐全，封面和审批页统一格式，审批部门负责人应签字、盖公章。

（5）各种安全技术资料签字要齐全，文件资料要及时收集、整理、装订归档。

二、施工安全达标

（一）安全管理

（1）建立健全项目部各类管理人员安全生产责任制为中心的各类安全生产规章制度，并认真贯彻落实。

（2）制定项目安全管理目标，分解细化，定期检查考核。

（3）公司对项目部组成人员下达任命书后，项目部应及时成立安全生产领导小组，并对安全领导小组成员明确分工，健全安全生产保证体系。

（4）公司与项目部签订的安全管理目标责任书；项目部安全生产责任制考核办法及考核记录、总包与劳务分包的合同书、安全管理责任书及责任划分；施工总承包单位负责安全生产监督管理责任的建设方分包的单项工程签订的安全管理协议；安全生产备案登记表；团体意外伤害保险单；安全生产许可证、三类人员上岗证、三类人员安全生产考核合格证复印件；各类安全管理制度及时整理归档。

(5) 项目部应将经过审核审批程序的分部分项工程（基坑支护与降水工程、土方开挖工程、模板工程、起重吊装工程、脚手架工程、拆除爆破工程、临时用电工程、其他危险性较大工程）安全措施专项方案和经过专家进行论证审查的方案；采用的“十大类新技术、新工艺”目录及实施过程记录证据资料；采用电子计量、计算机应用、远程视频监控的实物照片及相关资料及时分类归档。

(6) 项目部应随工程进度及时收集整理的安全管理资料有以下内容：安全技术交底；安全检查记录；事故隐患整改通知及整改回执；违章登记及奖罚记录；入场安全教育记录、安全教育档案，安全知识考试试卷；班前安全教育制度、记录；特种作业人员管理制度，特种作业人员档案及证书复印件，特种作业人员体检表，特种作业人员安全教育培训记录；工伤事故报告统计制度，工伤事故月报表，未遂事故登记表，各类事故调查、处理报告；项目安全生产奖罚制度，安全生产奖罚台账及奖罚通知单；项目部针对施工现场编制的危险源辨识评价表，重大风险清单，重大风险管理方案及应急救援预案；职业病预防措施；公司“三合一”体系证书复印件。

(7) 项目部安全员应将各类安全标志、标牌平面布置图，各类劳动防护用品、安全防护设施、设备出厂合格证及检测资料，采购发票，出入库凭证，发放台账，安全防护、文明施工措施费投入使用情况建立台账，分类整理，进入文明工地创建资料。

(8) 项目部应当经常组织学习当地政府关于安全生产工作的规范性文件；及时收集项目施工适用的安全生产法律、法规、标准、规范。

(9) 项目部应针对施工现场危险性较大工程施工的实际情况，编制预控措施和应急救援预案，并组织演练。演练的影像资料应进入文明工地创建资料。

（二）脚手架与平台

脚手架搭设工程属危险性较大、事故风险较高的作业，必须由项目总工程按照《建筑施工扣件式钢管脚手架安全技术规范》(JGJ130—2011)、《建筑施工安全检查标准》(JGJ59—1999) 等相关强制性标准、规范编制各类脚手架搭设安全技术措施方案，经公司相关部门审核、总工程师审批后实施。

（1）脚手架钢管进场前必须除锈刷漆，立杆、水平杆、小横杆等刷橘黄色油漆，钢管两头刷 30cm 黑色油漆；连墙件钢管两头 30cm 刷红色油漆；剪刀撑钢管刷 30cm 黄、黑相间油漆，以示醒目。不论是多层建筑或高层建筑的外脚手架，架体外侧应悬挂“企业名称”（大字）和公司司徽。多层外架每个字的面积是 1.5m×1.5m；高层建筑是 2m×2m,全部采用黑体字，达到视觉醒目的效果。

（2）脚手架基础必须平整坚实，有排水措施；架体必须支搭在底座（托）或通长脚手板上；脚手架施工操作面必须满铺脚手板，离墙面不得大于 20cm，不得有空隙和探头板、飞跳板；操作面外侧应设一道护身栏杆和一道 18cm 高的挡脚板；内立杆与建筑物距离大于 15cm 时必须进行封闭；脚手架施工层操作面下方净空距离超过 3m 时，必须设置一道水平安全网，双排架里口与结构外墙间水平网无法防护时可铺设脚手板；架体必须用密目安全网沿外架内侧进行封闭，安全网之间必须连接牢固，封闭严密，并与架体固定。

（3）脚手架出入口安全通道，必须设双层防护棚，高度离地面约 3m（两步架），宽度宜 1.5～3.0m；双层防护棚的长度应按高处坠落 R 半径的要求考虑，第一层与第二层的高度以 60～80cm 为宜。上层防物击，下层防灰尘。防护棚正面用木工板钉牢，刷天蓝色油漆，左上角设公司司徽，注明单位名称，下行写安全通道（也可用喷绘）；两侧面可用密目网封闭。

（4）落地式外脚手架：从地面以上 3m 高处设一道硬防护层，应用木架板或竹架板防护，必须与建筑物之间全封闭，严禁用板皮、废旧竹纤板作硬防护材料。脚手架从硬防护层开始，每隔二层（6m）挂一道小孔安全平网，每隔三层（9m）再设一道硬防护层。施工层满铺脚手板，并增加一道栏杆（水平杆间距 15m 时，中间设一道栏杆；水平杆间距 1.8m 时，中间设两道栏杆），挂一道小孔安全立网。外架从硬防护开始设踢脚板，以后每层设一道，操作层必须设置；踢脚板应选用竹纤板、木工板的下脚料，高度 18cm，用黄、黑油漆油成 45° 斑马状条纹。外架应超过屋面高度 1.2～1.8m，立杆高度一致。外挂的密目安全网与安全网的连接必须牢固、整齐、美观。

（5）悬挑式脚手架：悬挑式脚手架搭设必须按方案进行，每次悬挑不得超过四层，悬挑梁不论采用工字钢或槽钢，悬挑部分与锚固部分的比例系数应为 1:1.25，锚固钢筋必须采用ϕ16 以上，不得采用螺纹钢；悬挑梁必须在搭设前除锈油漆，悬挑部分应油漆成黄、黑相间的斑马斜纹；悬挑架剪刀撑必须满设，属开口架情况的必须设置横向剪刀撑；水平杆步距 1.8m 时设两道栏杆，水平杆步距 1.5m 时设一道栏杆；小横杆必须靠近立杆设置，小横杆伸出水平杆不得大于 15cm，不得小于 10cm。

（6）使用工具式脚手架必须经过设计和编制施工方案，经技术部门负责人审批。附着升降脚手架的供应单位必须提供设计、制造该脚手架的法定资质证书及出厂合格证，所用各种材料、工具和设备的质量合格证、材质单等质量文件。附着升降脚手架的安装单位必须提供法定的安装资质证书。作业人员必须经过专业培训并取得上岗证书。

（7）严禁使用木、竹脚手架和钢木、钢竹混搭脚手架。整体高度超过 24m 时，严禁使用单排脚手架。

（8）脚手架必须按照楼层与结构拉接牢固，拉接点垂直距离不得超过 4m，水平距离不得超过 6m，拉接必须使用钢性材料；脚手架必须设置连续剪刀撑（十字盖），宽度不得超过 7 根立杆，斜杆与水平面夹角应为 45°～60°；人行马道宽度不小于 1m，斜道的坡度不大于 1∶3；运料马道宽度不小于 1.5m，斜道的坡度不大于 1∶6；拐弯处应设平台，按临边防护要求设置防护栏杆及挡脚板，防滑条间距不大于 30cm。

（9）脚手架工程安全管理资料应包括：

①脚手架工程（包括落地式脚手架、悬挑架、提升架、室内满堂脚手架、转料平台等）专项施工方案；钢管、扣件、钢脚手板等材质证明，扣件的出厂合格证。

②提升架、高处作业吊篮生产厂家和安装分包单位的安全生产许可证、营业执照、安装资质等资料。

③提升架的生产使用证及省级建设行政主管部门颁发的准运证；电动葫芦、防坠装置的出厂合格证和定期检验报告；穿墙螺栓、钢梁、钢丝绳的材质证明。

④高处作业吊篮的产品合格证和使用说明书，吊篮的定期检验报告和安全锁的标定记录，吊篮的安全操作规程。

⑤各类脚手架搭设、拆除的安全技术交底，脚手架分段验收、整体验收记录，转料平台验收记录。

（三）施工用电

（1）施工现场临时用电必须编制临时用电组织设计（或专项方案）。用电符合三级配电、二级漏电保护，装饰阶段三级漏电保护，工作零线、保护零线，分别使用，不得混用，同一施工现场不准同时使用保护接零和保护接地措施，所有电气开关、漏电保护器必须使用塑壳透明的电气装置。

（2）施工现场临时用电安全专项方案，属危险性较大的安全措施方案，应由项目总工程师按照《施工现场临时用电安全技术规范》（JGJ46—2005）相关要求编制，按程序履行审核、审批和实施。

（3）临时用电专项方案主要内容是：现场勘探；确定电源进线，配电室、配电装置、用电设备位置及线路走向；进行负荷计算；设计配电系统；设计配电线路，选择导线或电缆；设计配电装置，选择电器；设计接地装置；绘制临时用电工程图纸，主要包括用电工程总平面图、配电装置布置图、配电系统接线图、接地装置设计图；设计防雷装置；确定防护措施；制定安全用电措施和电气防火措施。

（4）配电室的安全技术要求。

施工现场临时用电，无论配电系统容量大小，均应设置现场配电室。其位置应方便电源进线和负荷出线，不影响在建工程正常施工。

1）配电室位置选择：①应尽量靠近负荷中心，以减少配电线路的长度和导线截面。同时还能使配电线路清晰，便于维护；②进、出线方便，便于电气设备搬运；③尽量避开多尘、振动、高温、潮湿等场所，以防止尘埃、潮气、高温对配电室配电装置导电部分和绝缘部分的侵蚀，以及振动对配电装置运行的影响；④不应设在容易积水场所的正下方；⑤配电室应靠近电源，并应设在无灰尘、潮气少、振动小、无腐蚀介质、无易燃易爆物及道路畅通的地方。

2）配电室建筑要求：①配电室的建筑物和构筑物的耐火等级不低于3级；②室内配置砂箱和可用于扑灭电气火灾的灭火器；③配电室的顶棚与地面的距离不低于 3m；④室内不得存放易燃易爆物品；⑤屋面应有隔热及防水、排水措施；⑥应有自然通风和采光，配电室的照明分别设置正常照明和事故照明应急灯；⑦应采取防止雨水、动物进入的措施，配电室的门应向外开，并配锁。

3）配电室的布置及安全措施：①配电柜正面的操作通道宽度，单列布置不小于 1.5m，双列面对面布置不小于 2m；配电柜后面的维护通道宽度，单列布置或双列面对面布置不小于 0.8m，双列背对背布置不小于 1.5m，个别地点有建筑物结构凸出的地方，则此点通道宽度可减少 0.2m。配电柜侧面的维护通道宽度不小于 1m。成列的配电柜和控制柜两端应与重复接地及保护零线做电气连接。配电装置的上端距顶棚不小于 0.5m。②配电柜应装设电度表，并应装设电流表、电压表，电流表与计费表不得共用一组电流互感器；配电柜装设电源隔离开关及短路、过载、漏电保护器。电源隔离开关分断时应有明显分断点。配电柜应编号，并有用途标记。③配电柜或配电线路停电维修时，应挂接地线，并应悬挂“禁止合闸、有人工作”停电标志牌。停、送电必须由专人负责。配电室应保持整洁，不得堆放任何妨碍操作、维修的杂物。④配电室内的母线均涂刷有色油漆，以标志相序。

（5）配电箱、开关箱的安全技术要求。

施工现场的配电箱是电源与用电设备之间的中间环节，开关箱是配电系统的末端，是用电设备的直接控制装置，它们的设置和运用直接影响着施工现场的用电安全。配电原则为：

①三级配电、两级保护原则。“三级配电”是指配电系统应设置总配电箱、分配电箱、开关箱，形成三级配电，这样配电层次清楚，既便于管理又便于查找故障。总配电箱以下可设若干分配电箱；分配电箱以下可设若干开关箱；开关箱以下就是用电设备。“两级保护”主要指采用漏电保护措施，除在末级开关箱内加装漏电保护器外，还要在上一级分配电箱或总配电箱中再加装一级漏电保护器，总体上形成两级保护。

②开关箱“一机、一闸、一漏、一箱、一锁”原则：

施工现场用电设备应当实行“一机、一闸、一漏、一箱”。其含义是：每台用电设备必须有各自专用的开关箱，严禁用同一个开关箱直接控制 2 台及 2 台以上用电设备（含插座）。开关箱内必须加装漏电保护器，该漏电保护器只能保护一台设备，不能保护多台设备。另外还应避免发生直接用漏电保护器兼作电器控制开关的现象。“一闸”是指一个开关箱内设一个刀闸（开关），也只能控制一台设备。“一锁”是要求配电箱、开关箱箱门应配锁，并由专人负责。施工现场停止作业一小时以上时，应将动力开关箱断电上锁。

③动力、照明配电分设原则：

动力配电箱与照明配电箱宜分别设置，当合并设置为同一配电箱时，动力和照明应分路配电；动力开关箱与照明开关箱必须分设。

（6）配电箱及开关箱的设置：

①总配电箱应设在靠近电源的区域，分配电箱应设在用电设备或负荷相对集中的区域。分配电箱与开关箱的距离不得超过 30m。开关箱与其控制的固定式用电设备的水平距离不宜超过 3m。

②配电箱、开关箱应装设在干燥、通风及常温场所；不得装设在有严重损伤作用的瓦斯、烟气、潮气及其他有害介质中，亦不得装设在易受外来固体物撞击、强烈振动，液体侵溅及热源烘烤的场所。否则，应予清除或做防护处理。

③配电箱、开关箱周围应有足够两人同时作业的空间和通道。不得堆放任何妨碍操作、维修的物品；不得有灌木、杂草。

④配电箱、开关箱应采用冷轧钢板或阻燃绝缘材料制作，钢板厚度应为 1.2～2.0mm，其中开关箱箱体钢板厚度不得小于 1.2mm，配电箱箱体钢板厚度不得小于 1.5mm，箱体表面应做防腐处理。

⑤配电箱、开关箱应装设端正、牢固。固定式配电箱、开关箱的中心点与地面的垂直距离应为 1.4～1.6m。移动式配电箱、开关箱应装设在坚固的支架上。其中心点与地面的垂直距离为 0.8～1.6m。

⑥配电箱、开关箱内的电器（含插座）应先安装在金属或非木质阻燃绝缘电器安装板上，然后方可整体紧固在配电箱、开关箱箱体内。金属电气安装板与金属箱体应做电气连接。

⑦配电箱、开关箱内的电器（含插座）应按其规定的位置紧固在电气安装板上，不得歪斜和松动。配电箱的电器安装板上必须分设 N 线端子板和 PE 线端子板。N 线端子板必须与金属电气安装板绝缘；PE 线端子板必须与金属电气安装板做电气连接。进、出线中的 N 线必须与 N 线端子板连接；PE 线必须与 PE 端子板连接。

⑧配电箱、开关箱内的连接线必须用铜芯绝缘导线。按颜色标识排列整齐；导线分支接头不得采用螺栓压接，应采用焊接并做好绝缘包扎，不得有外露导电部分。配电箱、开关箱的金属箱体、金属电气安装板及电器正常不带电的金

属底座、外壳等必须通过 PE 线端子板与 PE 线做电气连接，金属箱门与金属箱体必须通过采用编织软铜线做电气连接。配电箱、开关箱中导线的进线口和出线口应设在箱体的下底面。配电箱、开关箱的进、出线应配置固定线卡，进出线应加绝缘护套并成束卡固在箱体上，不得与箱体直接接触。移动式配电箱、开关箱的进、出线应用橡皮护套绝缘电缆，不得有接头。配电箱、开关箱外形结构应能防雨、防尘。

（7）隔离开关：

①总配电箱、分配电箱以及开关箱中，都要装设隔离开关，满足在任何情况下都可以使用电设备实行电源隔离。隔离开关应采用分断时具有可见分断点，能同时断开电源所有极的隔离电器，并应设置于电源进线端。

②开关箱中的隔离开关只可直接控制照明电路和容量不大于 3.0kW 的动力电路，但不应频繁操作。容量大于 3.0kW 的动力电路应采用断路器控制，操作频繁时还应附设接触器或其他启动控制装置。

（8）漏电保护器。

①漏电保护器应装设在配电箱、开关箱靠近负荷的一侧，且不得用于启动电气设备的操作。

②开关箱中漏电保护器的额定漏电动作电流不应大于 30mA，额定漏电动作时间不应大于 0.1s。使用于潮湿和有腐蚀介质场所的漏电保护器应采用防溅型的产品，其额定漏电动作电流应不大于 15mA，额定漏电动作时间不应大于 0.1s。

③总配电箱中漏电保护器的额定漏电动作电流应大于 30mA，额定漏电动作时间应大于 0.1s，但其额定漏电动作电流与额定动作时间的乘积不应大于 30mA・s。

④总配电箱和开关箱中漏电保护器的极数和线数必须与其负荷侧的极数和线数相一致。

⑤配电箱、开关箱中的漏电保护器宜选用无辅助电源型（电磁式）产品，或选用辅助电源故障时能自动断开的辅助电源型（电子式）产品。当选用辅助电源出现故障时不能自动断开的辅助电源型（电子式）产品时，应同时设置缺相保护。

⑥电箱、开关箱的电源进线端严禁使用插头或插座做活动连接。

（9）使用与维护。

①配电箱、开关箱应有名称、用途、分路标记及系统接线图。

②配电箱、开关箱箱门应配锁，并由专人负责。

③配电箱、开关箱应定期检查、维修。检查维修人员必须是专业电工。检查、维修时必须按规定穿绝缘鞋、戴手套，必须使用电工绝缘工具，并应做检查、维修记录。对配电箱、开关箱进行定期检查、维修时，必须将其前一级相应的电源开关分闸断电，并悬挂“禁止合闸、有人工作”停电标志牌，严禁带电作业。

配电箱、开关箱的操作，除了在电气故障的紧急情况外，必须按照下述顺序：

送电操作顺序为：总配电—分配电—开关箱；

停电操作顺序为：开关箱—分配电箱—总配电箱。

④配电箱、开关箱内的电器配置和接线严禁随意改动。

熔断器的熔体更换时，严禁采用不符合原规定的熔体代替。漏电保护器每天使用前应启动漏电实验按钮试跳一次，试跳不正常时严禁继续使用。

⑤配电箱、开关箱的进线和出线严禁承受外力。严禁与金属尖锐断口、强腐蚀介质和易燃易爆物接触。

（10）临时用电安全管理资料应包括：

①临时用电施工组织设计（专项方案）及变更资料；配电室内通风、照明、防鼠、绝缘板、应急灯、防火器材、电工值班记录、临时用电总平面图的照片资料。

②安全技术交底、临时用电验收记录；电气设备测试、调试记录；接地电阻摇测记录。

③外电防护专项方案及验收记录。

④漏电保护器动作实验记录；电工值班、维修记录；月检及自检记录；电器材料合格证。安装验收检查资料；电气设备合格证、说明书、检验凭单和调试记录；漏电保护器漏电动作参数测定记录；定期检查记录；电工安装、巡检、维修、拆除和工作记录。

⑤安全技术档案应由项目部主管临时用电工作的施工管理人员负责建立，项目安全员负责收集和管理。

（四）“三宝”与“四口”

（1）施工现场在建工程的各类预留洞口、管道井口、电梯井口、楼梯口、通道口和基坑周边、框架楼层周边、施工电梯和物料提升机卸料平台外侧、上人斜道两侧边、屋面周边等，必须按标准要求采取安全防护措施。

（2）边长小于1.5m以下的平面洞口采用盖板或钢筋网片固定防护；边长大于 1.5m 以上的平面洞口应采用架板和安全平网防护，周边用栏杆防护。电梯井、管道井立面防护应采用定型栅栏防护，用膨胀螺栓固定。栅栏高度以洞口高度，宽度大于洞口40cm，网格不大于12 cm，颜色统一刷橘红色油漆。

（3）各类临边防护，宜采用防护栏杆。栏杆高度1.0～1.2m，每隔2m设一个立柱，高度1m时设两道水平杆，高度1.2m时设三道水平杆。栏杆统一油漆成间隔30cm黄、黑相间，油漆前，钢管必须除锈。

（4）用于基坑周边防护的栏杆，在安装时必须操平，立杆、水平杆必须高度一致、水平一致，设三道水平杆，并用质量符合要求的新密目网封闭。夜间设红灯示警，并悬挂醒目的安全标志牌。

（5）因作业必须临时拆除或变动安全防护设施时，必须经施工负责人同意并采取相应可靠措施，作业后应立即恢复原安全防护设施。

（6）总、分包单位（包括建设方直接分包单位）之间应根据工序、进度的实际情况做好对防护设施的检查、验收、移交、管理等工作，以明确义务、划分责任、加强管理。

（7）“三宝”、洞口、临边防护安全管理资料包括：

①安全帽、安全带、安全网的生产许可证、产品合格证、准运证、销售许可证、检测报告等复印件。

②各类劳动防护用品发放记录；各类劳动防护用品采购、保管、发放、使用的管理制度；项目部与劳务分包单位签订的劳动防护用品发放协议。

③各类安全防护设施的验收检查记录、照片（安全网、临边防护、孔洞、安全通道、防护棚）等。

（五）基坑支护与模板工程

1. 基坑支护

（1）施工现场基坑及模板工程应严格按照《深基坑支护技术规程》和《建设工程施工现场安全防护标准》等规范要求施工。

（2）在基础施工前及开挖槽、坑、沟土方前，建设单位必须以书面形式向施工企业提供详细的与施工现场相关的供水、排水、供电、供气、供热、通信、广播电视等地上、地下管线资料，气象和水文观测资料，并保证资料的真实、准确、完整；施工企业应编制地上、地下管线保护措施。

（3）危险处和通道处及行人过路处开挖的槽、坑、沟，必须采取有效的防护措施，防止人员坠落，夜间应设红色标志灯；雨季施工期间基坑周边必须要有良好的排水系统和设施；槽、坑、沟边1m以内不得堆土、堆料、停置机具。基础施工时的降排水（井点）工程的井口，必须设牢固防护盖板或围栏和警示标志，完工后，必须将井口填实。

（4）开挖槽、坑、沟深度超过1.5m，应根据土质和深度情况按规定放坡或加可靠支撑，并设置人员上下坡道或爬梯，爬梯两侧应用密目网封闭。开挖深度超过2m的，必须在边沿处设立两道防护栏杆，用密目网封闭。基坑深度超过5m的，必须编制专项施工安全技术方案，并组织专家论证。

（5）人工挖大孔径桩的施工企业必须具备总承包一级以上资质或地基与基础工程专业承包一级资质；挖大孔径桩必须采用混凝土护壁，混凝土强度达到规定的强度和养护时间后，方可进行下层土方开挖；下孔作业前应进行有毒、有害气体检测，确认安全后方可下孔作业；孔下作业人员连续作业不得超过2小时，并设专人监护。

2. 模板支撑施工载荷

（1）模板施工必须认真执行JGJ162—2008《建筑施工模板安全技术规范》，其中，第5.1.6、6.1.9、6.2.4条为强制性条文，必须严格执行。

（2）模板施工必须编制专项施工方案，方案应包括模板荷载计算，支撑系统立杆载荷计算，立杆纵、横向间距，纵、横向扫地杆、水平拉杆步距。对于高度4m以上的模板支撑系统，还必须绘制立杆、水平杆接点示意图。

（3）模板工程作业高度在2m和2m以上时，应根据高处作业安全技术规范的要求进行操作和防护，在4m以上或二层及二层以上，周围应设安全网和防护栏杆。

（4）支模应按规定的作业程序进行，模板未固定前不得进行下一道工序。严禁在连接件和支撑件上攀登上下，并严禁在上下同一垂直面安装、拆卸模板。

（5）支设高度在 3m 以上的柱模板，四周应设斜撑，并应设立操作平台，低于 3m 的可用马凳操作。

（6）支设悬挑形式的模板时，应有稳定的立足点。支设临空构筑物模板时，应搭设支架。模板上有预留洞时，应在安装后将洞盖上防止人员坠落。

（7）操作人员上下通行时，不许攀登模板或脚手架，不许在墙顶、独力架及其他狭窄而无防护栏杆的模板面上行走。

（8）模板支撑严禁与外脚手架连接，以防外架变形，不得将模板支撑固定在门窗框上，避免发生倒塌或模板移位。

（9）在模板上施工时，堆物不宜过多，不宜集中一处，大模板的堆放应有防倾措施。

（10）吊运大模板必须采用卡环，大模板在每次吊运前必须逐一检查吊索具及每块模板上的吊环是否完整有效；吊运墙体大模板时应一板一吊，严禁同时吊运两块以上的大模板；大模板单位重量不得大于起重机的荷载；吊运两块柱模、角模时，吊点必须在同一水平面上；大模板吊运时应加导引绳（在吊环或模板上加两条大绳，通过拉大绳调节模板位置），严禁施工人员直接推拉大模板；吊运大模板时应设专人指挥，模板起吊应平稳，不得偏斜和大幅度摆动；操作人员必须站在安全可靠处，严禁人员和物料随同大模板一同起吊；穿墙螺栓等其他零星部件的垂直运输应采用有边框的吊盘进行，禁止用编织袋直接吊运。

（11）大模板安装前应按配模设计平面图规定位置将斜撑、挑架、跳板、护栏及爬梯等安装齐全并连接牢固；大模板安装时应按模板编号顺序遵循先内侧、后外侧，先横墙、后纵墙的原则安装就位；根部和顶部要有固定措施；大模板支撑必须牢固、稳定，支撑点应设在坚固可靠处，不得与脚手架拉结；大模板就位后紧固好穿墙螺栓方可解除吊车吊环；对空间狭窄、无法安装支腿的模板和就位后的模板不能及时安装穿墙螺栓时，应用索具将同一墙体正反两块模板相互拉接，严禁使用铅丝临时固定；组装平模时，应及时用卡具或花篮螺栓将相邻模板连接好，防止倾倒。

（12）大模板的拆除顺序应遵循先支后拆、后支先拆，先非承重部位、后承重部位及自上而下顺序的原则；拆除有支撑架的大模板时，应先拆除模板与混凝土结构之间的穿墙螺栓及其他连接件，松动地脚螺栓，使模板后倾与墙体脱离开；拆除无固定支撑架的大模板时，应用索具与墙体主筋拉接牢固，严禁使用铅丝临时固定；任何情况下，严禁操作人员站在模板上口采用晃动、撬动或用大锤砸模板的方法拆除模板；拆除的穿墙螺栓、连接件及拆模用工具必须妥善保管和放置，不得随意散放在操作平台上；起吊大模板前应先检查模板与混凝土结构之间所有穿墙螺栓、连接件是否全部拆除，必须在确认模板和混凝土结构之间无任何连接后方可起吊大模板，移动模板时不得碰撞墙体；吊运时应垂直起吊，严禁使用吊车撕扯模板或斜吊。

（13）施工现场应确定模板存放区域，大模板现场堆放区应在起重机的有效工作范围之内，严禁将模板放置在存放区以外；存放区应设围栏，地面必须平整夯实，有排水措施，不得堆放在松土、冻土或凹凸不平的场地上；大模板堆放时，有支撑架的大模板必须满足自稳角 70°～80°的要求；没有支撑架的大模板应存放在专用的插放支架内，不得倚靠在其他物体上；大模板在存放时，应采取两块大模板板面对板面相对放置的方法，且应在模板中间留置不小于 600mm 的操作间距；遇有大风等恶劣天气，应对存放的模板采取临时连接的固定措施，同时暂停清理模板和涂刷脱模剂等作业。

（14）冬期施工，应对操作地点和人行通道的冰雪事先清除；雨期施工，对高耸结构的模板作业应安装避雷设施；五级以上大风天气，不宜进行大块模板的拼装和吊装作业。

基坑支护与模板工程安全管理资料应包括：

①深基坑支护专项施工方案，基坑支护安全技术交底，基础施工安全检查记录。

②基坑周边排水措施，基坑周边防护栏杆设置照片，基坑上人斜道照片，夜间红灯示警照片，警示牌照片等。

③模板工程专项施工方案，模板工程安全技术交底，模板支撑系统检查验收记录，模板拆除申请、审批资料。

（六）塔吊及提升设备

各类起重设备的安全管理：

（1）施工现场应建立各类起重机械设备安全管理制度，安全操作规程，机械设备平面布置图，塔吊、施工电梯、物料提升机钢筋混凝土基础隐蔽验收记录（包括基础平面、结构图，预埋件尺寸、锚固长度），混凝土试块强度报告。

（2）施工现场应要求租赁单位提供各类机械设备生产厂家提供的产品合格证和检验报告，使用说明书，行业推荐证书和特种设备制造安全许可证复印件。

（3）项目部应收集项目部与机械租赁单位签订的安装拆除合同及安全管理责任书，出租方的安装拆除资质、营业执照、安全生产许可证，安装、拆除作业人员的特种作业人员上岗证等复印件。

（4）项目部应收集机械出租单位对起重机械安、拆装编制的安全技术措施方案，操作人员的安全技术交底，安装完毕自检验收记录，中介机构检测检验报告及检验合格准运项证，项目部向建设行政主管部门提交安全备案登记证明复印件。

（5）项目部应收集塔吊、施工电梯、物料提升机等起重机械附墙装置预埋件隐蔽验收记录，塔吊顶升，施工电梯、物料提升机标准节加高记录，定期维修保养记录等。

（6）施工电梯、物料提升机应在操作室（棚）醒目位置张贴检验合格准运证、安全备案登记证和操作证复印件。物料提升机应安装视频监控系统。

（7）各类机械设备必须悬挂公司统一制作的安全操作规程牌和安全警示牌。机械设备操作应保证专机专人，持证上岗；施工现场的起重吊装必须由专业队伍进行，信号指挥人员必须持证上岗；起重吊装作业前应划定施工作业区域，设置醒目的警示标志和专职的监护人员；起重回转半径与高压电线必须保持安全距离。

（8）塔式起重机的安全装置（四限位、两保险）必须齐全、灵敏、可靠；群塔作业方案中，应保证处于低位的塔式起重机臂架端部与相邻塔式起重机塔身之间至少有 2m 的距离；塔式起重机吊装作业时，吊物严禁超出施工现场的范围。

（9）塔式起重机吊装作业时，应严格执行“十不吊”的原则：被吊物重量超过机械性能允许范围不准吊；信号不清不准吊；吊物下方有人站立不准吊；吊物上站人不准吊；埋在地下物不准吊；斜拉斜牵物不准吊；散物捆扎不牢不准吊；零散物主（特别是小钢横板）不装容器不准吊；吊物重量不明，吊、索具不符合规定，立式构件、大模板不用卡环不准吊；六级以上强风、大雾天影响视力和大雨时不准吊。

（10）外用电梯的安装与拆除必须由具有相应资质的企业进行；外用电梯的制动装置、上下极限限位、门联锁装置必须齐全灵敏有效，安装完成后进行吊笼的防坠落试验；外用电梯司机必须持证上岗；设备接通电源后，司机不得离开操作岗位。

（11）施工现场的木工、钢筋、混凝土、卷扬机械、空气压缩机必须搭设防砸、防雨的操作棚；各种机械设备要有安装验收手续，并在明显部位悬挂安全操作规程及设备负责人的标牌。

（12）施工现场机械严禁超载和带安全隐患运行，运行中禁止维护保养；操作人员离机或作业中停电时，必须切断电源；凡钢丝绳表面磨损、腐蚀、断丝超过标准的，或打死弯、断股、油芯外露的，不得使用。

（13）塔吊的安全距离：

①塔机在平面布置的时候要绘制平面图，相邻塔机的安全距离，在水平和垂直两个方向都要保证不少于 2m 的安全距离，相邻塔机的塔身和起重臂不能发生相撞，尽量保证塔机在风力过大时能自由旋转；

②塔机后臂与相邻建筑物之间的安全距离不少于 50cm。塔机与输电线之间的安全距离必须要符合要求。

（14）塔吊的安全装置：

①塔机在安装时必须具备规定的安全装置；

②使用中必须确保安全资质的完好及灵敏可靠，发现损坏应及时维修更换，不得私自拆除或任意调节；

③附着装置要按照塔机说明书的要求设置，附着点以上的自由高度不能超过设计（使用）说明书的规定；

④附着间距过大及超长的附着支撑应另行设计，并有计算书进行强度和稳定性的验算；

⑤附着框架应保持水平、固定牢靠并与附着杆在同一水平面上，与建筑物连接牢固。与建筑物的连接点应选在混凝土柱或混凝土圈梁上，用预埋件或穿墙螺栓与建筑物结构有效连接。不准用膨胀螺栓代替预埋件，严禁用缆风绳代替附着支撑。

（15）塔吊的安全操作：

①起重机司机应持有与其所操作的塔机的起重力矩对应的操作证，不得酒后作业，不得带病或疲劳作业，指挥应持证上岗，并正确使用旗语或对讲机；

②起吊作业中司机和指挥必须遵守“十不吊”的规定；

③塔机运行时，必须严格按照操作规程要求作业。最基本要求：起吊前，先鸣号，吊物禁止从人的头上越过。起吊时吊索应保持垂直、起吊平稳，操作尽量避免急刹车或冲击。严禁超载，当起吊满载或接近满载时，严禁同时做两个动作；

④塔机停用时，吊物必须落地，不准悬在空中。并对塔机的停放位置和小车、吊钩、电源等认真检查，确认无误后，方能离岗；

⑤塔机在使用中不得利用安全限制器停车，吊重物时不得调整起升、变幅的制动器，除专门设计的塔机外，起吊和变幅两套起升机构不应同时开动；

⑥自升式塔机使用中的顶升加节工作，要有专人负责，顶升加节后应按规定进行验收；

⑦两台或两台以上塔吊作业时，应装设防碰撞装置。

（16）起重机械的安全检查：

①定期对塔机、施工升降机、物料提升机的各类安全装置进行维修保养，确保其在运行过程中发挥正常作用；

②经常对金属结构、机械传动、起重绳具、电气液压设备等进行检查、清洁、润滑、紧固、调整、防腐等保养工作。发现问题立即处理，做到定人、定时间、定措施，杜绝机械带病作业。

（七）中小型机械设备

（1）施工现场各类机械设备管理必须按《建筑机械使用安全技术规程》及公司安全管理制度执行。施工现场应设专人负责机械设备的调配、维修、保养和安全检查，负责各类资料的收集、整理、归档。机械设备的各类资料封面应符合公司标准化管理格式。

（2）项目部应建立各类中小型机械、机具、手持电动工具安全管理制度、安全技术操作规程、安全技术措施交底、机械进场前验收记录、安装完毕检查验收记录、提供给劳务分包单位的机械交接验收记录、运行过程检查、维修、保养记录等。

（3）各类机械设备必须按照施工总平面布置图位置安装、停放，移动设备停放时应整齐，不得乱停乱放，停放位置应有醒目的标示、标牌。

（4）各类机械设备在使用前，必须进行维修保养。在配件齐全、性能良好、安全装置牢固可靠、接线端子绝缘密封良好牢固的前提下，依据《施工现场临时用电安全技术规范》（JGJ46—2005）的规定，制定具体的用电保护实施办法和配置适宜的防护用品后方可使用。施工机具安装的地基应平整夯实，基座牢实可靠，排水良好。安装完毕后，应由设备管理员组织验收。严禁使用淘汰设备。

（5）施工机具的操作人员应相对固定，上岗前应进行操作培训和安全技术交底。实行持证操作管理的设备，操作人员必须持证上岗。操作人员上班前应先检查、试机。设备发生故障，必须立即排除，不得带病运行。

三、工程质量创优

（1）工程质量创优方面具体管理措施按照公司技术质量部的有关制度、措施实施。

（2）质量管理资料应包括：

①项目部制定的质量目标和管理责任制及预防质量通病的具体措施，质量员岗位证书复印件，质量体系认证证书复印件，项目部承建施工的新技术应用目录。

②钢材、焊条、焊剂、钢筋套筒、水泥、砖、防水材料、构（配）件等原材料出厂合格证；材料准用证、检测试验和仪器设备校验合格证、试验员和资料员上岗证（复印件）；主要原材料进场按批号、批量、复试合格证，混凝土同条件养护、天气温度监测记录和养护室、标养箱照片。

③地基验槽、基础工程、主体结构工程验收记录、签字盖章证据；钢筋混

凝土钢筋原位检测报告，混凝土强度回弹报告，钢筋植筋拉拔实验报告。

④见证取样、送样制度执行情况记录及见证人的委托手续。

⑤建筑沉降观测记录、检验和试验报告合法性证据。

（3）施工现场在建工程成品、半成品保护。

①施工现场应建立成品、半成品保护制度，落实专人负责，制订分类保护措施。

②在建工程的楼梯踏步模板拆除后，立即用木板钉成 90°阴角，对踏步阳角进行保护；框架工程的混凝土柱子阳角、粉刷完毕的墙体阳角、窗台阳角，都必须采取棱角保护措施。

③成品产品，如大理石、花岗岩及高级装饰材料装修完毕的窗台、窗套、楼梯踏步和易碎的灯具、卫生洁具，都必须落实专人看管，严防人为损坏。

四、办公生活设施整洁

1. 办公环境

①生活办公设施：施工现场临时设施，必须采用活动板房，严禁利用围墙搭建。

②办公室：应尽量采用组装式活动板房，会议室设置在底层，面积不少于两间，有条件时，视频监控室与会议室相连，中间做成玻璃隔断。如搭建办公设施时，室内吊顶后的高度不得低于 2.8m。木门、铝合金窗，室内吊顶应选用 PVC 板，墙面涂料刷白，地面铺地板砖。房沿下口应吊顶刷白。

③项目经理办公室应单设，质量、安全、生产、技术、材料、后勤等办公室，视现场条件而定，但门口上方标识必须清楚。

④办公设施应美观大方，严禁使用破桌烂椅，饮水设施应采用饮水机或简易饮水机。

⑤项目部后勤管理人员应每天对员工宿舍、办公室的整洁情况进行检查，对不整洁、不文明的情况应进行查处。

2. 食堂

①工地食堂要有一名项目部领导主管食品卫生工作，并设有兼职或专职的卫生管理人员。严格执行食品卫生法和食品卫生有关管理规定。建立食品卫生管理制度，要办理食品卫生许可证、炊事人员身体健康证，做到持证上岗。

②食堂距离厕所、垃圾点等污染源不得小于30m。食堂内外要整洁卫生，食堂、食品储藏室门口处应按规定设置“挡鼠板”，高度不低于0.6m。炊具、灶具必须干净，无腐烂变质食品。操作人员上岗必须穿戴整洁的工作服并保持个人卫生。食堂、操作间、仓库要做到生熟食分开操作和保管。有灭鼠、防蝇措施，做到无蝇、无鼠、无蜘蛛网，并建立卫生值日及管理制度，严防食物中毒。

③食堂应公示卫生许可证，炊事人员的健康证复印件，卫生许可证、健康证。

④食堂应公示餐厅管理制度及管理责任人，食堂餐具、冰柜、餐桌照片，食堂卫生检查记录。

⑤施工现场若不设食堂，应有文字说明。

3. 宿舍

①员工宿舍：若外租民房，室内必须刷白；若现场搭建临时宿舍，室内吊顶后高度不得低于2.6m，门窗齐全通风好，吊顶材料可选用纤维板或三合板，墙面、顶棚统一用涂料刷白。

②室内照明线路统一布置，照明选用日光灯或节能灯，严禁乱接乱拉电线，每间房内设置一个插座供员工手机充电用。

③床铺选用双层架子床或单人单铺，严禁通铺，被子及日常用具应摆放整齐。严禁在未竣工的在建工程内安排人员住宿。

④宿舍被褥、蚊帐、鞋袜、面盆等日常生活用品要摆放整齐，落实专人做好内务管理。

⑤必须制定宿舍生活卫生、治安、防火管理制度，公示宿舍住宿人员名单和管理负责人。

⑥宿舍管理制度（包括防火、防盗、卫生管理）资料：卫生值日表；宿舍设计图纸、施工验收记录；宿舍床铺、桌椅照片，宿舍人员名单及负责人，宿舍定期防火、防盗、卫生检查记录。

⑦施工现场若不设员工宿舍，应有文字说明。

4. 厕所

①施工现场内的厕所应设置封闭、水冲式，蹲位应满足使用要求，蹲位之

间设置隔墙（隔板）隔墙高度不低于1.2m；地面和墙壁应采用面砖等材料饰面，饰面高度不低于1.5m；厕所应有专人保洁，及时打药消毒，防止蚊蝇滋生。施工现场严禁随地大小便。高层建筑8层以上设便溺桶，每隔三层设1处，用布帘或三合板遮挡，并派专人清扫。

②厕所应公示卫生管理制度及管理责任人，厕所卫生管理制度、厕所蹲台、瓷砖饰面照片等；高层建筑临时厕所照片，厕所定期冲洗、消毒记录。

5. 卫生与急救

①施工现场应设置更衣室，更衣室要保持整洁、有序。换下的衣物、鞋袜应叠放整齐。

②冬季取暖炉的防煤气中毒措施必须齐全有效。应建立验收合格证制度，经验收合格、发证后方准使用。

③施工现场应设置淋浴室，淋浴室应使用面砖饰面；淋浴喷头数量应满足使用要求，保证冷、热水供应，排水、保温、通风良好。施工现场人员100人以上者，淋浴室面积应保证在15m^{2}以上，并同时容纳15～20人洗浴，不论是蒸汽加热或者电气加热，都必须保证安全。淋浴室应制定管理制度，落实专人管理和打扫卫生，清洁消毒。

④施工现场如场地狭窄，无法设置淋浴室时，应与施工现场就近的洗浴单位签订员工洗浴协议。

⑤施工现场应设置卫生室，配备担架等急救器材，配备止血药物、绷带及其他常用药品。项目部应配备证件齐全的专职或（兼职）的卫生员，建立和培训业余应急救援人员，并定期组织应急救援预案的演练。卫生员应经常检查生活办公区的卫生，定期消毒，预防各种传染病的发生。

⑥施工现场因条件所限，不能设卫生室、卫生员时，项目部应与当地社区医疗单位签订卫生急救协议。

⑦项目部应根据季节、气候情况配备保健箱，配备常用的急救物品，如：清洗消毒药物、绷带、胶布、创可贴及防中暑用的藿香正气水等。严禁配置处方药物。

6. 生活环境

①施工区与生活区要严格分开。生活区周围要保持卫生，无污物和污水。

生活垃圾应集中堆放，及时清理。

②生活区划分卫生责任区，并明确管理责任人。项目部应根据工程大小，安排人员负责生活区的清洁卫生及维护，保持整洁卫生。

③生活区的道路必须做硬化处理，排水畅通，生活垃圾堆放、厕所必须与生活区保持 30m 距离，设垃圾池，及时清理，并有防蝇蚊措施。

④生活区必须设晾晒衣架。

五、营造良好文明氛围

1. 文明教育

①认真开展安全宣传教育活动。施工现场应在办公区和员工生活区设读报栏、黑板报，在员工活动室设电视机、报纸、杂志及文化娱乐设施。充分利用各种宣传工具，采取切实可行的手段、措施，宣传安全生产知识，进行文明员工教育。

②项目部应制定文明员工公约，与每个作业班组签订文明工地创建协议，规范每个员工的文明行动准则。

③对入场人员建立劳务登记卡，做到人数清、情况明。与项目部所在地的有关单位签订治安、防火、环保协议并认真遵守。

④生活区、办公区、施工现场应有醒目的文明用语牌，如：“您好”“对不起”“谢谢”等；并应根据施工的各个阶段、气候情况，在工地休息室、大门口、安全通道口、楼梯换步平台、各楼层醒目处悬挂醒目的“温馨提示牌”，如：温馨提示：高温季节，请注意防暑降温，避免中暑；温馨提示：进出车辆，请注意交通安全；温馨提示：地面有冰霜，请注意防滑；温馨提示：为了您和你家人的幸福，请注意安全生产；温馨提示：为了您和他人的健康，请不要随地吐痰等。

2. 综合治理

①项目部必须与当地派出所、消防部门、环保局等有关部门签订治安、防火、环保协议。

②施工现场应建立由项目经理为首的保卫、消防工作领导小组，建立保卫、消防工作责任制，项目部应与劳务分包单位签订保卫、消防工作责任书。

③施工组织设计要有保卫、消防措施方案及消防设施平面布置图，并按照

有关规定，报工地所在地的公安机关审批或备案，签订治安联防协议书。重点工程和建筑面积在 10 000m^2 以上的工程，应制定治安保卫和消防工作预案。

④施工现场要建立门卫和巡逻护场制度。项目部负责保卫消防工作的人员，必须做到现场所有人员底子清、情况明，护场保卫人员要佩戴袖标执勤。门卫人员必须认真履行出入登记制度，非现场施工人员不得在工地留宿。重要工程要实行凭证件出入的制度。

⑤做好成品保卫工作，制定具体措施，严防被盗、破坏和治安事件的发生。

⑥施工现场发生各类治安案件和财产被盗案件，要立即报告公安机关，并保护好现场，配合公安机关调查破案。

⑦项目部应建立流动人口计划生育工作管理制度，对施工现场所有员工（包括劳务单位）必须按规定签订计划生育协议。

⑧项目部应积极引导员工开展健康的业余文化生活，不打架斗殴，不赌博，不看色情淫秽类电影和书刊。

⑨项目部应与建设单位共同采取措施，避免施工扰民，妥善处理与周边居民的关系。

⑩综合治理资料管理包括以下内容：

①消防管理制度，治安保卫制度，门卫管理制度。治安消防管理组织机构责任分解图。消防器材配置统计表和平面分布图，消防安全通道及消防设施平面布置图。现场消防、综合治理应急预案及应急救援领导小组、应急救援小分队人员名单；

②项目部对现场从业人员进行的防火、防盗、防中毒、防环境污染的教育培训记录；

③施工中使用的易燃、易爆材料必须设专库存放，严禁在结构工程内部存放，并以当日作业的需求量发放。施工中明火作业时必须配备固定的看火人员和灭火器材，必须由总包单位统一办理用火手续，经批准后，按有关规定进行作业；

④现场设置的吸烟室或吸烟点照片，三级动火审批表，劳务人员登记表，定期保卫、消防检查记录，消防演练策划、实施、评审记录和照片。

3. 宣传娱乐

施工现场应在办公区和员工休息区设读报栏、黑板报，在员工活动室必须配置电视机、报纸、杂志及文化娱乐设施。充分利用各种宣传工具，采取切实可行的手段、措施，宣传安全生产知识，进行文明员工教育。

4. 班组建设

①项目部应根据工期、季节不同情况，有计划地组织开展文体活动和文明竞赛活动，尤其在重大节假日前后，在施工现场、生活区努力营造健康有益、积极向上的文明氛围。

②项目部安全员、资料员应对每次开展的各类活动做好记录和影像资料，做好评比、总结、表彰工作。

六、其他

文明工地验收后进入装饰装修阶段安全管理。

（1）装修工程使用工具式脚手架，操作层应设两道防护栏杆，外挂符合标准的小孔安全网，满铺架板。移动式脚手架底脚转轮，必须有制动刹车装置。

（2）装饰装修工程施工中，楼内孔洞临边防护设施需临时拆除时，必须履行审批程序，批准后方可拆除，但应设醒目的警示标志，作业完毕后及时将原防护设施复位。

（3）施工中必须使用符合部颁标准的移动式配电箱。手持电动工具必须采用橡皮电缆线，严禁使用灯头线、护套线、塑料线；严禁一个插座带两个以上设备或电线直接插入插孔。严禁乱接、乱拉电源线和电线拖地。

（4）施工中楼内光线较暗处必须设置照明装置，照明装置应采用安全电压供电。

七、文明工地验收要求

有下列情况之一的，不再进行文明工地验评：

（1）该工程主体大部分已完成内外粉刷，无法对其主体结构工程进行检查的；

（2）建筑物高度达到 8 层或 25m 仍未安装使用施工电梯的；

（3）脚手架已拆除或悬挑式脚手架超高的（超过 4 层建筑物或 15m）；

（4）使用淘汰型或超年限起重机械设备的，监控设备不符合要求的；

（5）发生过安全事故或已发现有违反法律、法规行为的；

（6）没有达到六项以上新技术应用的；

（7）凡是应该使用商品混凝土但没有使用的工程。在现场计量方面必须使用自动配料而没有使用的；

（8）高层剪力墙结构的必须使用定型大模板而没有使用的；

（9）凡经过保温设计、审查的必须按照设计要求组织实施和验收而擅自变更或取消的；

（10）凡是使用不合格的安全防护用品（安全帽、安全带、安全平网、密目式安全网）的；

（11）群塔作业没有安装防碰撞措施的；

（12）操作层没有实现全部硬防护和设护身栏杆的；

（13）施工现场临时用电没有推广使用塑壳透明配电箱的；

（14）施工现场办公生活设施没有采用定型化活动板房的或活动房为 3 层及以上的。

第九章

开展班组施工安全精益管理活动

班组是企业的细胞，是生产的最前沿阵地。班组工人生产时精神状态的好坏、技术水平的高低和安全意识的强弱直接影响着企业的安全生产和持续发展。而班组通过组织开展行之有效、灵活多样、内容广泛的安全活动，不但可以增强班组员工安全生产的责任心，杜绝各类事故的发生，还可以取长补短，提高员工技能。

本书所指的班组，泛指基层班组、项目部、施工队、施工班、设计组等。开展班组施工安全精益管理是施工安全精益管理的落脚点，如果不能实现班组施工安全精益管理，那施工安全精益管理就是无源之水、无本之木。工作中实践证明，开展班组“安全活动”是企业保证安全生产的行之有效的方法之一，是夯实安全基础的有力保障。

第一节　班组安全管理存在的主要问题

长期以来，不少企业班组的安全活动流于形式，死板乏味，缺乏实效。目前班组“安全活动”存在参加人员缺席较多，活动方式形式化，“掺水”现象严重等问题。其原因可归纳为：

（1）各单位安全管理工作中存在忽冷忽热、时紧时松、管理力度时大时小的现象；

（2）各单位生产工作中不同程度地存在重效益、轻安全的情况，安全第一的原则得不到全面落实；

（3）班组“安全活动”的组织者没有经过比较正规的培训，他们的安全管理知识比较匮乏、组织活动能力较差，安全管理水平不高；

（4）由于班组“安全活动”存在上述问题，员工的安全意识难以提高，安全防范的能力就比较弱，从而动摇了安全基础，威胁安全生产工作。

第二节　如何组织好班组“安全活动”

1. “安全活动”要充分准备

（1）活动前准备好上一周的安全工作总结，活动中明确指出上一周安全工作中存在的问题及应吸取的教训和整改措施。

（2）组织者注意搜集事故案例，准备好有关的学习资料。活动中要结合本岗位、本专业的实际情况，运用“举一反三”的办法，引导教育员工。

（3）平时注意对生产骨干的培养，提高他们的安全知识和安全意识，在“安全活动”前提示骨干带头发言，抛砖引玉，确保活动顺利进行。

（4）对出现不安全问题的员工，要事前做好思想教育工作，帮助其在“安全活动”时主动提高认识、谈体会、找原因。这样做的效果要比组织者在活动中直接宣布问题及其性质和批评教育效果更好，且有利于员工互相帮助，共同接受教育，共同提高。

（5）准备好下次活动的主题，让员工提前思考，做好准备。

2. 班组员工积极参与

（1）动员班组员工积极参与“安全活动”，如在组织学习事故通报时，可先读通报中的事故经过；其次引导大家分析讨论，找出事故原因，并提出防范措施和处理意见；最后再学习通报中所列的事故原因、防范措施和处理意见。这样既可提高员工的安全知识、安全意识和主动参与的热情，又可达到让员工自我己教育的目的。

（2）在“安全活动”中应表扬安全生产中出现的好人好事，可采用口头表扬、班内嘉奖和向上级请奖等方式，并号召大家向其学习。通过正面引导，有效调动员工的积极性，为安全生产做贡献。

3. “安全活动”要注意联系实际

（1）“安全活动”的内容，包括各种文字材料的学习，都要与本专业、本岗位的实际情况进行必要的对照、解释。以便从学习材料中吸取精华，达到学为所用的目的。要避免安全活动与安全生产脱节的不正常现象，防止因活动形式单调而诱发员工的逆反心理，提高安全活动的效果。

（2）“安全日”活动结束前，应留一定时间，用来征求员工对安全工作的意见，并对相关问题给予明确的答复（解释），以使“安全日”活动取得比较满意的效果，从而为安全生产提供有力的保障。

第三节　班组安全管理应在“实、活、新”上下功夫

所谓实，就是班组安全活动要扎扎实实。班组安全活动，除了必要的学习

安全法规和制度、进行班前安全教育、班后生产总结、组织各种生产应急预案的演练和岗位练兵外，还要组织班组员工自查互查生产中的不安全行为，进行揭短晾丑，共同制定整改措施；还可以集思广益，让班组员工提出班组安全生产的建议，对安全生产的得失现身说法，通过讨论，避免班组安全活动一言堂，增强每个人参与安全管理的意识和积极性，达到互相学习，取长补短，共同提高的目的；还可以将其他单位或行业的安全生产经验进行学习借鉴，对生产事故进行剖析，吸取教训，警钟长鸣。

所谓活，就是班组安全活动灵活多样，有声有色。班组安全活动不能固定在一个模式，死板教条，而应增强趣味性，提高吸引力。既可以开展技术比武、技能考试、安全知识竞赛，还可以通过安全文化进行直观和潜移默化的教育。如制作幻灯片和录像曝光日常生产中的不安全行为、征集安全生产格言警句，认识违章操作、违反劳动纪律的危害和后果，使班组员工从维护企业安全生产及珍惜自身生命的高度，把遵章守纪、“三不伤害”当成自觉行动。

所谓新，就是要结合生产实际不断创新班组安全活动。除了上级“规定动作”外，还要经常创新“自选动作”。如班组安全会让班员轮流主持、开展“无违章、无违纪、无事故、无人身伤害”的“四无”竞赛、创作安全生产文艺作品、组织岗位危害识别和风险评估活动、进行违章害人害己害家庭演讲等，使班组安全活动形式多样，内容新颖，质量不断提高。

第四节　在现场班组推广“先进安全管理法”的应用

1. 亲情和谐法

亲情和谐法主要包括亲情、文明、民主、和谐。

亲情：准确掌握班里每个工友的家庭详细情况。工友过生日，组织大家一起去庆贺；谁家有困难，组织大家一起去看望；工友心里有解不开的心结，组织大家一起去开导；逢年过节，工友都带着家人一起聚会、一起热闹。

文明：针对基层员工习惯性说脏话、开玩笑过火等不文明现象，要求班组成员做文明人、行文明事、上文明岗，避免因伤和气影响团结，避免因不良情绪影响安全生产。

和谐：工友在工作中偶犯错误，不乱发脾气，生硬批评，而是循循善诱，因人施教，耐心指出问题的根源；遇到问题时，不自作主张，要和工友一起协商解决。

2. 班前礼仪法

（1）值班领导点名，安排布置工作。

（2）班长讲评当班安全生产注意事项。

（3）员工对有关工作和注意事项进行点评。

（4）班长带领大家进行安全宣誓。

3. “三必谈”身心调适法

“三必谈”是指发现情绪不正常的人必谈、对受到批评的人必谈、每月必须召开一次谈心会。

发现情绪不正常的人必谈：注重观察工友在工作中的思想情绪，发现情绪不正常、急躁、精力不集中或神情恍惚等问题的，及时谈心交流，弄清原因，因势利导，帮助解决困难和思想问题，消除急躁和消极情绪，使其保持良好心态投入工作，提高安全生产的注意力。

对受到批评的人必谈：对受到批评或处罚的人，单独与其谈心，讲明批评或处罚的原因，消除其抵触情绪。

每月必须召开一次谈心会：坚持每月至少召开一次谈心会。工友聚在一起，畅所欲言，共享安全工作经验，反思存在的问题和不足，相互学习、相互促进、取长补短、共同提高。

4. 理念引领法

理念引领法主要包括提炼理念、宣灌理念、践行理念。

提炼理念：倡导工友每人提炼自己的安全理念，粘贴在全家福下面。

宣灌理念：利用班前会、班后会时间，采取看电视、读书读报等形式，组织工友学习安全知识，灌输安全理念，加强安全教育；运用事故案例进行警示教育，组织工友讨论，使大家时刻注重安全。

践行理念：牢记并践行安全理念，使每个人的安全理念成为自己安全行为的准则和目标追求，内化于心，外化于行。

5. 指令处理法

主要包括指令、处理、督查。

（1）指令：班组人员集体到达工作面手指口述接班后，班长先进行隐患排查，发现问题用粉笔在明显的地方做标记，给这里工作的工友发出指令。

（2）处理：工友到岗后，先看班长的指令，并按要求进行处理，处理完毕后，擦掉指令，开始工作。

（3）督查：坚持在工作中巡回检查，逐一检查指令执行情况，若发现新的隐患，指令专人及时处理。

6. "三快三勤"现场管理法

"三快"是指：嘴快、腿快、手快。

嘴快：安排工作说到、说详、说细、说清、说明，发现工作不到位或哪里容易出现问题就及时提醒。

腿快：认真落实"三不少"制度，对班组所管的范围，不厌其烦地巡回检查，每个环节、每台设备都及时检查到位。

手快：无论到哪个地方，发现隐患和问题，现场能处理的当即处理，处理不了的及时汇报。

"三勤"是指：勤动脑、勤汇报、勤沟通。

勤动脑：结合生产现场实际，对遇到的困难和问题，勤动脑、勤思考，并灵活运用各种方法，迅速组织处理。

勤汇报：对发现的隐患和问题，尤其是有可能影响下一班安全生产和工程进度的，及时向上级汇报，使上级在第一时间能掌握生产一线的工作动态，合理分工，科学调度，统筹安排。

勤沟通：通过勤沟通提高工作的协调性，发挥工作的主动性，确保工作的实效性。

7. "三不少"隐患排查法

"三不少"是指班前检查不能少、班中排查不能少、班后复查不能少。

班前检查不能少：坚持接班前，对工作环境及各个环节、设备依次认真检查，排查现场隐患，确认上一班遗留问题，并指定专人进行整改。

班中排查不能少：坚持每班对各个工作地点进行巡回检查，重点排查在岗员工精神状况、班前隐患整改情况和生产过程中的动态隐患。

班后复查不能少：当班工作结束后，对安排工作进行详细复查，重点复查工程质量和隐患整改情况，发现问题及时组织处理，处理不了的，现场向下一班员工交代清楚，并及时汇报。

8. 手指口述交班法

当班工作结束时，班长要向下一班班长进行手指口述交接班，将当班任务完成情况、未处理完的隐患和需要注意的问题，向下一班班长交代清楚。

特殊工种岗位上的员工也要向下一班接班的员工进行手指口述交接班，未处理完的问题要口传口、手交手，详细地交代给对方，待对方同意并接班后方可离岗。

第五节 开展争创“先进安全生产班组”“标杆班组”“星级班组”等活动

企业开展争创“先进安全生产班组”“标杆班组”“星级班组”等活动，既是工作需要，也是落实国务院国资委《关于加强中央企业班组建设的指导意见》的重要举措，对于积极探索具有中国能建特色的班组建设经验具有重要意义。

在班组施工安全精益管理活动创建过程中，可对业主项目部、监理项目部、施工监理部、设计项目部，还有施工队、施工班、调试班等不同的班组形式，采取有针对性的措施

优秀班组的创建，关键在于班组长（项目经理、队长），班长要对本班安全生产全面负责，又要组织好本班人员顺利地完成上级布置的生产任务，也要保障本班成员在生产过程中的安全健康。只有这样才能适合一个先进安全生产班组的条件，那么先进安全生产班组的条件是什么呢？笔者认为，应满足以下基本条件：

（1）班组成员要树立“安全第一”的思想，人人熟记各项安全法规。

（2）完善安全技术操作规程，建立违章、违规档案和处理考核办法。

（3）定期考核有关安全生产基本知识，达到全部合格。

（4）安全检查制度化，定期检查，记录清楚，反馈及时。

（5）定期进行安全教育，并建立安全教育制度和登记台账。

（6）作业环境整洁、美观，空气新鲜，安全标识清楚。

（7）掌握防范和应急措施。

（8）使用的工具、设备完好，安全设施、装置仪器、仪表完好率达到 99% 以上。

（9）对设备事故、违章违规，轻伤事故坚持“四不放过”的原则，并认真分析并及时处理。

（10）生产任务完成好，全年无伤亡事故，负伤率年年下降。

第十章

特色安全文化创建本质安全型企业

纵观杜邦、壳牌、BP 等世界先进企业，拥有并不断发扬、传承其卓越的企业安全文化正是他们生产经营获得巨大成功与取得持续优异安全绩效的重要基础性保证。如杜邦公司安全文化产生的安全绩效按事故发生率来说意味着：一名员工遭遇需医生治疗的伤害事故的可能性低至平均 100 年发生 1 次，比行业平均水平低 3 倍以上，比行业第二名的公司安全业绩好两倍。杜邦 200 多年企业安全文化建设的经验表明，一个企业安全文化的建成往往不是一蹴而就的，而是需要长期不懈努力才能达到。杜邦企业安全文化建设与员工安全行为模型，描述了杜邦企业安全文化建设过程中经历的四个不同阶段。员工的安全行为的四个阶段可概括为：①自然本能反应阶段；②依赖严格的监督阶段；③独立向主管理阶段；④互助团队管理阶段。

目前，我国企业大部分仍处于从本能阶段向监督阶段过渡，少部分企业依然处于本能阶段，安全文化建设值得担忧。同时，一些高瞻远瞩的企业，通过努力开始从监督阶段迈向独立自主阶段，安全文化走到了全国前列，他们的成功经验值得学习和借鉴。

第一节　安全文化的起源和定义

安全文化概念和定义的提出，是在 1986 年原苏联切尔诺贝利核电站泄漏事故后，国际原子能机构安全咨询组（NSAG）于 1988 年首次提出安全文化（Safety Culture）这一术语和概念，并于 1991 年给出安全文化的定义：安全文化是存在于单位和个人中的种种素质和态度的总和，它建立一种超出一切之上的观念，即核电厂的安全问题由于它的重要性，要保证得到应有的重视。

1993 年，国际核设施安全顾问委员会（ACSNI）进一步阐述了安全文化的概念：安全文化是决定组织的安全与健康管理承诺、风格和效率的那些个体或组织的价值观、态度、认知、胜任力及行为模式的产物。

英国健康安全委员会对安全文化的定义是：一个单位的安全文化是个人和集体的价值观、态度、能力和行为方式的综合产物。

国家安全生产监督总局在 2008 年发布的《企业安全文化建设导则》（AQ/T9004—2008）中给出的企业安全文化定义为：被企业组织的员工群体所

共享的安全价值观、态度、道德和行为规范的统一体。

还有的观点认为：安全文化就是运用安全宣传教育、安全文艺文学等文化手段开展的安全活动。

当前部分学者在更广义的“大安全观”“大文化观”基础上，提出安全文化是“人类安全活动所创造的安全生产、安全生活的精神、观念、行为与物态的总和”。这种定义在安全观方面包括企业安全文化、全民安全文化、家庭安全文化等；在文化观方面既包含精神、观念等意识形态的内容，也包括行为、环境、物态等实践和物质的内容。

分析上述安全文化及其定义的发展和演变，可以看出安全文化具有社会属性和特点，是社会文化的重要组成部分。对企业及其员工而言，安全文化把企业需要实现的生产价值和员工需要实现的个人价值统一起来，以保护人的安全健康为目的，实现安全价值观和安全行为准则的统一，是由安全物质文化、安全行为文化、安全制度文化、安全精神文化组成的，“以人为本”的多层次复合体。因此，安全文化广泛存在于企业、组织和员工个人之中，安全文化建设是一项综合性的系统工程。

第二节　各国各行业安全文化发展简况

澳大利亚：在其职业安全卫生战略中，工作场所各方承认将安全与卫生作为其正常经营的一个组成部分予以结合，承认安全文化是组织文化的组成部分将被视为战略成功的一个指标。

欧盟：在其共同体战略中直接提到了加强并巩固危险预防文化。

匈牙利：将职业安全与卫生理解为要求广泛地考虑人的因素，这是一种与作为一个整体的社会的利益相一致的哲理。

日本：五年计划的一个基本政策是促进安全文化，使公司和个人重视安全，并就促进职业安全与卫生措施建立自我保持机制。

韩国：在其国家战略计划中，一个优先事项是在雇主和工人当中提高安全意识，部分是通过将学校、家庭和社会联系在一起的终身培训制度。

马来西亚：在追求变成一个工业化国家的过程中，将在全国开展创造安全文化的持续努力。寻求将安全文化的促进作为所有职业安全与卫生活动和优先事项的重要基础，以发展各种类别的认识提高计划。它还将寻求促进自觉遵守。

新西兰：在整个社会而不仅仅是在工作中促进安全文化，这是其伤害预防战略中所固有的内容。

南非：正在寻求使职业安全与卫生成为一种生活方式。

英国：发起“恢复卫生与安全”举措，旨在在工作场所文化方面带来一种真正的变化，卫生与安全委员会的一个主要目标是在日益变化的经济中为建立并维持一种有效的安全文化发展新的方法。在已经实现了这一点的企业中，将审议监察是否有必要。

美国：在其五年计划中寻求在朝着创造一种根深蒂固的文化方面取得更大的进展、受参与自我管理计划（VPP）企业取得显著成功的鼓舞、该文化重视并鼓励安全和卫生的企业。

第三节　我国安全文化的发展历程

1991 年，开始引进、研究和推广安全文化。

2001 年，由原国家经贸委安全生产监督管理局在青岛市组织召开了第一届“全国安全文化研讨会”。

2002 年起，开展“全国安全生产月”、安全生产万里行活动。

2003 年，成立宣传教育中心，下设安全文化研究所。

2005 年，国家安全生产总局成立后，提出“五要素”，安全文化为首个要素。

2006 年，国家总局制定《“十一五”安全文化建设纲要》，此后各省市相继发布《安全文化建设纲要》。

2008 年，颁布两个 AQ 标准：《企业安全文化建设导则》（AQ/T9004— 2008）、《企业安全文化建设评价准则》（AQ/T9005—2008）。

第四节　安全文化的建设与推进

（一）国内外安全文化成功企业范例

1. 杜邦公司（全球化工行业安全业绩第一）的安全文化建设

（1）主要理念："安全、健康、环保承诺""十大安全管理理念""有感领导""STOP""全员参与的安全管理"，严格细致、近乎苛刻的安全管理规定以文件形式向所有管理者和员工传达并要求完全执行，建立管理层对安全的负责制、杜邦环境管理体系、杜邦工艺安全管理系统。

（2）特色：人本管理、全员参与的安全文化。

2. 金川集团（国家级安全文化建设示范企业之一）的安全文化建设

（1）主要理念：作业现场安全生产标准化建设（人机隔离安全防护、设备联锁闭锁、三区划分、红区管控等），"一切事故皆可预防，一切事故皆可避免"，在"零事故、零死亡、零伤害"目标指引下的员工自律、自控，关键要害岗位安全管控。

（2）特色：安全文化管控集成模式。

（二）安全文化的构成

1. 安全文化的构成

安全物态文化：是安全文化"外化于物"的表现。具体指安全生产的物质条件，同时也是企业安全文化的产物并成为安全文化的重要构成部分。物态文化涵盖设计、选址、工艺、布局、装置、设施及防护等硬件措施和技术措施，始终将具备本质安全特性的设备设施、确保人身安全与健康的工作环境置于优先位置，选择优良的装备、现代化办公场所、优化改善工作环境，是"安全第一"方针在物态方面的体现。

安全制度文化：是安全文化"固化于制"的表现。具体指企业安全管理体系，包括企业组织管理机构、部门分工与管理界面及安全生产制度标准建设。安全制度文化对企业及其员工的行为产生规范性、约束性影响和作用，集中体现了观念文化和物态文化对领导和员工的要求。先进的安全制度文化将安全作为系统工程进行管理，贯穿了对人、机、物、制、环的综合管理，体现"预防为主”方针，并促进管理制度与方法的不断创新。

安全行为文化：是安全文化“外化于行”的表现。具体指在安全精神文化指引下，企业成员在生产、生活过程中的安全行为准则、思维方式、观念态度、行为模式与习惯的具体体现。行为文化既是精神文化的直观反映，同时又作用和影响安全精神文化。

安全精神文化：是安全文化“内化于心”的表现。具体指集安全观念与价值观、安全愿景、安全使命、安全方针、文化素质、心理素质为一体的心理与意识层面的文化，是安全文化的最高境界。精神文化是行动的方向、准则，体现安全文化的核心价值，是安全文化的核心和灵魂，属于深层次的文化。

2. 企业安全文化建设的总体模式

结合不同的划分角度，可以对安全文化的构成做出多种诠释。国家安监总局在2008年发布的《企业安全文化建设评价准则》（AQ/T9005—2008）中，从测评角度将企业安全文化分为11个维度：基础特征、安全承诺、安全管理、安全环境、安全培训与学习、安全信息传播、安全行为激励、安全事务参与、决策层行为、管理层行为、员工层行为，如图10-1所示。具体要素如下：

核心要素：安全承诺

准则要素：行为规范与程序

引导要素：安全行为激励

媒介要素：安全信息传播与沟通

改进要素：自主学习与改进

责任要素：安全事务参与

判断要素：安全审核与评估

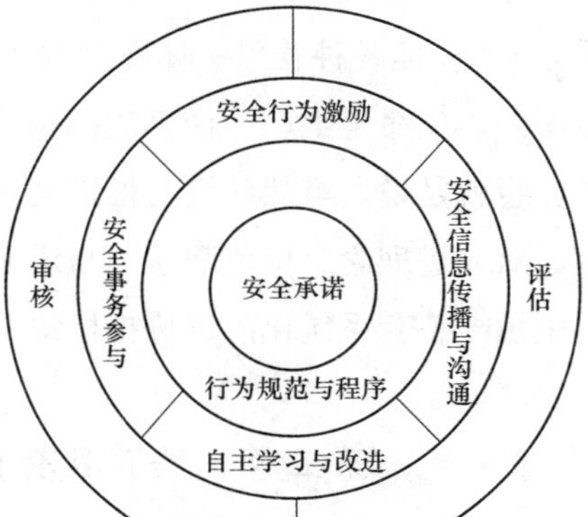

图10-1 企业安全文化建设的总体模式
（安监总局发布）

3. 安全文化建设的层次性

安全文化建设决不仅是某个层面的事，而是整个企业各个层级所有成员共同参与的过程。

决策层需要提炼制定体现企业全体员工对安全认识与态度的安全理念，并代表企业发布安全承诺。

管理层需要做好制度设计与调整，把安全理念的内容与要求落实、细化在制度中，把无形的安全文化通过有形的制度载体固定下来，使制度承接与反映安全文化内涵。

操作层要做到对制度诚信刚性、不打折扣地执行。

企业全体成员都要做到在自己的言行举止中，表现出对安全理念的遵循、对生命的尊重和对安全的关注与重视，真正做到全员参与。特别是领导者和管理者，更要率先垂范，言行一致，发挥引领作用并做好榜样。

4. 企业安全文化建设的长期性与渐进性

安全文化建设所表现出的长期性、往复性与渐进性，表现出安全文化建设与发展循序渐进、螺旋式上升的特点，适用于以“P（规划）、D（实施）、C（检查）、A（改进）”的模式进行周期循环式开展，以实现企业安全文化建设绩效的持续改进。

对C阶段的说明：由于企业间的差异性，为确保自身安全文化建设的生命力以及对本企业的匹配度，使得不同企业的安全文化建设举措是各具特色的，适合某个特定企业的安全文化建设方法，未必适合另一家企业。但“殊途同归”，不同企业安全文化建设的终极目标是趋同的。客观上，虽然文化建设举措不同，但都是为了实现“人、机、物、制、环”的本质安全；主观上，虽然文化表象千差万别，但各种表象所体现出的深层次精神实质与内涵是趋同的，都是对“安全第一、生命至上、一切事故都可以预防”等理念与价值观的认同、遵循与追求。也就是说，虽然建设与推进文化的方式方法各异，但对本质安全实现的程度，对先进理念、价值观认同与遵循的程度，都是可以衡量的。因此，完全可以采用一整套系统化的评价指标实现对安全文化建设水平的量化评价。

第五节　培育具有自身特色的施工安全文化

打造特色安全文化，创建本质安全型企业是一项理论化、系统化的工程，是贯穿于安全生产的一条主线，是企业和员工利益的保障体系。寻求安全文化管理的内在规律，发挥安全文化的强大优势，是我们搞好安全生产的重要任务。

（一）坚持正向引导教育，唱响生命无价主旋律

传统的安全管理模式是自上而下，员工被动接受而不是主动参与，没有切

实解决好内在动力问题。某单位在对传统安全管理进行剖析、反思的基础上，从坚持“以人为本，文化领先”的角度入手，突出“以我为中心”的安全管理理念，注重引导、培植广大员工对安全与健康的自愿、自需、自求意识，教育员工在从事各种安全生产时，都会带着这样一种思维：这样做是否违章？是否威胁我的生命安全与身体健康？从而使看似狭义、实则广义的“我”的安全与项目安全紧密结合在一起，并及时把这一安全新理念运用到安全教育工作中去，创新实施“正向引导教育”。运用这一全新安全教育形式，教育员工时刻关心“自我”，围绕“本质安全、珍爱生命”这个主题，开展了一系列极具“人情味”的教育命题，比如：“我要维护我的身体健康和生命安全”“我不伤害自己、不伤害他人、不被他人伤害”“不珍惜自己的生命是对家人的犯罪”“本质安全才是真正的爱”等。在对员工进行正向引导教育过程中，突出五个特点：

一是教育活动自下而上进行，从工人到班组、施工队逐级进行座谈，充分谈思想、谈认识，让每一个员工都来关心“自我”并成为每个人的自觉行为。

二是辅之以必要的教育形式，先后开展了“亲情规劝”座谈、“安全系万家”和“我对安全负什么责任”等大讨论等活动，通过系统追问不断强化员工对生命价值极端重要性的认识，进一步明确“我”在安全工作中的权利和义务。

三是正向引导教育与各专业、区队、班组及每个员工的本职工作相结合，从每一个岗位、每一道工序、每个生产环节上对照规程和标准，进行深入细致的分析，因人而异、因岗而异地采取相应的措施，切实让正向引导教育产生作用。

四是正向引导教育与抓好员工安全培训相结合，坚持标本兼治，分阶段、分层次制订培训计划，严格考试考核，有效地提高了员工的综合素质。

五是正向引导教育与严格奖惩相结合，不断加大对“三违”人员和事故责任者的惩罚力度。正向引导教育开启了员工固有的安全需求思维，改善员工安全心智模式，引导员工将其本能性的安全要求固化在生产实际操作之中，使“自己的安全自己管”成为每个员工的迫切愿望和需求，实现了安全管理的无为而治，它是亲情管理，也是“本质化”管理，更是安全“文化”的体现。

（二）树立“一切事故都是可以预防的”的理念

“预防为主”就是按照系统化、科学化的管理思想，按照事故发生的规律和特点，千方百计预防事故的发生，把可能导致事故发生所有的机理或因素消除在事故发生之前，做到防患于未然。"预防为主"主要体现为"六先"：安全意识在先，安全投入在先，安全责任在先，建章立制在先，隐患预防在先，监督执法在先。

"预防为主"是安全生产方针的核心和具体体现，是实施安全生产的根本途径。本质安全是"预防为主"的根本体现，也是安全生产的最高境界。

企业必须从维护改革发展稳定的大局出发，以对党、对社会、对人民高度负责的精神，认真贯彻落实党中央、国务院有关安全生产的指示精神，牢固树立"安全第一、预防为主、综合治理"的思想，以人为本，标本兼治，安全发展，落实安全生产责任，切实做好安全生产工作。

严格意义上讲，一切隐患和灾难都是人为的，是人们不理智、不合理的生产方式、生活方式和行为方式的结果。因此，安全生产中的关键措施是在生产中尽量减少那些可能产生隐患的因素。

对于一个企业而言，要想长期安全生产，最重要的是建立一套比较完善的安全管理机制，在此基础之上不断增强排除隐患能力。建立安全管理机制的目的就是要未雨绸缪，防患于未然，使一切潜在的隐患从根源上杜绝！为了有效地预防和处理各种隐患，综合治理措施是必不可少的。这就需要企业从以下几点切实完善安全管理机制，提高安全管理职能。

第一，贯彻"安全第一、预防为主、综合治理"的方针，治理隐患、防范事故、标本兼治、重在治本。党的安全生产方针是完整的统一体，安全第一、预防为主、综合治理三者之间具有内在的严密的逻辑关系：坚持安全第一，必须以预防为主，实施综合治理；只有认真治理隐患，有效防范事故，才能把"安全第一"落到实处。安全生产工作要关口前移，重心下移。"预防为主"，古人云："预则立，不预则废"，从古到今重视安全，所以"防"是实现安全生产的先决条件，要实现安全第一，必须以预防为主，要不断查找、排除、治理各种隐患，成事在人，谋事在先，尊重科学探索规律，遵循事物发展的客观规律，采取有效的事前控制措施，防微杜渐，防患于未然，把隐患消灭在萌芽状态，杜绝各类事故的发生。生产事故中有95%是"三违"造成的，是人为的责任事故。而这些责任事故的产生，首先是责任人的认识问题引起的。没有"预"便没有“防”，预防事故连想都没去想，怎么会防？“防”，即防备、防范、防止，是实实在在的东西，看得见，摸得着，它是将“预”变成一种行为，一种手段、一项措施。购买安全保障设备，配备专职安全员，坚持安全巡查制度等。由于有效的“防”能消除事故隐患，往往又会造成平安无事的表面现象，而这种表面现象又恰恰容易使人产生麻痹思想、责任懈怠，认为“防”得多余，使“防”的工作流于形式。因此，“防”也是一项长期的工作，需要长期坚持，从根本上保证安全生产。综合治理是安全生产方针的基石，是安全生产工作的重心所在。把“综合治理”充实到安全生产方针当中，更好地反映安全生产工作的规律特点。总的来说，“安全第一，预防为主，综合治理”是国家对安全生产管理的基本方针的主要内容，“安全第一”是要求，“预防为主”是实现这一要求的基本保障，只有做到将安全放在首位，才能重视预防，同时只有做到有效预防，才能真正实现安全。

第二，生产安全管理部门要建立起完善而周密的安全管理组织体系，将安全管理整合到日常安全生产管理中。实行安全管理的目的在于预防事故。坚持各项行之有效的措施，层层落实安全生产责任制。一是强化法律观念，以安全生产方针为指导思想，认真学习并贯彻落实上级文件精神，以法律为准绳，时时刻刻扣紧安全生产法律这根弦，树立一种精神，就是实事求是、求真务实、夯实基础；提倡一种作风，就是真抓实干、扎扎实实、脚踏实地。二是要建立健全安全生产责任制，安全生产涉及方方面面，纷繁复杂，是一个动态的多环节、多层次的系统工程，任意一个层次或环节失误，都有可能导致事故的发生，因而要严把每一个环节、层次或每一个人的安全生产关，就必须建立健全一套完善的安全生产责任制，将安全生产责任细化到每一个岗位，分解到每一个人。三是建立安全生产管理机构或配备专职的安全生产管理人员。强化各单位的安全管理能力，建立起统一领导、分工协作的组织体系，将安全网络延伸到每个角落。

第三，开展重点行业和领域安全生产隐患排查治理专项行动，坚决防范遏制重特大事故。在重点行业领域全面开展隐患排查治理专项行动，既是防范遏制重特大事故反弹的断然措施，也是综合治理、标本兼治，提高企业安全保障和监管能力，建立长效机制之策；既是一项集中开展的专项行动，也是一项需要持续努力、常抓不懈的重要的基础性工作。要排查事故隐患，做到经常化、制度化，不留死角。对于典型事故要深入剖析，举一反三，防止同类事故重复发生。要深入开展专项治理，特别要盯住工作不力的单位，确保整改到位。对隐患突出，不具备安全生产的生产区域坚决关闭。持之以恒地强化隐患排查治理，加强对重大危险源的监控。

第四，加强安全法制建设，实施依法治理。一是建立规范完善的安全管理制度。目前有的生产领域违反安全管理制度严重，安全生产执法存在失之于宽、失之于软的现象。必须在贯彻执行上动真、从严，下决心解决“执法不严、工作不实”的问题。纠正和惩处违法行为，严惩事故直接责任者。进一步完善安全法规体系和岗位作业标准体系。加大检查力度；杜绝违章作业。严肃查处各类事故，加大责任追究力度；二是完善安全生产监管体制机制，加强监管监察队伍自身建设。进一步理顺安全监管、安全监察和安全管理的职责关系。鼓励从安全生产实际出发，提高安全科人员、工段安全员的履职能力，严格执法树立良好的安全队伍形象。

（三）落实各级管理层对各自的安全负责的基本原则

安全责任，重在落实，而落实的前提是责任的准确定位。从安全管理的定义出发，安全管理的目的在于合理利用计划、组织、指挥和协调等管理机能，控制来自人、设备、环境及管理中存在的不安全因素，从而降低安全风险。要达到这一目的，就需要不同层面的管理者能够明确并切实履行自己的安全责任，真正做到各司其职、各负其责。

基于企业安全生产监督体系和保证体系的职责定位，下面对企业各级人员的安全责任进行分析。

1. 企业安全第一责任者的安全责任——切实履行安全承诺，建立卓越的企业安全领导力

企业安全第一责任者处在两个体系的顶端，代表企业履行企业安全生产主体责任，传达企业安全信息，通过其安全领导力来实施监督职能，通过践行安全承诺来实施保证职能，笔者认为企业安全第一责任人的安全责任主要是摆正位置，做好表率。俗话说，强将手下无弱兵，具备安全领导力的领导才能有效推进企业安全生产责任制的落实，才能切实促进企业履行安全生产

主体责任。

从杜邦公司安全文化发展历程可以看出，杜邦家族作为杜邦公司的拥有者，在血的教训中认识到仅靠建立安全管理规章制度是不能有效预防事故的，预防事故发生的根本在于执行这些制度的具体的、有效的、可靠的行动，是基于安全责任的正确行动，因此杜邦管理层提出“杜邦家庭的人员和工人一起工作，亲自带领工人进行安全操作，所有新机器和新设备总是由杜邦家族的管理人员最先操作，在确认操作方法安全后才交由员工操作”，随着其生产活动的扩展，杜邦管理者提出了企业安全文化建设，而这种文化建立的最基本的原则，就是管理者的安全承诺。

杜邦公司所有安全管理规定是由最高管理者开始实施的，这就从根本赋予了规章制度的执行力。笔者认为，我们在强调落实企业安全生产主体责任的时候，是不是也该从企业安全第一责任人开始实施，在国家有关安全生产的法律、法规及相关文件出台时，先对企业安全第一责任人进行培训，然后促进实施；在任命企业最高管理者时，把规范其个人行为作为任职条件之一，从头开始，一以贯之。

目前我们安全工作中存在的习惯性违章行为屡禁不止，笔者认为其原因很大程度上是企业安全第一责任人没有认真履行其安全责任，从最简单的进入生产现场正确佩戴安全帽、着工作服来分析，上级领导现场检查时，经常出现不正确佩戴安全帽、着工作服的镜头，最频繁出现的是安全帽帽带未系牢、衣服和袖口未系好，这正是我们员工经常发生的违章行为，这就是榜样的力量。因此，国家行政部门在组织各类检查活动时，一定要规范检查组的个人行为，把“安全发展”的要求贯穿到领导者的每一项活动中，用行动引导人。

2. 安全管理部门及所属各级安全员的安全责任——引入先进的安全管理制度，提供安全技术支持，开展安全分析

安全管理部门及其所属各级安全员，作为安全监督体系的重要组成部分，其安全责任主要是贯彻执行国家安全生产法律法规，组织安全生产规章制度、安全操作规程、安全生产责任制等规章制度的建立和修订，组织安全检查，参加设计审查及验收，制定防护用品发放使用及员工保健制度，开展安全活动，组织建立健全企业应急预案体系，开展事故调查，做好企业安全状况分析，并

提出整改建议。按照法律规定，其组成人员必须取得相应的资格证书，并定期参加安全教育培训，以适应安全管理工作的需要。

安全管理部门的主要职责是建立、健全企业安全规章制度，及时引入先进的安全管理方法，通过开展各种安全活动，来传达安全管理理念，推广应用先进的安全管理方法，站在专业的角度上定期进行安全分析，发现企业安全工作中存在的问题，并提出整改建议，其工作重点在于监督、指导。各级安全员作为安全管理部门的重要组成部分，在安全技术与专业技术之间建立良好的连接，把安全活动融入生产活动中，达到融会贯通的目的。笔者认为，就其人员结构来说，不可能独自承担安全技术管理，应该是在掌握安全要求的基础上，与技术人员协作完成安全技术管理，促进安全生产。

我们来看下面的例子，某企业进行办公楼处装修，脚手架搭好后设安全围网，留下旋转门作为该办公楼的出入通道，这里出现的问题是，旋转门做唯一的出入通道合适吗？答案是：不合适。原因是旋转门不适于做疏散通道，且地震、火灾时旋转门均可能变形，无法疏散办公楼内工作人员。这属于谁的安全责任呢？笔者认为属于安全管理部门的责任，是安全审核不到位，因为留出出入通道是技术人员的责任，但通道的设置是否合理则应属于安全监督的范围。所以安全管理部门及所属各级安全员一定要真正发挥安全监督的职责，要认真分析每一项工作的安全性，充分运用所掌握的安全知识，及时发现其中存在的安全隐患。

3. 中层管理者的安全责任——树立超前预控的思想，做好风险分析，正确安全地组织生产

中层管理者是安全保证体系的中坚力量，是安全管理制度的主要执行人。其安全责任主要是贯彻企业安全生产方针，树立超前预控思想，做好风险分析，正确安全地组织生产。工作中，中层管理者要有针对性地制定本部门安全生产规章制度和操作规程，保证安全生产各项投入的有效实施，督促检查本部门的安全生产工作，促进事故隐患的治理工作，组织制定并实施本部门的事故应急救援预案，正确分析安全事故，合理实施奖惩。中层管理者要结合本员工作，积极开展安全技术研究，采用先进技术，完善安全防护措施，开展风险分析、评估，并组织制订预防措施，研究落实重大事故隐患的整改方案，审查企业安

全操作规程和安全技术措施，保证在安全、技术上切实可行。

中层管理者是企业具体工作的带头人，要发挥统筹兼顾、协调处理的作用。其主要安全职责应该是对其所属范围内人员，具体的、综合性的工作负责，包括员工安全培训是否到位，规章制度是否具备可行性，安全措施及操作方式是否符合现场实际，安全检查是否按要求进行，整改工作是否到位，隐患排查治理工作是否按规定做到“五到位”，事故原因、暴露的问题、防范措施是否分析清楚等。

作为中层管理者，对于具体的工作要提出具体的解决方案，并贯彻落实。举例来说，某发电厂锅炉频繁灭火，谁来负责呢？笔者认为应该是中层管理者，因为这属于专业问题，中层管理者在问题发生时，首先要明确提出，操作中严防人身伤害及灭火、放炮导致重大设备损坏；其次要进行系统分析，从配煤、上煤、操作调整、设备治理等方面综合考虑，操作者只能在操作调整上把关，而中层管理者却可以在各个方面进行综合协调把关。

4. 班组管理者的安全责任——企业管理层与基层员工联结的纽带，要做到上传下达

班组管理者，即一线班组长，我们说是兵头将尾，是管理层与被管理层联系的纽带，是作为具体作业的带头人，因此，其安全责任是要做一个安全作业的模范，是标准化作业的主要执行人，一定要做好上传下达的工作。班组长要负责正确安全地管理所属设备设施，组织生产作业。班组长在接到作业任务时，要正确分析作业过程中可能出现的危险因素，掌握作业现场实际情况，根据生产任务、劳动环境和工人的个人情况，具体布置安全工作。

班组长的主要安全责任，就是要开好班前会、班后会和班组安全日活动。在这些活动中，班组长应该传达贯彻上级有关规章制度，组织学习事故通报，吸取教训，采取防护措施，运用安全性评价、危险点分析和预控等管理方法，发现问题、解决问题，督促工作负责人做好每项工作任务的技术交底和安全措施交底工作。对班组员工进行经常性的安全思想教育和应急操作技能培训，开展岗位安全技术培训，完成新入厂人员、变换工种人员的安全教育培训。班组长安应支持班组安全员履行自己的职责，对班组发生的不安全事故进行认真分析，总结经验，落实措施。

5. 员工（施工人员）个人的安全责任——员工是个人行为的管理者，要掌握安全技能，规范个人行为

员工作为企业的最小单元，要做一个有责任心的人，对自己所做的每一件事情负责，因此员工的安全责任是个人行为的管理者，是标准化作业的具体执行人。员工不仅要掌握安全生产法赋予自己的权力，而且要明确自己的责任，要接受安全培训，积极参加安全活动，掌握作业场所存在的危险因素及预控措施，正确履行作业程序。

员工是每一项工作的具体执行人，在事故中往往是受害者，因此员工一定树立责任意识。歌德说过：责任就是对自己要求去做的事情有一种爱。笔者认为，员工如果有这种认识，热爱自己的工作，就一定会把每一件工作做好。

企业安全生产主体责任的落实离不开企业各级人员，因此我们每一个人都要正确定位自己的安全责任，切实履行安全责任，只有这样，才能确保企业安全生产责任的落实。台湾地区著名国学大师耕云先生说："活在责任和义务里，如果我们每一个人都有这样的认识，我们国家就一定会实现安全发展。"

（四）开展现场反"三违"活动

生产过程中，"违章指挥""违章操作""违反劳动纪律"（以下简称"三违"），是人的不安全行为所导致的各类事故的罪魁祸首。不能容忍任何偏离安全制度和规范的行为，必须开展反"三违"活动。反"三违"是各行各业面临的一项艰巨任务，是安全生产工作的当务之急，是遏制事故强有力措施之一，也是安全生产工作者面临的重要课题。反"三违"应从以下10项内容着手：

1. 舆论宣传为先导

要充分发挥舆论工具的作用，广泛开展反"三违"宣传。利用各种宣传工具、方法，大力宣传遵章守纪的必要性和重要性，违章、违纪的危害性。表彰安全生产中遵章守纪的好人好事；谴责那些违章、违纪给人民生命和国家财产造成严重损害的恶劣行为，并结合典型事故案例进行法制宣传，形成视"三违"如过街老鼠，人人喊打的局面。通过宣传，使员工认真贯彻"安全第一，预防为主"的方针，勿忘安全，珍惜生命，自觉遵章守纪。由"要我反'三

违’”变成“我要反‘三违’”。实现自我约束、自我防范、自觉搞好安全生产的目标。

2. 教育培训为基础

教育培训是安全工作的重头戏。员工的安全意识、技术素质的高低，防范“三违”的自觉程度和应变能力都与其密切相关。安全教育培训要采取多种形式，除经常性的思想政治、形势任务、安全方针、法律法规、组织纪律、安全知识、工艺规程的教育外，应重点抓好法制教育、主人翁思想教育，特别要注意抓好新干部上岗前、新工人上岗前、工人转换工种（岗位）时的安全规程教育。做到教育培训、考核管理工作制度化、经常化，以提高全体干部员工的安全意识和安全操作技能，增强防范事故的能力，为反“三违”打下坚实的基础。

3. 企业领导是关键

“‘三违’除不除，关键在干部”，开展反“三违”要以领导为龙头，从各级领导抓起。

一方面，从提高各级领导自身的安全意识、安全素质入手，针对个别领导容易出现的重生产、重效益，忽视安全的不良倾向，进行灌输宣传，使他们真正树立“安全第一、预防为主”的思想，自觉坚持“管生产必须管安全”的原则，以身作则，做反“三违”的带头人。另一方面，要求各级领导运用现代管理方法，按照“分级管理、分线负责”的原则，对“三违”实行“四全”（全员、全方位、全过程、全天候）综合治理，把反“三违”纳入安全生产责任制之中。做到层层抓、层层落实，并与经济责任制挂钩，使安全生产责任制的约束作用和经济责任制的激励作用有机地结合起来，形成反“三违”的强大推动力，充分发挥领导的龙头作用。

4. 安监队伍是主力

安监队伍是企业安全生产管理的主力军，不仅是领导的助手和参谋，还是企业内的“警察和裁判”，为创造企业一方平安的环境起着十分重要的监督和管理作用。各级领导要稳定安监队伍，建设一支责任心强素质高、经验丰富懂技术、作风扎实制度熟、任劳任怨敢管理的安监队伍，树立安全管理的权威，促进企业生产的安全、持续、稳定发展。

5. 班组（项目部）是阵地

班组（项目部）是企业的“细胞”，既是安全管理的重点，也是反“三违”的主要阵地。要真正使“三违”销声匿迹，抓好对班组的管理无疑是重中之重。

一方面抓好日常安全意识教育。针对“违章不一定出事故”的侥幸心理，用正反两方面的典型案例分析其危害性，启发员工自觉遵章守纪，增强自我保护意识。通过自查自纠，自我揭露，同时查纠身边的不安全行为、事故苗头和事故隐患，从“本身无违章”到“身边无事故”。另一方面抓好岗位培训。让员工掌握作业标准、操作技能、设备故障处理技能、消防知识和规章制度；向先进水平挑战，做到“四比”（比敬业爱岗态度，比职业技术水平，比实际操作能力，比安全作业标准）、“三不”（不伤害自己，不伤害他人，不被他人伤害）。

6. 三种人群是重点

（1）班组长。企业生产一线的指挥员，是班组管理的领头羊。班组安全工作的好坏主要取决于这些人。班组长敢于抓“三违”，就能带动一批人，管好一个班。

（2）特种作业人员。他们都在关键岗位，或者从事危险性较大的职业和作业，随时有危及自身和他人安全的可能，是事故多发之源。

（3）新员工。他们多为新工人，往往安全意识较差，技术素质较低，好奇心、好胜心强。在这个群体中极易发生违章、违纪现象。

把上述3种人作为反“三违”的重点，进行重点教育、培训、管理，并分别针对其特点加以引导和采取相应的措施，就可有效控制“三违”行为，降低事故发生率。

7. 现场管理最必要

现场是生产的场所，是员工生产活动与安全活动交织的地方，也是发生“三违”，出现伤亡事故的源地，狠抓现场安全管理尤为重要。

要抓好现场安全管理，安监人员要经常深入现场，在第一线查“三违”疏而不漏，纠违章铁面无私，抓防范举一反三，搞管理新招迭出，居安思危，防患于未然，把各类事故消灭在萌芽状态，确保安全生产顺利进行。

8. 良好习惯要养成

人们在工作、生活中，某些行为、举止或做法，一旦养成习惯就很难改变。俗话说：习惯成自然。在实际工作中，养成的违章、违纪恶习势必酿成事故，后患无穷，严重威胁着安全生产。

要改变这种局面，除了需要对不安全行为乃至成为习惯的主观因素进行认真分析，有针对性地采取矫正措施，克服不良习惯外，还要利用站班会、班组学习来提高员工的安全意识；开展技术问答、技术练兵，提高安全操作技能；严格标准、强调纪律，规范操作行为；实行“末位淘汰制”，促使员工养成遵章守纪、规范操作的良好习惯。

9. 教罚并举是武器

要实现安全生产，不能仅靠思想教育，还须搞好法制教育。运用法律武器和法制手段教罚并举，反“三违”，除隐患，灭事故。企业必须对国家、各级政府和本企业颁布实施的安全生产法律、法规、制度进行宣传教育并自觉执行。

凡是事故，都要按照“三不放过”的原则，认真追查分析，根据情节轻重和造成危害的程度对责任人给予帮教处罚。对导致发生伤亡事故的责任者，依据规定，严肃查处，触犯法律的交司法部门处理。要做到“法律面前人人平等”，干部员工一视同仁，实现从人治到法治的转变。

10. 群防群治做保证

在企业安全生产工作中，“企业负责，群众监督”是两项同抓并举的任务。“群众监督”是实现“企业负责”搞好安全生产的可靠保证，也是搞好反“三违”工作的可靠保证。要搞好群众监督，就应特别注意发挥各级工会对安全生产的监督作用，不断提高员工代表的安全监督能力，广泛发动员工依法进行监督，开展以“群防、群查、群治”、反“三违”的监督检查活动，确保员工的安全和健康。

（五）运用“以案说法”警示教育

多年来，工程施工安全事故仍处于高发态势，形势不容乐观。从诸多事故案例可以看出，事故的发生不是偶然、孤立的，每起事故的发生都与人、机、物、环境这几大因素有关，尤其人员的违章指挥、违章操作和违反劳动纪律是引发事故的主要原因。

企业各级管理人员和施工作业人员要“以案说法”，克服骄傲自满、麻痹思想，警钟长鸣，吸取事故教训，提高全员识险、避险能力，增强安全意识。各企业可采取各种措施，编制企业《安全文化手册》（基本安全文化手册+各专业安全文化手册）；编制企业典型事故汇编；编制安全行为宣传画册；制作典型事故案例 Flash 短片；制作典型事故警示片；VR 虚拟现实等手段。把事故案例作为开展现场安全教育培训的鲜活教材，作为反违章的思想武器，充分利用班前会、班后会和安全活动时间，加强对案例的学习，举一反三，深刻吸取教训，严格遵章作业，遵守劳动纪律，规范管理，程序化作业，严格落实现场安全措施，做到诚实、守信，拒绝“三违”，确保工程项目施工安全可控在控。

随着信息与网络技术的发展，企业可以通过网络平台，开发安全论坛、安全知识天地、安全竞赛小游戏、有问有答等系统或软件，利用目前广泛使用智能手机的有利条件，在企业各级人员中宣传安全理念、制度与安全知识，营造安全文化氛围。

防止事故的发生，人是第一要素，要实现持续的安全生产，必须解决人对“事故”的了解、认识和掌握问题。事故也是一种蕴含着大量信息的有待挖掘的宝贵“资源”，通过对这一“资源”的学习和利用，客观地总结导致事故发生的因素和规律，对安全生产大有裨益。

（六）树立“十荣十耻”安全荣辱观

以安全第一为荣，以忽视安全为耻；

以超前预防为荣，以盲目蛮干为耻；

以责任落实为荣，以失职渎职为耻；

以遵章守纪为荣，以违章违纪为耻；

以精严细实为荣，以作风漂浮为耻；

以自保互保为荣，以伤人害己为耻；

以规范操作为荣，以愚昧无知为耻；

以令行禁止为荣，以自行其是为耻；

以敢抓敢管为荣，以姑息迁就为耻；

以安全生产为荣，以发生事故为耻。

（七）抓好工作外安全管理

目前，在我们的生产和工作中，广大员工对安全工作都十分重视，能够自觉地遵守安全操作规程，落实企业的各项安全管理制度，使生产工作中的安全得到保证，有效减少了各类事故的发生。但是，在我们的现实生活中，在人们的脑海里和心目中，往往是对上班工作中的安全比较注意和重视，对下班后业余生活中的安全工作就有些不在乎了。

过去常听到有人说，“8 小时以外是我的自由”，这似乎意味着下了班，8 小时以外的活动谁也管不了，我愿意怎么玩、怎么干是自己的事，哪还注意什么安全不安全。我认为，这种说法和行为是对自己的生命和安全工作不负责的一种表现，对安全生产的政治责任、社会责任、家庭责任和经济责任的重要意义认识不深，对全面、全方位、全过程地做好安全工作存在片面理解。认为安全工作只有上班和工作时讲安全、要安全最重要，下班后和业余生活中就不讲安全，不重视安全，不那么重要。

回顾以往发生的许多事故中，不少都是在 8 小时以外节假日里和业余生活中发生的。2007 年 10 月的一天晚上，某员工在公路边上行走，突然被疾驶而来的气车从后面撞倒，造成头部和胸部严重受伤，因抢救及时，脱离了生命危险，但至今还留下后遗症。2004 年 6 月的一个双休日里，几名员工结伴去玩，在走到一码头处往下跳时因姿势不当，跳下后造成左小腿骨折事故，这也是发生在 8 小时以外的事。这些简短的事故案例和惨痛教训告诉我们，不安全事故的发生是不分工作内和工作外，不分时间、地点和场合的，如果麻痹大意不在乎，没有牢固的安全意识，随时有可能发生不安全问题。因此，在对待安全方面，无论是工作内还是工作外，对安全工作任何时候都不能松懈。安全是天，是政治，是效益的安全理念要牢记心中。

上班时要注意安全，遵守操作规程，下班后 8 小时以外同样要遵守企业的各项安全管理制度，严格要求自己，我们的安全工作不论是在上班中还是下班后，不论在哪个环节哪个时段上就一定能够保证安全。和大家强调 8 小时以外的安全，目的是提醒各位，我们要的不是一时一事、单纯工作中、上班中的安全，而是要从 8 小时以外发生的一些事故中吸取深刻教训，重视业余生活中的各类安全，树立一种工作中和下班后，时时刻刻，事事处处都注意安全的永久安全意识。

企业安全文化不是生产、制造出来的，而是不断积淀、提炼和提升，不断促进和发展的过程，安全文化建设是涉及企业各层级全面综合、长期持续的系统工程。大多数企业的安全文化已经具备较为完整的组成要素，并随着本企业管理的发展进步，自然而然地发展到了一定水平，已形成了良好的安全文化建设基础，系统化建设安全文化已势在必行。因此，安全文化建设对多数企业来说，应是一个全方位、系统化的要求。

启 示

杜邦十大安全理念

一、所有的安全事故是可以预防的

从高层到底层，都要有这样的信念，采取一切可能的方法防止、控制事故的发生。

二、各级管理层对各自的安全直接负责

因为安全包括公司各个层面、每个角落、每位员工点点滴滴的事，只有公司高层管理层对所辖区的范围安全负责，下属对各自范围安全负责，车间主任对车间的安全负责，生产组长对辖区的范围安全负责，再到小组长对员工的安全负责，涉及每个层面、每个角落安全都有人负责。这样公司的安全才会真正有人负责。安全管理部门不管有多强，人员都是有限的，不可能深入到每个角落、每个地方、24 小时监督，所有安全必须是从高层到各级管理层到每位员工自身的责任，安全部门从技术上提供强有力的支持。只有每位员工对自己负责，每位员工是每个单位的元素，企业由员工组成，每个员工、组长对安全负责，安全才有人负责，最后总裁才有信心说我对企业安全负责。否则，总裁、高级管理层对安全哪里出问题都不知道，这就是直接负责制，是员工对各自领域安全负责，是相当重要的一个理念。

三、所有的安全操作隐患是可以控制的

在生产安全过程中所有的隐患都要有计划，有投入、有计划地治理、控制。

四、安全是被雇用的条件

在员工与杜邦的合同中明确写着，只要违反操作规程，随时可以被解雇。每位员工参加工作的第一天就意识到这家公司将是安全的，从法律上讲只要违反公司安全规定就可以被解雇，这是将安全与人事管理结合起来。

五、员工必须接受严格的安全培训

让员工安全，要求员工安全操作，就要进行严格的安全培训，要想尽可能的办法，对所有操作进行培训。要求安全部门与生产部门合作，知道这个部门要进行哪些培训。

六、各级主管必须进行安全检查

这个检查是正面的、鼓励性的，以收集数据、了解信息，然后发现问题、解决问题为主的。如发现一名员工的不安全行为，不是批评，而是先分析好的方面在哪里，然后通过交谈，了解这名员工为什么会这样做，还要分析领导有什么责任。这样做的目的是拉近距离，让员工谈出内心的想法，为什么会有这样的不安全动作，知道真正的原因在哪里，是这个员工不按操作规程做，安全意识不够强，还是上级管理不够，重视不够。这样，拉近管理层与员工的距离，鼓励员工通过各种途径把对安全的想法反映到高层管理层来，只有知道了不安全行为、因素，才能对整个企业的安全提出规划、整改。如果不了解这些信息，抓安全是没有针对性的，不知道抓什么。当然安全部门也要抓安全，重点是检查下属、同级管理员有没有抓安全，效果如何，对这些人员的管理做出评估，让高层管理人员知道这个人在这个岗位对安全的重视程度怎么样，为管理提供信息。这是两个不同层次的检查。

七、发现安全隐患必须及时更正

在安全检查中会发现许多隐患，要分析隐患发生的原因是什么，哪些是可以当场解决的，哪些是需要不同层次管理人员解决的，哪些是需要投入力量来解决的。重要的是把发现的隐患及时加以整理、分类，知道这个部门的安全隐患主要有哪些，解决需要多长时间，不解决会造成多大的风险，哪些是需要立即加以解决的，哪些是需要加以投入的。安全管理真正落到实处。这是发现隐患必须整改的真正含义。

八、工作外的安全与工作内的安全同样重要

从这个角度，杜邦提出 8 小时外的预案，对员工的教育就变成了 7 天 24 小时的要求，想方设法要求员工积极参与，进行各种安全教育。旅游如何注意安全，运动如何注意安全，用气如何注意安全等。

九、良好的安全就是一门好的生意

这是一种战略思想，如何看待安全投入，如果把安全投入放在对业务发展投入同样重要的位置考虑，就不会说是成本，而是生意。这在理论上是一个概念，实际上也是很重要的。抓好安全是帮助企业发展，创造良好的环境、条件，

实现企业的发展目标。否则，企业每时每刻都在高风险下运作。

十、员工的直接参与是关键

没有员工的参与，安全是空想，安全是每名员工的责任，没有员工的参与，公司的安全就不能落到实处。

第十一章

严格承包商安全管理

承包商管理是企业生产经营活动的重要组成部分，同时施工现场的承包商安全管理始终是个棘手的难题。我们要充分认识到承包商安全管理的好坏与企业的运营效益有着至关重要的关系，一方面向承包商提供一个安全的“生命保障”，相关的意外事故与伤害可以被防止，从而直接或间接降低业主与承包商的成本。另一方面良好的承包商管理也可以提高生产率，降低营运成本；减少设备故障，降低维修成本，以及减少施工延迟所造成的损失，人员伤害的医疗成本等。

寻求破解承包商安全管理的抓手，减少安全生产过程中“三违”现象的发生，促进承包商自主安全管理水平提升，最大限度地减少甚至避免安全事故的发生，成为企业落实“以人为本、安全发展”理念的一项十分重要的工作。同时，承包商是工程项目施工安全精益管理要求的具体执行者，如承包商管理失控或管理不到位，或者管理不细致，那么施工安全精益管理就像是“水中月、镜中花”，是不可能实现的。

第一节 做好承包商安全管理是法律、法规的严格要求

（一）法律基本规定

承包商管理虽属于外包范畴，但企业也需要按照自己的管理标准对其进行管理。否则一旦事故发生，企业也将承担相应的法律责任。

《安全生产法》第四十六条规定：“生产经营单位不得将生产经营项目、场所、设备发包或者出租给不具备安全生产条件或者相应资质的单位或者个人。”“生产经营项目、场所发包或者出租给其他单位的，生产经营单位应当与承包单位、承租单位签订专门的安全生产管理协议，或者在承包合同、租赁合同中约定各自的安全生产管理职责；生产经营单位对承包单位、承租单位的安全生产工作统一协调、管理，定期进行安全检查，发现安全问题的，应当及时督促整改。”

《安全生产法》第一百条规定：“生产经营单位将生产经营项目、场所、设备发包或者出租给不具备安全生产条件或者相应资质的单位或者个人的，导致发生生产安全事故给他人造成损害的，与承包方、承租方承担连带赔偿责任。

生产经营单位未与承包单位、承租单位签订专门的安全生产管理协议或者未在承包合同、租赁合同中明确各自的安全生产管理职责，或者未对承包单位、承租单位的安全生产统一协调、管理的，责令限期改正，可以处五万元以下的罚款，对其直接负责的主管人员和其他直接责任人员可以处一万元以下的罚款；逾期未改正的，责令停产停业整顿。”

（二）落实“谁主管、谁负责”的基本原则

企业要紧紧结合实际，将承包商纳入企业的管理体系，实行统一管理、统一标准、统一要求。通过科学的评价，完善承包商队伍准入和考核机制，同时奖优罚劣，将承包商的安全业绩与工程业务量挂钩。

企业的安全管理、工程管理等部门要强化现场安全管理，不断提升承包商的安全管理水平，对管理弱化的承包商实行业主单位管理人员蹲点工作制或派驻帮扶工作组，从制度执行、措施完善、安全用品配备、安全教育培训、现场监督等方面进行全面强化，努力消除管理“短板”，达到共同提升的目的。从而培育企业忠诚度高、员工素质好的战略承包商队伍，逐步形成业主与承包商长期友好合作的共同利益链，实现企业安全、社会稳定和承包商发展的和谐统一。

第二节　承包商安全管理存在的主要难题

外包工程管理历来是施工安全管理的重点、难点和薄弱环节。随着社会经济的发展，工程外包量日趋加大，外包施工队伍也在不断地增加。这些外包施工队伍的涌入，一方面有效解决了企业劳动力不足的问题，另一方面却因其组织管理情况复杂、片面追求工期效益等，导致安全管理、资金投入不足、人员业务素质和安全技能较差，从而给企业的安全生产带来了极大的安全隐患。因外包工程安全监管责任严重缺失引发的群死群伤事故常见诸报端，不仅给受害者及其家庭带来了灾难性的后果，也给企业造成了难以挽回的经济损失和负面影响。

通过对笔者了解企业的安全现状分析，目前承包商安全管理呈现出队伍分散、整体素质不高、自主管理弱化，以及主管部门责任不落实、监管措施不到位等问题，其主要表现如下：

（1）承包商员工流动性大，人员素质不高，安全意识淡薄；同时，存在总承包商分包多、挂靠多、临时用工多的“三多”现象，违章冒险作业现象较多。这是目前承包商安全管理中存在的一个普遍性问题。

（2）部分承包商安全管理人员管理意识和技能不高，制度执行不严，现场监督松懈。有的承包商安全管理人员由于不懂安全管理制度和管理要求，现场监管流于形式，甚至带头违章；或者没有认真履行监管职责，反而一味强调现场施工建设进度的重要性，自身管理严重缺位。

（3）承包商自主管理能力不强。一般来说，承包商施工作业不少是短期行为，安全费用未投入到位，部分承包商高层管理人员存在“少投入、赶工期、多回报”的潜意识和“事故不一定发生”的侥幸心理，以致现场安全措施不完善，日常管理标准不高、要求不严，安全风险得不到有效控制。

（4）对承包商统一管理、统一标准、统一要求还有差距。主要表现为政府和企业对承包商作业现场安全情况检查多、处理多，对承包商自主管理情况、安全管理体系运行情况监督检查不到位，不能系统地了解、掌握承包商单位整体安全管理能力水平及深层次的问题。

（5）“谁主管、谁负责”的要求没有真正融入相关业务部门的日常管理业务之中。企业强势的业务管理与弱化的安全管理的问题依然存在；承包商的准入、评估、淘汰运行机制和管理标准还不够量化、细化，没有建立承包商安全业绩与企业主管部门及政府有关部门的连带考核机制。

第三节　承包商安全管理的要点

（一）生产经营单位发包工程的内部管理

生产经营单位发包工程项目，应以生产经营单位名义进行，严禁以某一部门的名义进行发包。生产经营单位应明确发包工程归口管理部门，统一对发包工程进行管理。

发包单位、承包商应依法签订工程合同，签订安全协议，开工前向承包商收取安全风险抵押金，安全风险抵押金一般为工程总造价的 5%。工程应发包给具有相关资质的单位，在签订合同前，必须对承包商资质和条件进行审查，并复印（扫描）有关见证性材料备案：

（1）有关部门核发的营业执照和资质证书，法人代表资格证书，安全资质证书，施工简历和近3年安全施工记录。

（2）人员年龄、工种、健康状况等是否符合要求；管理人员、工程技术人员和工人的技术素质是否满足工程需要；特种作业人员是否持有合格的《特种作业操作证》。

（3）承包商保证安全施工的组织机构、工器具、安全防护设施、安全用具能否满足安全施工要求。涉及定期试验的工器具、绝缘用具、施工机具、安全防护用品，是否具有检验、试验资质部门出具的合格的检验报告。

（4）承包商施工队伍是否按规定配备专、兼职安全管理人员。安全管理机构、专兼职安全管理人员是否持有资质证书。

（二）安全生产协议的主要内容

安全生产协议应包括以下主要内容：

（1）遵从法律法规有关规定。

（2）发包单位提出的确保施工安全的组织措施、安全措施和技术措施要求。

（3）承包商制订的确保施工安全的组织措施和技术措施。

（4）承包商应遵照执行的有关安全文明生产、治安、防火等方面的规章制度。

（5）发包单位对现场实施奖惩的有关规定。

（6）有关事故报告、调查、统计、责任划分的规定。

（7）对承包商人员进行安全教育、考试及办理施工人员进入现场应履行的手续等要求。

（8）承包商必须按照生产经营单位的要求提供相关材料，接受安全资质和条件审查。

（9）承包商不得擅自将工程转包、分包、返包或挂靠管理。在工作中遇有特殊情况确实需要由生产经营单位配合完成的工作，应书面提出申请，经发包单位领导批准后，指派有关部门、班组配合完成。

（10）承包商在施工过程中不得擅自更换工程技术管理人员、安全管理人员及关系到施工安全及质量的特殊工种人员，特殊情况需要换人时须征得发包单位的同意，并对新参加工作人员进行相应的安全教育、培训和考核，合格后方可使用。

（11）承包商不得使用童工，施工人员不得有承包工程的职业禁忌症。

（三）承包商要严格履行自主管理职责

承包商要加强自主管理，建立有效的沟通管理机制，严格遵守现场安全管理基本要求。

（1）工程开工前生产经营单位应对承包方负责人、工程技术人员进行全面的安全技术交底，并应有完整的记录。必要时，在承包商教育培训的基础上对承包商管理人员和工程技术人员、工人进行安全教育培训和考试，提供有关安全生产的规程、制度、要求。

（2）在有危险性的生产区域内作业，有可能造成火灾、爆炸、触电、中毒、窒息、机械伤害、烫伤、坠落、溺水等有可能造成人身伤害、设备损坏、环境污染等事故的，生产经营单位应要求承包方做好作业安全风险分析，并制订安全措施，经生产经营单位审核批准后，监督承包方实施。承包商应按有关行业安全管理法规、条例、规程的要求，在工作现场设置安全监护人员。

（3）在承包商队伍进入作业现场前，发包单位要对其进行消防安全、设备设施保护及社会治安方面的教育。所有教育培训和考试完成后，办理准入手续，凭证件出入现场。证件上应有本人近期免冠照片和姓名、承包商名称、准入的现场区域等信息。

（4）生产经营单位协助做好办理开工手续等工作，承包商取得经批准的开工手续后方可开始施工。

（5）发包单位、承包商安全监督管理人员，应经常深入现场，检查指导安全施工，要随时对施工安全进行监督，发现有违反安全规章制度的情况，及时纠正，并按规定给予惩处。

（6）同一工程项目或同一施工场所有多个承包商施工的，生产经营单位应与承包商签订专门的安全管理协议或者在承包合同中约定各自的安全生产管理职责，发包单位对各承包商的安全生产工作统一协调、管理。

（7）承包商施工队伍严重违章作业，导致设备故障等严重影响安全生产后果的，生产经营单位可以要求承包商进行停工整顿，并有权决定终止合同的执行。

第四节 加强承包商安全管理的主要手段

企业要针对企业安全生产特点，不断探索和创新有利于承包商的安全管理方法和管理模式，随时掌握承包商动态变化，及时发现和纠正管理过程中及作业环节上的偏差。要认真落实“谁主管、谁负责”的原则，在强化承包商安全自主管理的基础上，对承包商始终保持严格监管的态势，及时解决施工现场“三违”现象多等困扰安全生产的难题，使承包商安全管理趋于标准化、程序化、科学化，努力提升施工安全生产整体管理水平。

（一）严格准入管理

1. 如何选择承包商

选择承包商是建立在对承包商过往安全业绩全面调查的基础之上，首先在招标阶段要向承包商明确拟招标项目危害识别与风险评估，当资格预审时，应考察其安全表现，也就是选择良好安全实践的承包商。比如针对以往安全表现数据，特殊工种技能与培训，承包商安全程序、计划等方面进行评分考量。

对承包商的安全能力评估是选择优秀承包商的关键，如何做呢？从杜邦公司的管理实践中得知我们可以从以下几个环节进行考察：

（1）与可能的投标人开会并讨论：承包商先前是否在这里或在其他公司有过成功的业绩表现（通过前期调研获得）；

（2）承包商是否有合格的、经过培训的、有经验的安全工作人员和主管可以从事安全相关的工作（要根据工程大小，考虑安全人员数量）；

（3）承包商是否有正式（书面）的安全计划，实行工作安全检查，并保留事故调查日志？承包商是否有保险（给员工购买保险）及担保（小单位要有大公司进行担保）；

（4）承包商是否有足够的资源（设备、人员）来安全地完成工作？他们的书面安全计划是否是可信的、全面的和适用的？承包商是否能出示证据表明其计划是有效的（例如，他们是否有带有可衡量结果的安全审查记录）？是否有安全培训记录，以及相关的证明和资格证书？是否清楚地为承包商组织中的每个人（管理层、职员、主管人员、工人）规定了安全任务和责任？

2. 把好承包商准入关

对各类承包商进行严格的准入管理，把好准入关。严格审查承包商的资质等级证书、营业执照、税务登记证、组织机构代码证等证件是否齐全、有效。使用单位只能在资源库名录中选用承包商，确保承包商队伍整体素质的可控性。

3. 完善现场安全监督机制

企业要结合承包商安全管理实际，以承包商安全管理提升为着力点，根据不同类型的承包商，明确业务责任部门、横向部门、基层单位的职责，专门成立安全管理部门，配备专职安全管理人员，对承包商及项目建设现场进行安全监督管理。

承包商宜按照“50:1”要求配备安全管理人员，工程监理单位应配备专职安全管理人员。形成安全管理部门、监理单位、承包商“三位一体”的项目安全监管体系。除此以外，由所属单位配备专职现场安全监护人，对施工作业的中、高风险作业进行现场监护，保障施工安全。

（二）依据合同诚信履约

1. 订立合同、诚信履约

承包商必须树立诚信履约的理念，同时强化合同条款约束和考核。企业要在工程合同中对甲乙双方的责任、义务进行强制约定。你想把事做好，先将“游戏规则定好”。合同签订之前，竞标者要理解“游戏规则”。合同中应涉及并明确要求主要人员的能力和所需设备，同时要涵盖对安全的期望、执行工作的条件、工作场所通用安全规定、作业现场的特别安全规定等内容、详细工作范围等内容。更重要的是不遵守要求时，有终止合同的条款。

目前，多数企业已经采取范本合同模式。需要强调的是，发包方、承包方需结合实际，对有关管理细节进行梳理、确定并纳入合同条款，便于落实到位。如各承包商（一般为乙方）必须先完成对员工的安全意识、作业工种安全操作规程的教育，并提供证明材料。如可随机抽查，发现不合格或没有进行相关安全教育的人员一律不准进入承包商队伍，当达到 5%人数时，将该承包商申请安全教育的全部人员应做退回处理。

2. 强化安全教育培训

培训和训练是为了让承包商人员理解接受项目现场的安全要求和安全文

化。避免提供“千篇一律”的安全导向培训，将安全导向培训与指导看作一种负担。培训要有针对性，针对项目安全、针对作业风险，不要夸夸其谈，不应该把安全导向培训与指导看作一个“事件”，而不是一项不断进行的努力。要将培训自始至终贯彻承包商所有活动中，比如，在工作开始前进行入场培训，让其熟悉关键的安全信息，作业中沟通生产可能对施工产生的危害。

（1）定期对承包商的项目经理和技术、管理人员，以及特殊工种的安全培训工作，以提高管理层和高危工种的安全意识和作业技能。外来施工人员教育培训合格后，可发放安全培训合格证。

（2）加强承包商的安全教育培训。设立公司、分场、班组三个层次，层层递进强化安全教育培训效果。

公司级，组织外包施工人员到安全教育室观看安全警示教育片、典型违章图片案例课件，图文并茂，分析和讲解施工现场存在的安全风险、安全注意事项、以往施工过程中出现的违章现象及严重危害。

分场级，针对工作环境及存在的危险因素、防范措施及安全注意事项、自救互救及应急知识、个人防护用品的使用、不安全情况汇编及事故案例等展开培训。

班组级，剖析讲解具体施工中可能导致事故发生的危险因素、危险部位，应急救援预案及如何做好现场全程监护等。对施工人员特种作业操作资格、身体健康状况等个人信息进行严格审核，并通过三级安全教育、考试合格后，方可领取带有头像和二维码的安全上岗证。

（三）严格承包商过程履约管控

1. 严格施工前的管理

一是执行抵押金管理。签订合同时，承包商（乙方）要按合同金额比例，向甲方交纳一定数额的安全生产保证金，一旦出现违章行为，从中扣除，通过重罚使其“不敢”违法违章。

二是严格进行施工方案审查。企业的主管部门要严格审查施工方案，在项目论证评价、施工设计、工艺选择等各个环节都要优先考虑安全因素，审查风险因素识别是否到位、方案是否存在缺陷漏洞、是否制定了切实有效的防范措施等。

三是严格施工作业许可管理。办理作业许可时，企业的主管部门要将施工现场的安全状况、存在的危害因素及防范措施向承包商做安全交底，并签订合同并备案。生产单位在审核资料合格后，方可办理作业许可、进站许可证等相关手续。

四是严格安全告知管理。进入施工作业现场前，施工现场负责人要严格履行管理职责，逐个审查进入现场人员的资质，并向施工人员进行安全告知。

2. 过程安全管理

工作管理实质是对作业的过程安全管理，企业现场管理机构和人员要根据合同要求安排专人负责评估现场安全的实施状况，同时，保证审核或安全调查是针对风险控制，而不是仅仅是为了惩罚。对现场的检查要实施闭环管理：有检查、有通报、有整改、有验证。促使现场作业持续改进及避免普通错误重复发生。现场管理机构和人员要履行主体责任，对承包商的作业过程进行管控。

（四）定期评估，实施承包商淘汰工作机制

承包商管理的基础是要建立一个奖优惩劣的程序，使不同部门可以共享成功的经验，但大多数企业都未实施这一重要步骤。定期评估的目的也是为以后选择承包商做准备，所以应建立科学的评估制度，确保承包商的安全表现依照程序进行了评价，淘汰表现不良者，表彰有贡献者。建立合作伙伴关系的一种重要方式是对照合同的期望值评估安全表现，互相提供建设性的反馈意见更新数据库，调整流程，做出改进。

1. 建立承包商考评机制

由企业定期对承包商进行考核评价。强化承包商行为和绩效考核。主要从技术素质、施工资质、设备设施、安全管理等方面对其进行评价。

2. 实施扣分考核

“动员千遍不如问责一次”，为强化现场管理，可加大事故问责力度。如国内部分大型企业已全面推行承包商违章扣分（计分）考核机制，对承包商现场发生的违章行为和事故实行分级管理，实施累积计分考核，得分高低与合同续签业务量直接挂钩。

3. 落实承包商“黑名单”制度

建立过程监督、过程考核、事后评价的管理机制，将考核评价结果与业务挂钩；建立健全安全事故“零容忍”和“一票否决”考评机制。建立承包商清退机制，针对累计扣分超过规定分数的承包商单位或个人，列入“黑名单”，取消其在工程项目施工作业的资格。对违反禁令的人员，坚决清除。

虽然目前工程项目施工承包商事故较多，违章行为常有发生，日常监督管理存在一定难度，但是按照海因里希“任何一起事故都是有理由的，并且是有征兆的。安全生产是可以制约的，事故是可以避开的”的事故三角形理论，只要执行统一的管理标准，加强教育培训、资质审查、监督检查等工作，承包商的违章行为必将日趋减少，事故率稳步下降，承包商安全形势必然会不断转好，最终实现企业与承包商的“双赢”目的。

启　示

中国南方电网公司运用动态管理机制提升基建承包商管理水平

中国南方电网公司建立具有特色的基建承包商动态管理机制，遵循“严格准入、过程管控、量化评价、结果应用”的原则，运用PDCA管理工具，并将基建承包商评价结果应用到基建项目招标工作中，建立基建承包商优胜劣汰机制，择优选取承包商参与电网建设，同时加强过程管控，规范履约行为，提高履约质量，最终实现合同双方互利共赢的目标。

一、实施背景

近年来，随着我国经济的快速发展，电力建设已成为国民经济发展的重要保障。电力建设的高效推进是确保南方电网公司战略落地和电网规划建设顺利实施的关键，承接电力建设任务的基建承包商是直接影响工程质量、安全、造价、进度等方面的重要因素。目前在南方电网公司登记建档的基建承包商数量已达到3000余家，参建承包商数量多且素质良莠不齐，挂靠、借用资质、违法分包、以包代管等现象屡禁不止，施工现场管理不到位等问题突出，不仅对基建安全造成威胁，也制约着基建管理水平的提升和创先发展。

二、承包商管理主要措施

遵循“严格准入、过程管控、量化评价、结果应用”的原则，南方电网公司建立了具有特色的基建承包商动态管理机制。

（一）严格准入

开展基建承包商登记建档管理，按照南方电网公司供应商管理思路，依据《中国南方电网有限责任公司基建项目承包商管理业务指导书》要求，对自愿参加南方电网公司登记建档的承包商进行审核，对符合国家及行业有关规定及要求的承包商予以登记建档，并建立基建承包商诚信档案，诚信档案信息全网共享。目前，公司系统中基建承包商共3331家。

（二）过程管控

1．推行安全生产风险管理体系建设

南方电网基建安全管理从管理理念、内容和方法上积极借鉴国际先进安全管理模式，树立了“大安全”理念，运用风险管理体系的模式和方法，以风险控制为主线，关注事前的风险分析与评估，把安全防范的关口前移，实现动态的、主动和全面的安全生产风险管理。公司基建部积极推进安全生产风险体系审核评级工作，将安风体系安全绩效钻级与基建项目招标挂钩。如 2015 年共 215 家单位申请安风体系认证，公司基建部积极推进安风体系挂钩考核，将承包商安风体系安全绩效钻级与日常管理挂钩，实现动态管理。共有 15 家承包商被取消安风体系安全绩效钻级，41 家承包商被降低安风体系安全绩效钻级。经过挂钩考核后，136 家承包商安风体系安全绩效钻级得到认可。通过安全生产风险体系建设，基建管理向规范安全管理、打造本质安全迈出了坚实的一步，逐步实现基建安全管理规范化和作业标准化，有效提高了风险管控能力。

2. 全面落实安全“四步法”和施工机具“八步骤”管理的要求，推广安全文明施工“5S”管理。

（1）安全“四步法”，是指基建工程施工作业按照施工作业指导书、风险分析、安全作业票、站班会的程序规范施工。在基建项目施工中开展作业危害辨识、风险评估与控制，实现安全风险管控，形成施工人员的风险管控意识，让每个工人知道要干什么活、怎么干、有什么安全风险、如何防范，基本掌握现场的安全、技术要求及危险点，安全防范意识明显提高。

（2）施工机具“八步骤”管理，是指按照安全生产风险体系的思路，对管理工程所需的 74 台施工机械和 5 类个人防护用品，在设备进场、注册管理、安装与拆卸、使用与维护、检测与检验、检查的“六个环节”，强调设备维护管理的“八个步骤”：设备清单——设备台账——三证合法合规——操作手册——作业指导书——重大作业前专项检查——维保项目及周期——政府年检。

（3）“5S”管理是一种先进的、国际通用的现场管理方法和工具，包括整理（SEIRI）、整顿（SEITON）、清扫（SEISO）、清洁（SEIKETSU）和素养（SHITSUKE），简称为“5S”。南方电网公司全面引进国内外先进企业“5S”管理经验，结合实际管理状况，制定基建施工现场安全文明施工“5S”推行方案，开展“5S”试点，积极探索提升基建施工现场安全文明施工管理水平的有效方法，取得了初步成效。目前，南方电网施工“5S”管理的推动机制包括定点照相、红牌作战、看板作战等。

①定点照相。

针对施工现场发现的各类问题，实施定点拍照，对整改过程和整改结果进行记录，直至整改完毕，如图 11-1 所示。

图 11-1 “5S”管理之定点照相

②红牌作战。

项目部人员根据巡查及定点拍照的结果，在相应问题区域张贴红牌，并标明问题及整改时间，如图 11-2 所示。

图 11-2 “5S”管理之红牌作战

③看板作战。

现场使用管理类看板及作业类看板，根据现场需要实时更新，实现可视化管理，如图 11-3 所示。

3. 加强基建工程分包管理

公司在《基建项目分包管理业务指导书》中明确基建工程分包管理的相关

要求，为确保相关制度的落实，同时在基建管理“八不准”的第六条中明确规定，不准有非法转包、违法分包和挂靠行为。通过组建纠察大队、结合跨部门联动、加大飞行检查力度、督促各分子公司自查自纠、加大处罚力度等措施，实现分包管理的过程管控，同时将分包管理与项目履约评价挂钩，有效保证了工程的质量和安全。

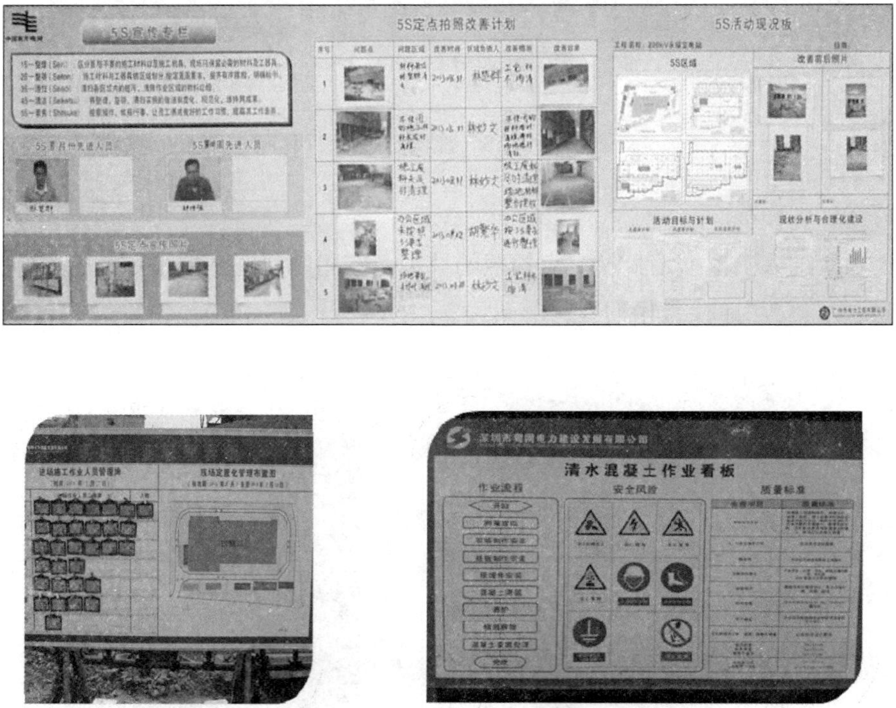

图 11-3 “5S”管理之看板作战

4. 全面推行基建承包商日常检查考核扣分工作制度

基建承包商违章扣分工作是南方电网公司基建管理的一项创新举措，效仿“交通违法记分扣分”方法，明确了基建七个管理方面的 35 条典型违章行为，对应每条违章行为设有扣分明细及扣分值，承包商若在南网基建项目中一年内被累计扣满 6 分、12 分，均会受到不同程度的处罚，扣分考核结果与工程项目招标挂钩，最严重地将被暂停参与南方电网公司基建工程投标及承接分包工程的资格。开展承包商违章扣分工作，有力维护了施工现场秩序，通过开展承包商现场管理飞行检查（"四不两直"方式），承包商对现场安全的重视程度有了较大提高，减少了诸多现场安全隐患，在预防事故等方面已经发挥了积极的作用。比如，2014 年全网 25 家承包商受到红牌处罚，55 家承包商受到黄牌警告。

5. 引导基建承包商健全内部技能培训

目前，基建项目施工队伍多，施工人员素质参差不齐是施工现场最大的风险源之一。为提高基建施工现场作业人员的素质，公司基建部要求基建承包商人员资格认定严格按国家有关部委或行业规定执行，并鼓励各基建承包商按专业分类自行组织开展技能培训、上岗资格评定等员工队伍建设相关工作。

（三）量化评价

1. 规范基建承包商评价管理

基建承包商评价管理实现了网公司、分子公司、地市供电局及业主项目部四级评价平台的有效衔接、全面覆盖，统一工作流程、统一评价原则、统一评分标准。依托基建管理信息系统开发了承包商评价功能，实现了从过去的单一评价方式向大数据评价方式过渡，使评价结果更加科学、客观、合理。承包商评价工作从 2013 年 10 月份正式启动，目前已完成 4 个周期的评价工作，有 1000 多家设计、施工、监理承包商参与了评价。

承包商评价涵盖资质能力评价、绩效评价（包含履约评价和运行评价）、承包商违章扣分三个部分。其中资质能力评价从资质体系认证、企业经营实力、人员情况、施工机具、企业业绩及工程获奖等方面进行考核。承包商项目履约评价主要由业主项目部、监理项目部对工程建设各个阶段从安全文明施工、质量管理、造价管理、进度管理、技术管理、综合管理等方面进行评价。运行评价是指运行过程中发生的或重大自然灾害所暴露出的基建质量问题，对有责任的承包商进行扣分，充分体现基建工程全生命周期管理。为保证承包商评价结果的公平、公正、合理，南方电网公司基建部组织独立第三方对承包商评价结果进行核查，复核承包商资质能力评价资料的真实性、业主项目部及监理项目部履约评价的客观性，最大限度地保证承包商评价成绩的真实性和客观性。

2. 结果应用

基建承包商评价结果运用到项目招标中，使业绩、实力、信誉和履约均良好的承包商在市场竞争中占有优势，将业绩、实力差的承包商逐步淘汰出南方电网基建市场，实现优胜劣汰。另一方面，基建承包商对照评价指标及时发现自身的不足，寻求突破的空间和改进的方向，激励各承包商单位在企业实力、技术力量、服务及合同履约等方面不断完善，从而提高承包商自身管理水平，达到双赢的目的。

三、实施效果

对基建承包商实施动态管理经过几年的实践，基建项目的安全质量得到了有效的控制，南方电网基建项目近 3 年伤亡事故同比下降 90%。基建承包商的选取也基本实现了优胜劣汰，同时基建承包商在技术力量、履约服务水平等方面也有一定的提高，向合同双方互利共赢的目标迈进了一大步。

第十二章

安全事故防范、紧急救援及事故调查处理

见诸报端和网络的安全事故案例不胜枚举。一场场大火，一次次矿难，一座座桥梁垮塌，隧道瓦斯爆炸，多少鲜活的生命随风而逝。总是能让我们看到、听到一幕幕血的教训，触目惊心。许多惨剧的发生，无一不是由于安全知识的贫乏、安全责任心不强、安全措施不完善、违章作业、违章指挥、违反劳动纪律、违反安全操作规程、违反日常管理规定、安全意识的淡薄造成的。对安全工作没有前瞻性，缺乏超前思考、超前谋划、超前布局的意识，仅仅满足于现状，不能及时洞察并排除施工现场的安全隐患，面对如影随形的安全隐患，结果只能是束手就擒、无计可施、手忙脚乱。因而导致安全事故发生，给企业造成了严重的经济损失和形象损失。

应该说，目前还有很多施工企业还存在侥幸心理，“预防为主”被很多企业视为纸上谈兵。所以，要推进工程项目施工安全精益管理，需在事故防范方面做足、做细工作。要树立预防为主的思想，狠下功夫，从责任意识上、从实际操作上找原因，常抓不懈，方可大大减少避免各类工程事故，给企业带来无形的效益，给社会带来和谐。

第一节　事故致因理论

事故致因理论是从大量典型事故的本质原因中所分析、提炼出的事故机理和事故模型。这些机理和模型反映了事故发生的规律性，能够为事故原因的定性、定量分析及事故的预防提供科学依据。

（一）事故的特征

（1）危险性：任何事故都会一定程度上给个人、集体和社会带来身体、经济和社会效益方面的损失和危害，威胁企业的生存和影响社会的安定。

（2）意外性：从主观愿望来说，人们都不愿意发生事故，而事故往往发生在人们意想不到的地点和时刻。

（3）紧急性：不少事故从发生到结束的速度很快，允许组织和个人做出反应的时间很短，这就要求人们平时要研究、了解预防对策和紧急对策，届时做出正确的决策，尽量降低事故的损失。

（二）事故发展的四阶段

（1）事故的孕育阶段：由事故基础原因所致，如社会历史原因、技术教育原因、设备在设计和制造过程中存在缺陷，使其先天潜伏着危险性，潜在危险不一定成为事故，它需要诱发因素。根据事故特点，这一阶段是消灭事故最好时机，可以将事故消灭在萌芽状态之中。

（2）事故的成长阶段：由于人的不安全行为或物的不安全状态，再加上管理的失误或缺陷，促使事故隐患的增长，系统危险性增大，是事故发生的前提条件，这一阶段事故危险性已有征兆，一旦被激发因素作用，将会发生事故。

（3）事故的爆发阶段：这一阶段必然会对人或物造成伤害或损失，事故发生已不可挽回，具有意外性和紧急性的特点，事故损失跟偶然因素有关。

（4）事故的持续阶段：事故造成后果仍然存在的阶段，持续时间越长，所造成的危害就越大，要消除后果，需要花费较大的力量。

（三）事故构成要素分析

（1）人要素：人在生产过程中忽视和违反安全规程、误操作等不安全行为。

（2）物要素：设备、仪器、工具、原料、燃料等生产资料处于不安全状态。

（3）环境要素：自然环境、生产环境和社会环境对人的精神、情绪和生理状况的影响，其可导致人出现不安全行为和物的不安全状态。

（4）管理要素：由于管理上缺陷或失误，可导致技术设计缺陷、对操作者不良教育、劳动组织不合理、缺乏现场的合理指挥、没有严格有效执行安全标准和规范等现象出现。

（四）事故致因理论

1. 海因里希事故因果连锁论

事故因果连锁理论最早由海因里希（Heinrich）提出，又称为海因里希模型或多米诺骨牌理论。该理论的核心思想是：伤亡事故的发生不是一个孤立的事件，而是一系列原因事件相继发生的结果，即伤害与各原因相互之间具有连锁关系。

海因里希提出事故因果连锁论，用来阐明导致伤害事故各种原因因素及与伤害间关系，认为人的不安全行为和物的不安全状态是事故发生的直接原因，伤亡事故是由于 5 个因素（社会环境、人的过失、不安全行为或物的不安全状态、事故、伤亡）按顺序发展的结果，如多米诺骨牌一样发生连锁反应。如果移去一张骨牌（不安全行为），则伤害不会发生，如图 12-1 所示。

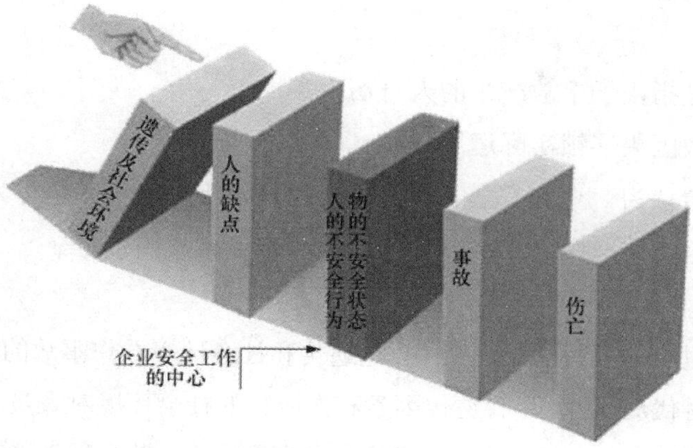

图 12-1　海因里希事故因果连锁论图例

（1）事故的因果连锁：

①人员伤亡的发生是事故的结果；

②事故发生是由于人的不安全行为和物的不安全状态造成的；

③人的不安全行为或物的不安全状态是由于人的缺点造成的；

④人的缺点是由不良社会环境诱发，或者是由于先天的遗传因素造成的。

（2）构成事故的 5 个因素：

①遗传及社会环境。

遗传因素可能造成鲁莽、固执的性格；社会环境因素可能妨碍教育、助长性格上的缺点发展。

②人的缺点。

人的缺点，是指先天的缺点有鲁莽、固执、过激、神经质、轻率等，后天的缺点有缺乏安全生产知识和技能等。

③人的不安全行为或物的不安全状态。

人的不安全行为成物的不安全状态，是指那些曾经引起事故或可能引起事故的人的行为或机械、物质的状态。

④事故。

事故，是指由于物体、物质、人或放射线的作用或反作用，使人员受到伤害或可能受到伤害的、出乎意外的、失去控制的事件。

⑤伤害。

伤害，是指由于事故产生的人身伤害。

（3）事故因果连锁实际运用。

海因里希认为，企业安全工作的中心就是防止人的不安全行为，消除机械等物的不安全状态，中断事故连锁的进程而避免事故的发生。

2. 博德事故因果连锁理论

在海因里希的事故因果连锁中，把遗传和社会环境看作事故的根本原因，表现出了它的时代局限性。尽管遗传因素和人成长的社会环境对人员的行为有一定的影响，却不是影响人员行为的主要因素。在企业中，若管理者能充分发挥管理控制技能，则可以有效控制人的不安全行为、物的不安全状态。博德（Frank Brind）在海因里希事故因果连锁理论的基础上，提出了与现代安全观点更加吻合的事故因果连锁理论，如图 12-2 所示。

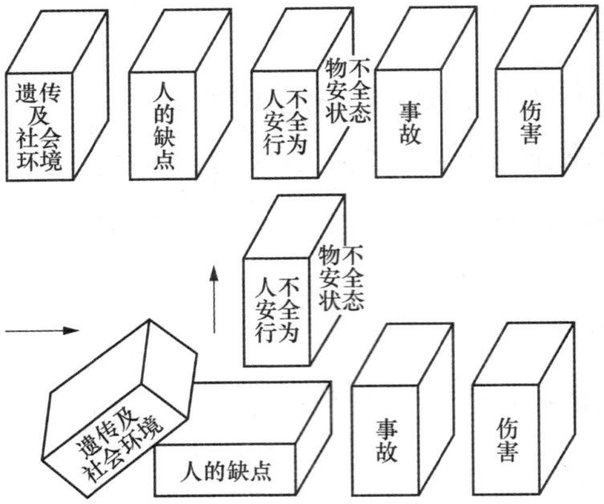

图 12-2 博德事故因果连锁理论图例

强调管理因素作为背后的原因，在事故中的重要作用，人的不安全行为或物的不安全状态是工业事故的直接原因，必须追究；但是它们只不过是其背后深层原因的征兆，是管理上缺陷的反映，只有找出深层的背后的原因，改进企业安全管理，才能有效地防止事故。

（1）控制不足——管理。

现代事故因果连锁中一个最重要的因素是安全管理。安全管理人员应该充分理解，他们的工作要以得到广泛承认的企业管理原则为基础。即安全管理者应该懂得管理的基本理论和原则。控制是管理机制（计划、组织、指导、协调及控制）中的一种机能。安全管理中的控制是指损失控制，包括人的不安全行为、物的不安全状态的控制。它就是安全管理工作的核心。

（2）基本原因——起源论。

为了从根本上预防事故，必须查明事故的基本原因，并针对查明的基本原因采取对策。基本原因包括个人原因和工作条件的原因。个人原因包括缺乏知识或技能、动机不正确、身体上或精力上的问题。工作条件的原因包括操作规程不合适，设备、材料不合格，施工环境差等因素。只有找出这些基本原因，才能有效地减少事故的发生。

（3）直接原因——征兆。

不安全行为或不安全状态是事故的直接原因，这一直是最重要的、必须加以追究的原因。但是，直接原因不过是像基本原因那样，是深层原因的征兆一种表面的现象。在实际工作中，如果只抓住作为表面现象的直接原因而不追究其背后隐藏的深层原因，就永远不能从源头上杜绝事故的发生。

（4）事故——接触。

从实用的目的出发，往往把事故定义为最终导致人员伤亡，财物的损失，不希望发生的事件。但是，越来越多的安全专业人员从能量的观点把事故看作人的身体或构筑物，即设备与超过其最大值的能量的接触；或人体与妨碍正常生理活动的物质接触。于是，防止事故就是防止接触。为了防止接触，可以通过改进装置，材料及设施防止能量释放；通过训练提高工人识别危险的能力，佩戴个人保护用品等来实现。

（5）伤害——损坏——损失。

伤害包括工伤、职业病及对人员精神、神经等方面全身性的不利影响。人员伤害及财产损坏统称为损失。在许多情况下，采取恰当的措施，使事故造成的损失最大限度地减少，比如，对受伤人员进行正确地迅速抢救等。

总之，如果我们把人的不安全行为与物的不安全状态统称为现场失误；把企业领导和安全工作人员的管理欠缺统称为管理失误。那么，现代事故因果连锁理论的核心就在于对现场失误的背后原因进行了深入的研究，现场失误是由管理失误造成的。

3. 亚当斯事故因果连锁理论

亚当斯（Edward Adams）提出了一种与博德事故因果连锁理论类似的因果

连锁模型。该理论中，把人的不安全行为和物的不安全状态称作现场失误，其目的在于提醒人们注意不安全行为和不安全状态的性质。

亚当斯理论的核心在于对现场失误的背后原因进行了深入的研究。操作者的不安全行为及生产作业中的不安全状态等现场失误，是由于企业负责人和安全管理人员的管理失误造成的。管理人员在管理工作中的差错或疏忽、企业负责人的决策失误，对企业经营管理及安全工作具有决定性的影响。管理失误又由企业管理体系中的问题所导致。

现代因果连锁理论把考察的范围局限在企业内部，用以指导企业的安全工作。实际上，工业伤害事故发生的原因是很复杂的，一个国家、地区的政治、经济、文化、科技发展水平等诸多社会因素，对伤害事故的发生和预防有着重要的影响。解决这些基础原因因素，已经超出了企业安全工作，甚至安全学科的研究范围。但是，充分认识这些原因因素，综合利用可能的科学技术、管理手段，改善间接原因因素，达到预防伤害事故的目的，却是非常重要的。

4. 能量意外释放理论

该理论最早由吉布森（Gibson）于 1961 年提出，认为事故是一种不正常的或不希望的能量释放，各种形式的能量是构成伤害的直接原因。因此，应该通过控制能量或控制作为能量达及人体媒介的能量载体来预防伤害事故。1966 年由哈登（Haddon）进一步完善了能量意外释放理论，他认为："生物体（人）受伤害的原因只能是某种能量的转移。"此外，他还提出伤害分为两类，第一类伤害是由于施加了超过局部或全身性损伤阈值的能量引起的；第二类是由于影响了局部的或全身性的能量交换引起的，主要指中毒窒息和冻伤。哈登认为，在一定条件下某种形式的能量能否产生伤害，造成人员伤亡事故，取决于能量大小、接触能量时间长短和频率及力的集中程度。根据能量意外释放，可以利用各种屏蔽来防止意外的能量转移，从而防止事故的发生。

（1）能量意外释放理论观点。

大多数伤亡事故都是因为过剩的能量，或干扰人体与外界正常能量交换的危险物质的意外释放而引起的。这种过量的能量或危险物质的释放，都是由于人的不安全行为或物的不安全状态所造成。即人的不安全行为或物的不安全状态使得能量或危险物质失去了控制，是能量或危险物质释放的导火线。各种形式的能量是构成伤害的直接原因。能量一般分为势能、动能、化学能、电能、原子能、辐射能、声能、生物能等。为了防止事故的发生，可以通过技术改进来防止能量意外释放；通过教育、训练来提高员工识别危险的能力；通过佩戴个人防护用品来避免伤害。能量意外释放理论图例如图 12-3 所示。

能量转移致因理论

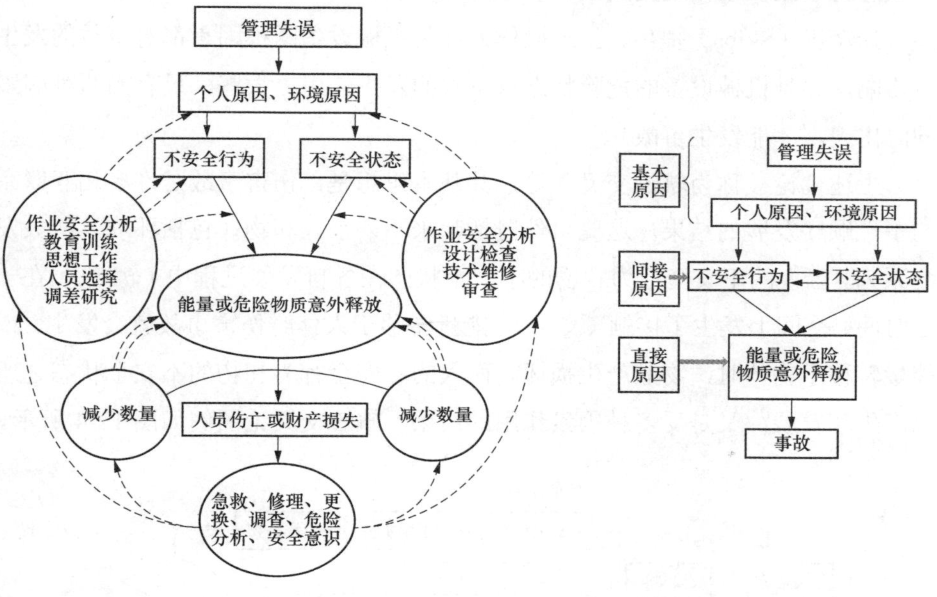

图 12-3　能量意外释放理论图例

（2）防止事故屏蔽措施。

①用安全的能源代替不安全的能源（如：用液动扳手代替电动扳手等）；

②限制能量（如：容器的安全阀等）；

③防止能量积蓄（如：建筑物的避雷装置等）；

④缓慢地释放能量（如：减压装置等）；

⑤设置屏蔽措施（如：设置安全围栏，安全网等）；

⑥在时间或空间上把能量与人隔离（如：将无损探伤安排在大部分施工人员下班后的中午或夜晚进行等）；

⑦信息形式屏蔽（如：挂安全警告牌等）。

5. 轨迹交叉论

约翰逊（W.G.Johnson）认为，判断到底是不安全行为还是不安全状态，受研究者主观因素的影响，取决于认识问题的深刻程度，许多人由于缺乏有关失误方面的知识，把由于人失误造成的不安全状态看作不安全行为。一起伤亡事故的发生，除了人的不安全行为之外，一定存在着某种不安全状态，并且不安全状态对事故发生作用更大些。

斯奇巴（Skiba）提出，生产操作人员与机械设备两种因素都对事故的发生有影响，并且机械设备的危险状态对事故的发生作用更大些，只有当两种因素同时出现，才能发生事故。

上述理论被称为轨迹交叉理论，其基本思想是：伤害事故是许多相互联系的事件顺序发展的结果。这些事件概括起来不外乎人和物（包括环境）两大发展系列。当人的不安全行为和物的不安全状态在各自发展过程中（轨迹），在一定时间、空间上发生了接触（交叉），能量转移于人体时伤害事故就会发生，或能量转移于物体时，物品产生损坏。而人的不安全行为和物的不安全状态之所以产生和发展，又是受多种因素作用的结果，轨迹交叉论图例如图 12-4 所示。

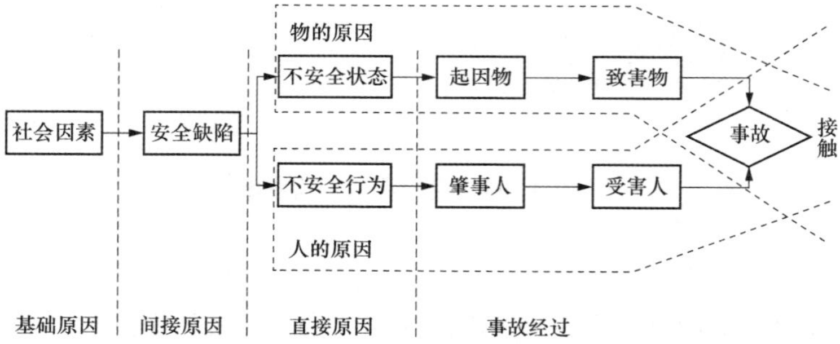

图 12-4　轨迹交叉论图例

（1）轨迹交叉理论观点。

一起事故的发生，除了人的不安全行为之外，一定存在着某种物的不安全状态，只有两种因素同时出现，才能发生事故。轨迹交叉论认为，在事故发展进程中，人的因素的运动轨迹与物的因素的运动轨迹的交点就是事故发生的时间和空间。或者说人的不安全行为和物的不安全状态发生于同一时间、同一空间，或者说两者相遇，则在此时间、空间发生事故。

（2）人的因素运动轨迹。

①遗传、社会环境或管理缺陷；

②人的不安全行为；

③由 a 原因造成心理上、生理上的弱点，安全意识薄弱，缺乏知识和技能；

（3）物的因素运动轨迹。

①设计、制造缺陷；

②使用、维护、保养过程中潜在的故障；

③物的不安全状态。

（4）实际运用的意义。

作为一种事故致因理论，强调人的因素和物的因素在事故致因中占有同样重要的地位。按照该理论，可以通过避免人与物两种状态同时出现来预防事故的发生。

二、安全事故预防与控制原理

1. 事故预防原理

防止事故，首先必须弄清事故发生和控制原理，即事故预防原理。所谓事故预防原理，主要是阐明事故是怎样发生的、为什么会发生，以及如何采取措施防止事故的理论体系。它以伤亡事故为研究对象，探讨事故致因因素及其相互关系、事故致因因素控制等方面的问题。在具体的事故预防工程技术对策中，一般要遵循如下技术性原理。

（1）消除潜在危险的原理。即在本质上消除事故隐患是理想的、积极的、进步的事故预防措施。其基本的做法是以新的系统、新的技术和工艺代替旧的不安全系统和工艺，从根本上消除事故发生的可能性。例如，用不可燃材料代替可燃材料；以导爆管技术代替导火索起爆方法；改进机器设备，消除人体操作对象和作业环境的危险因素，排除噪声、尘毒对人体的影响等，从本质上实现职业安全卫生。

（2）降低潜在危险因素数值的原理。即在系统危险不能根除的情况下，尽量地降低系统的危险程度，一旦系统发生事故，将使其所造成的后果严重程度最小。如手电钻工具采用双层绝缘措施；利用变压器降低回路电压；在高压容器中安装安全阀、泄压阀抑制危险发生等。

（3）冗余性原理。是指通过多重保险、后援系统等措施，提高系统的安全系数，增加安全余量。如在工业生产中降低额定功率；增加钢丝绳强度；飞机系统的双引擎；系统中增加备用装置或设备等措施。

（4）闭锁原理。在系统中通过一些元器件的机器联锁或电气互锁作为保证安全的条件。如冲压机械的安全互锁器，金属剪切机室安装出入门互锁装置，电路中的自动保安器等。

（5）能量屏障原理。在人、物与危险源之间设置屏障，防止意外能量作用到人体和物体上，以保证人和设备的安全。如建筑高空作业的安全网，反应堆的安全壳等，都起到了屏障作用。

（6）距离防护原理。当危险和有害因素的伤害作用随距离的增加而减弱时，应尽量使人与危险源距离远一些。噪声源、辐射源等危险因素可采用这一原则减小其危害。化工厂建在远离居民区、爆破作业时的危险距离控制，均是这方面的例子。

（7）时间防护原理。是指使人暴露于危险、在有害因素存在的地方停留的时间缩短到安全程度之内。如开采放射性矿物或进行有放射性物质参与的工作时，缩短工作时间；粉尘、毒气、噪声的安全指标随工作接触时间的增加而减少。

（8）薄弱环节原理。即在系统中设置薄弱环节，以最小的、局部的损失换取系统的总体安全。如电路中的熔断器、锅炉的熔栓、煤气发生炉的防爆膜、压力容器的泄压阀等。它们在危险情况出现之前就发生破坏，从而释放或阻断能量，以保证整个系统的安全。

（9）坚固性原理。这是与薄弱环节原则相反的一种对策。即通过增加系统强度来保证其安全性。如加大安全系数、提高结构强度等措施。

（10）个体防护原理。根据不同作业性质和条件配备相应的保护用品及用具。采取被动的措施，以减轻事故和灾害造成的伤害或损失。

（11）代替作业人员的原理。在不可能消除和控制危险、有害因素的条件下，以机器、机械手、自动控制器或机器人代替人的某些操作，防止危险和有害因素对人体的危害。

（12）警告和禁止信息原理。采用光、声、色或其他标志等作为传递组织和技术信息的目标，以保证安全。如宣传画、安全标志、板报警告等。

2. 事故控制原理

对于技术系统的管理，需要遵循如下一般控制原理：

（1）系统性原理。是指为了达到安全管理的目标，运用系统理论，对安全管理的对象进行充分的系统分析。系统理论具有目的性、整体性和层次性等主要特征。

（2）整分合原理。是指为了实现高效率管理，必须在整体规划下明确分工，在分工基础上进行有效的综合。在这个原理中，整体是前提，分工是关键，综合是保证。

（3）反馈原理。由控制系统把信息输送出去，又把其作用结果返送回来，并对信息的再输出发生影响，起到控制的作用，以达到预期的目的。原因产生结果，结果又构成新的原因、新的结果……反馈在原因和结果之间架起了桥梁。

（4）封闭原理。是指任何一个系统管理手段必须构成一个连续封闭的回路，才能实施有效的管理。作为领导职能的机构来说，执行机构必须确切无误地贯彻指挥中心的命令，为了保证这一点，应有监督机构；没有正确的执行，就没有正确的输出，也就没有正确的反馈，反馈原理就无法实现，领导就失去了活力。

（5）能级原理。按能量大小进行合理分级，使安全管理的内容动态地处于相应的能级之中。能级原理要遵循的三条原则：①管理能级必须按层次：经营层、管理层、执行层、操作层。②对不同的能级应表现出不同的权利、物质利益和精神荣誉。③各类能级必须动态地对应。

（6）人本原理。顾名思义就是以人为本的原理。它要求人们在管理活动中坚持一切以人为核心，以人的权利为根本，强调人的主观能动性，力求实现人的全面、自由发展。其实质就是充分肯定人在管理活动中的主体地位和作用。

（7）动力原理。管理必须有强大的动力。有效的企业管理是生产的持续发展的动力，是物质动力、精神动力和信息动力的综合运用。

（8）弹性原理。是指管理必须要有很强的适应性和灵活性，用以适应系统外部环境和内部条件千变万化的形势，实现灵活管理。

（9）安全目标管理原理。是指企业内部各个部门、每个人，从上到下围绕企业安全生产的总目标，制定各自的目标，确定行动方针，安排工作进度，有效地组织实现，并对成果严格考核的一种管理制度。安全目标管理是参与管理的一种形式，是根据工作目标来控制企业安全生产的一种民主的、科学有效的管理方法。

第二节　安全事故预防对策

按事故预防对策等级顺序的要求，设计时应遵循以下具体原则：

（1）消除。通过合理的设计和科学的管理，尽可能从根本上消除危险、危害因素；如采用无害工艺技术、生产中以无害物质代替危害物质、实现自动化作业、遥控技术等；

（2）预防。当消除危险、危害因素有困难时，可采取预防性技术措施，预防危险、危害发生，如使用安全阀、安全屏护、漏电保护装置、安全电压、熔断器、防爆膜、事故排风装置等；

（3）减弱。在无法消除危险、危害因素和难以预防的情况下，可采取减少危险、危害的措施，如局部通风排毒装置、生产中以低毒性物质代替高毒性物质、降温措施、避雷装置、消除静电装置、减振装置、消声装置等；

（4）隔离。在无法消除、预防、减弱危险、危害的情况下，应将人员与危险、危害因素隔开，将不能共存的物质分开，如遥控作业、安全罩、防护屏、隔离操作室、安全距离、事故发生时的自救装置（如防毒服、各类防护面具）等；

（5）连锁。当操作者失误或设备运行一旦达到危险状态时，应通过连锁装置终止危险、危害发生；

（6）警告。在易发生故障和危险性较大的地方，配置醒目的安全色、安全标志；必要时，设置声、光或声光组合报警装置。

第三节　安全事故预防的三大基本措施

根据伤亡事故致因理论及大量事故原因分析结果显示，事故发生主要是由于设备或装置上缺乏安全技术措施，治理上有缺陷和教育不够三个方面原因而引起。因此，必须从技术、教育、治理三个方面采取措施，并将三者有机结合，综合利用，才能有效地预防和控制事故的发生。

1. 安全技术措施

安全技术措施包括预防事故发生和减少事故损失两个方面，这些措施归纳起来主要有以下几类：

（1）减少潜伏危险因素。在新工艺、新产品的开发时，尽量避免使用危险的物质、危险工艺和危险设备。例如在开发新产品时，尽可能用不燃和难燃的物质代替可燃物质。用无毒或低毒物质代替有毒物质，生产中如没有易燃、易爆和有毒物质，发生火灾、爆炸、中毒事故就失去了基础。因此，这是预防事故的根本措施。

（2）降低潜伏危险性的程度。潜伏危险性往往达到一定的程度或强度才能施害，通过一些措施降低它的程度，使之处在安全范围以内，就能防止事故发生。比如，作业环境中存在有毒气体，可安装透风设施，降低有害气体浓度，使之达到标准值以下，就不会影响人身安全和健康。

（3）联锁。就是当出现危险状态时，强制某些元件相互作用，以保证安全操纵。例如，当检测仪表显示出工艺参数达到危险值，与之相连的控制元件就会自动封闭或调节系统，使之处于正常状态或安全停车。目前联锁的应用也越来越多，这是一种很重的安全防护装置，可有效地防止人的误操纵。

（4）隔离操纵或远间隔操纵。由事故致因理论得知，伤亡事故发生必须是人与施害物相互接触。假如将两者隔离开来或者有一定间隔，就会避免人身事故的发生或减弱对人体的危害。提高自动化生产程度，设置隔离屏障，防止职员接触危险物质和危险部位都属于这方面措施。

（5）设置薄弱环节。在设备和装置上安装薄弱元件，当危险因素达到危险值之前这个地方预先破坏，将能量开释，保证安全。例如，在压力容器上安装安全阀或爆破膜、在电气设备上安装熔断器等。

（6）坚固或加强。有时为了提高设备的安全程度，可增加安全系数，加大安全裕度，保证足够的结构强度。

（7）警告牌示和信号装置。警告可以提醒人们留意，及时发现危险因素或部位，以便及时采取措施，防止事故发生。警告牌示是利用人们的视觉引起留意；警告信号则可利用听觉引起注意。目前应用比较多的可燃气体、有毒气体检测报警仪，既有光也有声，可以从视觉和听觉两个方面提醒人们留意。

（8）封闭。就是危险物质和危险能量局限在一定范围之内，可有效预防事故发生或减少事故损失。例如，使用易燃易爆、有毒有害物质，把它们密闭在容器、管道里边，不与空气、火源及人体接触，就不会发生火灾爆炸和中毒事故。将轻易发生爆炸的设备用防爆墙围起来，一旦爆炸，破坏能量不至波及四周的人和设备。

随着科学技术的发展，还会开发出新的、更加先进的安全防护技术措施，要在充分辨识危险性的基础上，具体选用。

2. 安全教育措施

安全教育是对企业各级领导、治理职员及操纵工人进行安全思想教育和安全技术知识教育。

安全思想教育的内容包括国家有关安全生产、劳动保护的方针政策及法规法纪。通过教育提高各级领导和广大员工的安全意识及法制观念，牢固树立安全第一的思想，自觉贯彻执行各项劳动保护法规政策，增强保护人、保护生产力的责任感。

安全技术知识教育包括一般生产技术知识、一般安全技术知识和专业安全生产技术知识的教育，安全技术知识寓于生产技术知识之中，在对员工进行安全教育时必须把二者结合起来。一般生产技术知识包含企业的基本概况、生产工艺流程、作业方法、设备性能及产品的质量和规格。一般安全技术知识教育含各种原料、产品的危险危害特性、生产过程中可能出现的危险因素、形成事故的规律、安全防护的基本措施和有毒有害的防治方法、异常情况下的紧急处理方案、事故时的紧急救护和自救措施等。专业安全技术知识教育是针对特别工种所进行的专门教育，比如，锅炉、压力容器、电气、焊接、化学危险品的治理、防尘防毒等专门安全技术知识的培训教育。安全技术知识的教育应做到应知应会，不仅要懂得方法原理，还要学会熟练操纵和正确使用各类防护用品、消防器材及其他防护设施。

3. 安全治理措施

安全治理是通过制定和监视实施有关安全法令、规程、规范、标准和规章制度等，规范人们在生产活动中的行为准则，使有劳动保护工作有法可依，有章可循，用法制手段保护员工在劳动中的安全和健康。

技术措施是进步工艺过程、机械设备的本质安全性，即当人出现操纵失误，其本身的安全防护系统能自动调节和处理，以保护设备和人身的安全，所以，它是预防事故最基本的措施。安全治理是保证人们按照一定的方式从事工作，并为采取安全技术措施提供依据和方案，同时还要对安全防护设施加强维护保养，保证性能正常；否则，再先进的安全技术措施也不能发挥有效作用。安全教育是提高人们安全素质，把握安全技术知识、操纵技能和安全治理方法的手段。没有安全教育就谈不上采取安全技术措施和安全治理措施。所以，技术、教育、治理三个方面措施是相辅相成的。必须同时进行，缺一不可。技术措施（Engineering）、教育措施（Education）、治理措施（Enforcement），又称为“三E”措施，是防止事故的三根支柱。

第四节 突发事件应急管理

灵敏、高效的应急救援体系是提高应对安全生产事故能力的保证。一个企业必须具备完善的应急体系，才能保证在事故发生时，通过应急体系各个组成部分的快速反应、准确地启动相应的预案，使应急资源发挥其最大化功效，有效预防和降低突发事故的损失和影响程度。加强事故应急体系的建设，企业要在事故应急救援组织体系、应急救援预案体系等方面下大功夫，当前，多数企业安全生产事故的发生充分暴露出处置先期突发事件的能力不强、各级应急组织体系尚不健全、大部分应急救援预案针对性差、企地预案衔接不紧密、应急救援队伍建设和装备设施缺乏、区域性应急救援联动机制没有建立，员工缺乏必要的应急救援知识等问题，应急管理工作还不能完全适应企业持续稳定健康发展的需要。因此，加强应急管理工作，强化对各类突发事件的预防、处置、恢复重建等各项工作显得十分迫切和必要。企业必须增强忧患意识，未雨绸缪，居安思危，更加重视加快建立统一指挥、功能齐全、反应灵敏、运转高效的突发事件应急机制，更加重视加强应急管理工作，为企业实现持续、有效、较快协调发展提供一个稳定、安全的有利环境。

（一）突发事件的定义

（1）含义：可被广义地理解为突然发生的事情。第一层的含义是事件发生、发展的速度很快，出乎意料；第二层的含义是事件难以应对，必须采取非常规方法来处理。

（2）分类：按照社会危害程度、影响范围等因素，分为自然灾害、事故灾难、公共卫生事件。

（3）突发事件预警级别：一般依据突发事件可能造成的危害程度、波及范围、影响力大小、人员及财产损失等情况，由高到低划分为特别重大（Ⅰ级）、重大（Ⅱ级）、较大（Ⅲ级）、一般（Ⅳ级）四个级别，并依次采用红色、橙色、黄色、蓝色来加以表示。

（4）突发事件的特点：突发性、紧迫性、不确定性、损害性、蔓延性。

（二）突发事件应急管理

（1）应急管理定义：是对应于特重大事故灾害的危险问题提出的。应急管理是指政府及其他公共机构在突发事件的事前预防、事发应对、事中处置和善后管理过程中，通过建立必要的应对机制，采取一系列必要措施，保障公众生命和财产安全，促进社会和谐健康发展的有关活动。

（2）应急管理方针："坚持预防和应急并重，常态和非常态结合"是应急管理的方针。预防在应急管理中有着重要的地位。先哲们在总结历史经验的基础上，提出了许多精辟的思想。《诗经》里有"未雨绸缪"的告诫；《周易》中有"安而不忘危，存而不忘亡，治而不忘乱"的思想；《左传》里有"居安思危，思则有备"的警句。《孙子兵法》讲得更明白：认为"百战百胜，非善之善也，不战而屈人之兵，善之善也"。所以孙子提出："上兵伐谋，其次伐交，其次伐兵，其下攻城，攻城者，不得已而为之。"

应急管理也是同样的道理，最理想的境界是少发生、不发生突发事件，不得已发生了，就要有力、有序、有效地加以处置。做到平时重预防，事发少损失，坚持和贯彻好这个方针是十分重要的。

（3）应急管理原则：国家突发公共事件总体应急预案提出了六项工作原则，

即：以人为本，减少危害；居安思危，预防为主；统一领导，分级负责；依法规范，加强管理；快速反应，协调应对；依靠科技，提高素质。

（4）应急管理内容：应急管理工作内容概括起来叫作“一案三制”。

“一案”是指应急预案，就是根据发生和可能发生的突发事件，事先研究制订的应对计划和方案。应急预案包括各级政府总体预案、专项预案和部门预案，以及基层单位的预案和大型活动的单项预案。“三制”是指应急工作的管理体制、运行机制和法制。

（三）突发事件应急预案管理

主要的要点如下：

（1）建立安全事故防范与紧急救援及预案安全培训计划；

（2）建立安全紧急疏散图并张贴；

（3）对公司安全事故防范与紧急救援及预案设施定期检查并记录；

（4）定期组织安全事故防范与紧急救援及预案演习；

（5）对安全事故防范与紧急救援及预案演习过程进行指导；

（6）对安全事故防范与紧急救援及预案演习结果进行评估；

（7）对安全事故防范与紧急救援及预案演习情况进行记录并宣传。

（四）应急处置的基本原则

一是安全第一，以人为本。应急处置最重要原则是保证人的安全。坚持以人为本，就是在任何情况下都要确保人的生命安全和健康。在应急救援过程中，最优先的目标和最重要的举措都要首先保证人身安全。

二是早期预警，有备无患。早期预警具有两个功能，第一，防止事件发生，在事故即将形成或没有爆发之前，采取应变措施防范和阻止由预警期进入应急响应期；第二，事故发生和扩大蔓延之前，通过预警期的活动能迅速提高警备级别，动员准备力量，加强应急处置能力，把事故控制在应急预案所策划的特定类型或指定区域，确保事故在演化成危机前进入恢复期。另外在应急救援过程中，一旦发现异常情况或出现危险迹象，要立即发出预警信号采取应变措施。

三是第一响应，快速处置。第一响应是应急管理的基本原则。事故一旦发生，时间就是生命，应急响应速度与事故后果的严重度密切相关。分析表明，对事故受害人早期的抢险救治对保障生命、减轻伤害具有决定性意义。若在敏感期处理不够及时，可能会使事件性质发生扩大和激变。因此，在事故发生后，必须在极短的时间内就地做出应急反应，在造成严重后果之前采取有效防护。

四是统一指挥，协调指挥。应急指挥在组织结构上可分为多种形式，但无论采用哪一类指挥系统都必须实行统一指挥的原则，无论涉及应急救援活动单位的行政级别和隶属关系如何不同，都必须服从应急指挥部的统一指挥协调，统一号令，步调一致，令行禁止；应急指挥最基本功能就是统一协调执行应急救援任务各单位之间的活动，使各参与单位既能充分发挥自己的作用，又能相互配合，提高整体效能。一般情况下，在同一时间、地区执行应急任务的各专业队伍都应紧密配合执行主要任务的队伍行动；尤其是在跨行业、跨领域、跨地区乃至跨国界的重大事故灾难中，更应强调在一个共同的指挥系统内实现高度统一的协调指挥。

五是属地为主，资源共享。在早期，各国应急管理体系基本上依托行政管理体制的树枝样结构。多年后，由于这种树状组织体系机构过于繁杂，难以应对紧急状态，所以，近年来，一些工业化国家逐渐开始在应急管理工作中采用扁平化网状管理结构。这种结构主要由节点、节点之间连线和点线联结后形成的网格组成。在特别重大事故的应急管理中，有些事故灾难的影响可能跨越几个地区，涉及众多部门，仍然要在应急管理中坚持属地为主和资源共享原则。

六是控制局面，防止危机。危机是指对事件的失控，到了危机的时候也可以恢复正常状态，但那时造成的破坏力和损失就很大了，所以，在这种情况下要通过政府处理危机的能力在最早的阶段恢复正常状态。另外就是反馈的作用，反馈就是调控，调控时反馈分正反馈和负反馈。

第五节 安全事故调查处理

事故发生后的认真检查，确定起因，明确责任，并采取措施避免事故的再次发生，这一过程即为“事故调查”（Accident Investigation）。事故调查处理应当按照科学严谨、依法依规、实事求是、注重实效的原则，及时、准确地查清事故原因，查明事故性质和责任，总结事故教训，提出整改措施，并对事故责任者提出处理意见。事故调查报告应当依法及时向社会公布。事故调查和处理的具体办法由国务院制定。

科学、务实的事故调查处理是弄清事实真相，建立正常的生产秩序的依据。事故的调查处理是企业安全生产工作中的一项重要内容，企业在调查处理或配合政府部门调查处理事故的调查工作中必须坚持实事求是、尊重科学的原则，讲究调查的方式方法，充分调动各方面参与事故处理的积极性，使受害人、见证人和肇事人等由“要我说”变成“我要说”，克服各种干扰因素，在充分调查弄清事实真相的同时，更要注重教训的吸取、防范措施的制定落实，达到标本兼治的目的，安全生产事故的调查处理涉及面很广，对企业影响很大，事故固然可怕，更可怕的是糊涂处理、不思悔改，在新形势下，企业要及时研究在事故调查处理中出现的新问题，不断改进对事故调查处理的方法，使坏事真正转变为好事，达到调查处理事故的真正目的。

（一）事故调查的主要依据

《中华人民共和国安全生产法》第八十条 生产经营单位发生生产安全事故后，事故现场有关人员应当立即报告本单位负责人。单位负责人接到事故报告后，应当迅速采取有效措施，组织抢救，防止事故扩大，减少人员伤亡和财产损失，并按照国家有关规定立即如实报告当地负有安全生产监督管理职责的部门，不得隐瞒不报、谎报或者迟报，不得故意破坏事故现场、毁灭有关证据。

第八十一条 负有安全生产监督管理职责的部门接到事故报告后，应当立即按照国家有关规定上报事故情况。负有安全生产监督管理职责的部门和有关地方人民政府对事故情况不得隐瞒不报、谎报或者迟报。

第八十二条 有关地方人民政府和负有安全生产监督管理职责的部门的负责人接到生产安全事故报告后，应当按照生产安全事故应急救援预案的要求立即赶到事故现场，组织事故抢救。参与事故抢救的部门和单位应当服从统一指挥，加强协同联动，采取有效的应急救援措施，并根据事故救援的需要采取警戒、疏散等措施，防止事故扩大和次生灾害的发生，减少人员伤亡和财产损失。事故抢救过程中应当采取必要措施，避免或者减少对环境造成的危害。任何单位和个人都应当支持、配合事故抢救，并提供一切便利条件。

第八十三条 事故调查处理应当按照科学严谨、依法依规、实事求是、注重实效的原则，及时、准确地查清事故原因，查明事故性质和责任，总结事故教训，提出整改措施，并对事故责任者提出处理意见。事故调查报告应当依法及时向社会公布。事故调查和处理的具体办法由国务院制定。事故发生单位应当及时全面落实整改措施，负有安全生产监督管理职责的部门应当加强监督检查。

第八十四条 生产经营单位发生生产安全事故，经调查确定为责任事故的，除了应当查明事故单位的责任并依法予以追究外，还应当查明对安全生产的有关事项负有审查批准和监督职责的行政部门的责任，对有失职、渎职行为的，依照本法第八十七条的规定追究法律责任。

第八十五条 任何单位和个人不得阻挠和干涉对事故的依法调查处理。

第八十六条 县级以上地方各级人民政府安全生产监督管理部门应当定期统计分析本行政区域内发生生产安全事故的情况，并定期向社会公布。

（二）如何定义生产安全事故

搞清生产安全事故的概念，目的是为了明确我们对事故的管辖范围和方法。

1. 广义的生产安全事故

广义的生产安全事故是指生产经营单位在生产经营活动中。突然发生的伤害人身安全和健康或者损坏设备设施或造成经济损失、导致原生产经营活动暂时或永久终止的意外事件。它包括工矿商贸企业事故、企业员工伤亡事故、道路交通事故、水上交通事故、火灾事故、民航事故、铁路交通事故、农机事故、渔船捕捞事故等。

2. 工伤事故

国务院 75 号令企业员工伤亡事故中的工伤事故是这样定义的。企业员工在劳动过程中发生的人身伤害、急性中毒事故，工伤确定必须符合以下条件：①必须是企业。要有企业性质的工商执照，不包括个体工商户。②必须是企业员工。③必须是劳动过程中。④只能是人身伤害和急性中毒，只造成经济损失的不算。

3. 目前我们通常表述的生产安全事故

安全事故管理主要是依据《中华人民共和国安全生产法》和国务院 493 号令《生产安全事故报告和调查处理条例》界定。《中华人民共和国安全生产法》第 2 条规定：在中华人民共和国领域内从事生产经营活动的单位。（以下统称生产经营单位）的安全生产及其监督管理适用本法；有关法律、行政法规对消防安全和道路交通安全、铁路交通安全、水上交通安全、民用航空安全，以及核与辐射安全、特种设备安全另有规定的，分别适用其规定。国务院 493 号令明确了管辖生产经营活动中发生的造成人身伤亡或者直接经济损失的生产安全事故。它对发生事故的主体没有明确规定，对造成伤害的对象不确定。

所以生产安全事故的基本条件：必须具备生产经营单位的条件。最简单直接的判别依据，看他是否持有工商营业执照，没有工商营业执照的单位发生的事故一般情况下只做调查备案即可。

（三）事故调查模型

根据事故的特性可知，事故的原因和结果之间存在着某种规律，所以研究和预防事故，最重要的是找出事故发生的原因。通常认为，事故与原因是必然的关系，而事故与损失是偶然的关系。损失是事故的后果，造成事故的直接原因称为一次原因；造成事故直接原因的原因称为二次原因（间接原因）；造成间接原因的更深远原因称为基础原因（根原因）。这种因果继承关系如图 12-5 所示。

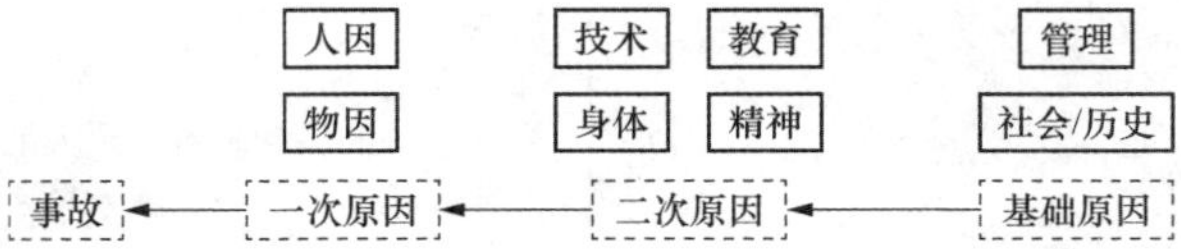

图 12-5　事故发生的因果继承关系

由上一节可以看出，事故根原因分析模型如图 12-6 所示，管理因素、个人因素、表面征兆、事故、损失形成了一条事故链，最终导致事故的发生和损失的后果。

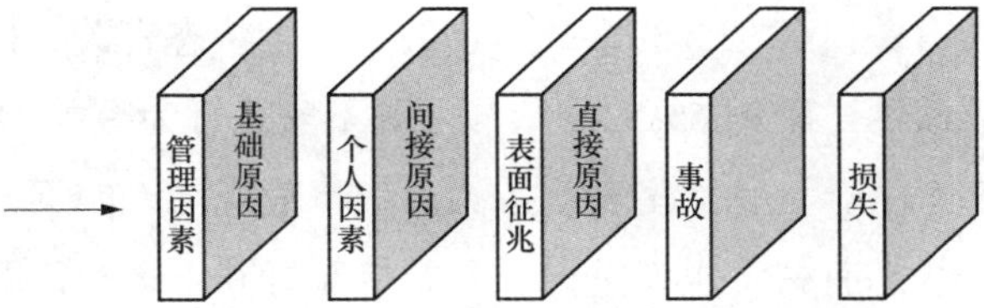

图 12-6　事故根原因分析的多米诺骨牌模型

1. 直接原因——表面征兆

事故的直接原因，即直接导致事故发生的原因，又称为一次原因。人的不安全行为或物（设备、工作环境）的不安全状态是事故的直接原因，前者属于主观因素，而后者则属于客观因素。这一直是最重要的、必须加以追究的原因。直接原因的类别如表 12-1 所示。但是，直接原因不过是某些更深层原因的外表征兆，是一种表面现象。如果只抓住直接原因而不追究其背后隐藏的深层原因，往往不能从根本上完全杜绝事故的发生。

表 12-1 直接原因的类别

人的不安全行为	物的不安全状态
未经授权操作设备 未经授权改变警示标志状态 忽视警告 违反规程、标准、规定操作 使用不安全的设备、工具 物体存放不当 不当的装载 在移动、运转的机器上工作 防护、安全措施无效 穿戴不符合标准的个人防护用品 个人防护用品使用不当 不安全装束 手代替工作操作 玩游戏或玩闹 有分散注意力行为 以不当的速度工作 设备、工具的使用不当 对易燃易爆危险品处理不当 不当处理、提升 造成安全装置失效 置身于不安全的位置 冒险进入危险场所	警告、信号不充分 有缺陷的保护、保险装置 “五防”闭锁失效和被退出 照明不足或过度 缺乏个人防护用品 防护用品有缺陷 材料、设施不符合标准 通风不足 有危害气体、液体过度稀释 有缺陷工具、设备 布局混乱 操作设备的设计不符合个人的习惯 操作设备的设计不匹配人体 工作环境不良 拥塞、受限 自然灾害 火灾和爆炸危险

据美国有关方面统计，每年全国休工 8 天以上的事故中，有 96%的事故与人的不安全行为有关，有 91%的事故与物的不安全状态有关。日本全国每年休工 4 天以上的事故中，有 94.5%的事故与人的不安全行为有关，83.5%的事故与物的不安全状态有关。这些数字表明，大多数事故既与人的不安全行为有关，也与物的不安全状态有关，也就是说，只要控制好其中之一，即人的不安全行

为或物的不安全状态中有一个不发生，或者使两者不同时发生，就能控制大多数事故，减少不必要的损失。这对于事故的预防与控制是非常重要的，因为控制两者和控制两者之一的代价是完全不一样的。

2. 间接原因——个人因素

事故的间接原因是指使事故的直接原因得以产生和存在的原因，主要是直接反映在人员身上的个人因素，是人产生不安全行为的内在或潜在的原因，如表 12-2 所示。

表 12-2　间接原因的类别

个人因素	注　解	个人因素	注　解
身体、生理因素	疾病 残疾 身体过度疲劳 酒醉、药物作用 缺乏就业前的体检 没有定期体检 体力不足	环境压力	身处高温、低温环境 空气不流畅而缺氧 气压变化 湿度变化 光线不足 恶劣天气 工作区间狭窄 人与危险源距离近 存在有毒气体 突发事件 操作因故被中断 工期紧 作业太复杂
精神、心理因素	胆小和恐惧症 精神疾患 怠慢、反抗、不满等不良态度 烦躁、紧张、兴奋、心不在焉等精神状态 偏狭、固执等性格缺陷 来自工作、家庭、社会的压力大 受到挫折、打击 面对重要的抉择而忧虑、担心 智力水平低 协调能力不足 反应速度慢 工作技能不足 记忆障碍 缺乏工作动力	技能、安全培训缺陷	岗前培训不充分 执行任务前的指导不充分 工作程序或设备更新后的培训不充分 危险点及其应对措施等安全培训部充分 培训与实操差距大 培训知识覆盖面不足 没有定期回顾培训内容

事实上，人的不安全行为或物的不安全状态并非孤立存在和发生。表 12-2 中所列举的人的因素的存在往往为导致人的不安全行为或物的不安全状态的发生埋下了伏笔。亚当斯（Edward Adams）认为操作者的不安全行为及生产作业

中的不安全状态等现场失误，是由于企业领导者及事故预防工作人员的管理失误造成的。因此，间接原因是直接原因的根源和原因，而基础原因又是间接原因的根源和原因。或者说，间接原因是基础原因的结果，而直接原因又是间接原因的结果。有些时候，直接原因可能是基础原因的直接结果。

3. 基础原因——安全管理失误

现代安全管理理念认为，所有的事故根源都在于安全管理的不完善或不到位，即缺乏控制。因此事故发生的根原因主要在于管理失误，也就是事故分析的最基础原因。安全管理中的控制是指损失控制，包括对人的不安全行为和物的不安全状态的控制，是安全管理工作的核心。控制是一个闭环的系统，如图 12-7 所示。大多数企业，由于各种原因，完全依靠工程技术上的改进来预防事故是不现实的，需要完善的安全管理工作，才能防止事故的发生。当然由于生产的不断发展和变化，十全十美的管理系统并不存在。如果安全管理上出现缺欠，就会导致事故基本原因的出现。

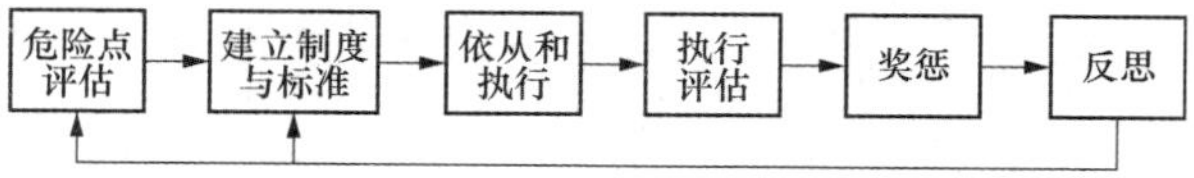

图 12-7　安全控制的闭环系统

利用事故根原因分析模型可以从事故的损失到事故过程再到直接原因、间接原因、基础原因，逐层深入地揭示事情的真相和问题的所在，这样得出来的整改措施将更具有说服力。首先从事故过程描述出发，分析触发事故发生的人的不安全行为和物的不安全状态，即直接原因；然后针对各项直接原因逐项挖掘人为因素，即间接原因；再分析使得现场人为因素产生的管理缺陷，即基础原因。根据各项基础原因逐项制订整改方案和措施。

原因分析模型和方法的特点是：

（1）事故的发生是一个链式反应（骨牌效应）。

（2）在完善的管理系统下人为因素是不足以引发事故的。

（3）事故的根源是管理系统的缺陷。

（4）致因分析旨在查找真相和原因，而不是为了认定责任。

骨牌效应要阻止事故链发生，只要抽掉前面三块牌（基础原因、间接原因和直接原因）的任何一块即可。换言之，事故防范就可以从以下三个层次来进行：

（1）避免直接原因的产生，也就是避免人的不安全行为发生和物的不安全状态存在。前者一般可以通过制定操作行为标准来指导，后者则有赖于技术的进步和管理的到位。

（2）避免间接原因的产生，也就是避免来自于人的生理、心理、工作环境和培训等因素的影响。这方面需要经常加强培训和教育，完善安全文化的建设，更有赖于管理的完善。

（3）避免基础原因的产生，也就是要解决制度、程序、标准不充分，管理者工作不到位，培训缺陷，管理决策失误和工程、设备管理失误等方面的问题。显然，解决管理因素在事故防范中是最重要、最基本和最有效的。因此，事故的调查一定要追溯基础原因。

（四）事故调查组的组成

事故调查组的组成应当遵循精简、效能的原则。根据事故的具体情况，事故调查组由有关人民政府、安全生产监督管理部门、负有安全生产监督管理职责的有关部门、监察机关、公安机关及工会派人组成，并应当邀请人民检察院派人参加。事故调查组可以聘请有关专家参与调查。

事故调查组成员的基本条件：一是具有事故调查所需要的知识和专长，包括专业技术知识、法律知识等。二是与所调查的事故没有利害关系，主要是为了保证事故调查的公正性。

（五）开展事故调查

事故调查关键是要重证据，重第一手材料。因此调查组开展工作时应首先要查看事故现场，封存有关技术档案和记录，找当事人谈话做好笔录，根据需要复印有关材料，针对不同情况，对照有关法律、法规查找在制度建设上、管理工作上、生产技术和工艺上等存在的问题，举一反三反过来查找安全生产监督管理工作方面存在的问题，弥补缺陷，调整和完善国家有关法律法规，改进工作方法，强化监督管理，杜绝同类事故的发生。具体有以下几方面工作。

1. 现场处理

（1）事故发生后。应救护受伤害者采取措施制止事故蔓延扩大。

（2）认真保护事故现场。凡与事故有关的物体、痕迹、状态不得破坏。

（3）为抢救受伤害者需要移动现场某些物体时，必须做好现场标志。

2. 物证搜集

（1）现场物证包括：破损部件、碎片、残留物、致害物等。

（2）在现场搜集到的所有物件均应贴上标签，注明地点、时间、管理者。

（3）所有物件应保持原样，不准冲洗擦拭。

（4）对健康有危害的物品，应采取不损坏原始证据的安全防护措施。

3. 事故事实材料的搜集

（1）与事故鉴别、记录有关的材料。

1）发生事故的单位、地点、时间。

2）受害人和肇事者的姓名、性别、年龄、文化程度、职业、技术等级、工龄、本工种年龄、支付工资的形式。

3）受害人和肇事者的技术状况、接受安全教育情况。

4）出事当天受害人和肇事者什么时间开始工作、工作内容、工作量、作业程序、操作时的动作。

5）受害人和肇事者过去的事故记录。

（2）事故发生的有关事实。

1）事故发生前设备、设施等的性能和质量状况。

2）使用的材料，必要时进行物理性能和化学性能实验与分析。

3）有关设计和工艺方面的技术文件、工作指令和规章制度方面的资料及执行情况。

4）关于工作环境方面的状况。包括照明、湿度、温度、通风、声响、色彩度、道路、工作面状况及工作环境中的有毒、有害物质取样分析记录。

5）个人防护措施状况应注意它的有效性、质量、使用范围。

6）出事前受害人或肇事者的健康状况。

7）其他可能与事故致因有关的细节或因素。

4. 证人材料搜集

事故发生后，要尽快找被调查者搜集材料，对证人的口述材料，应认真考证其真实程度。

5. 现场摄影及绘图

（1）现实残骸和受害者原始存息地的所有照片。

（2）可能被清除或被践踏的痕迹如刹车痕迹、地面和建筑物的伤痕、火灾引起损害的照片、冒顶下落物的空间等。

（3）事故现场全貌。

（4）利用摄影或录像提供较完善的信息内容。

（5）必要时，绘出事故现场示意图、流程图、受害者位路图等。

6. 事故取证工作讲求方式方法

一般来说，事故取证工作要按照《行政处罚法》等规定的证据种类及时调取。要注意的是对容易缺失的证据要先安排取证。当然，事故取证工作中的一些方式方法值得注意和总结。

（六）坚持“四不放过”原则

1975 年 4 月 7 日《 国务院关于转发全国安全生产会议纪要的通知》“三不放过”，即：事故原因分析不清不放过，事故责任者和群众没有受到教育不放过，没有防范措施不放过。2004 年 2 月 17 日国务院办公厅文件《关于加强安全工作的紧急通知》〔2004〕7 号提出“ 四不放过”：对责任不落实，发生重特大事故的，要严格按照事故原因未查清不放过、责任人员未处理不放过、整改措施未落实不放过、有关人员未受到教育不放过的“四不放过”原则和《国务院关于特大安全事故行政责任追究的规定》（国务院令第 302 号），严肃追究有关领导和责任人的责任。

1. “四不放过”的内容

事故处理的“四不放过”原则是要求对安全生产工伤事故必须进行严肃认真地调查处理，接受教训，防止同类事故重复发生。国家对发生事故后的“四不放过”处理原则，其具体内容如下：

（1）事故原因未查清不放过。

（2）责任人员未处理不放过。

（3）责任人和群众未受教育不放过。

（4）整改措施未落实不放过。

2. “四不放过”的含义

“四不放过”原则的第一层含义是要求在调查处理伤亡事故时，首先要把事故原因分析清楚，找出导致事故发生的真正原因，不能敷衍了事，不能在尚未找到事故主要原因时就轻易下结论，也不能把次要原因当作真正原因，未找到真正原因绝不轻易放过，直至找到事故发生的真正原因，并搞清各因素之间的因果关系才算作达到事故原因分析的目的。

“四不放过”原则的第二层含义是安全事故责任追究制的具体体现，对事故责任者要严格按照安全事故责任追究规定和有关法律、法规的规定进行严肃处理。

“四不放过”原则的第三层含义是要求在调查处理工伤事故时，不能认为原因分析清楚了，有关人员也处理了，就算完成任务了，还必须使事故责任者和广大群众了解事故发生的原因及所造成的危害，并深刻认识到搞好安全生产的重要性，使大家从事故中吸取教训，在今后工作中更加重视安全工作。

“四不放过”原则的第四层含义是要求必须针对事故发生的原因，在对安全生产工伤事故进行严肃认真调查处理的同时，还必须提出防止相同或类似事故发生的、切实可行的预防措施，并督促事故发生单位加以实施。只有这样，才算达到了事故调查和处理的最终目的。

对安全工作责任不落实，发生重特大事故的，要严格按照“事故原因未查明不放过、责任人未处理不放过、有关人员未受到教育不放过、整改措施未落实不放过”的四不放过原则和《国务院关于特大安全事故行政责任追究的规定》（国务院令第302号），严肃追究有关领导和责任人的责任。

3. “四不放过”的原则和作用

“四不放过”原则的第一原则是首先要针对事故，认真分析，找出导致事故发生的真正原因，第二个原则是新增加的内容，突出对有关责任者进行严肃处理，这是落实国家对事故责任者追究的具体体现；第三个原则是不能认为分析清楚了原因，处理了有关人员就算完成事故处理了。还必须通过分析事故发生的原因和危害，使广大员工从中受到教育、吸取教训，进而提高认识，努力在实际工作中防止事故的发生；第四个原则是要针对事故发生的原因，不仅要制订出防止类似事故重复发生的预防措施，还要针对事故发生所暴露出的不安全因素进行彻底整改。只有这样，才能通过处理已发生的事故，收到预防事故重复发生的良好效果。

对于这“四不放过”，前三者是“事务性”的，而第四个则是“实质性”的；前三者是基础，第四者是关键；只有查清了事故原因、处理了责任者、落实了整改措施，才能真正吸取教训。然而，当前往往是前三者做得比较好，而忽视了对教训的吸取。

“四不放过”，不能只停留在口头上，而是应该有具体的、实实在在的行动，不仅要做到查清原因、处理责任人、落实整改措施，更重要的是要深刻吸取教训，举一反三，做好安全生产的监管和预防工作。安全生产事故一旦发生，就会伴随着无辜生命的死亡，这样的教训有一次就够了，不要总是吸取，甚至是总不吸取。

4. 方法要求

（1）事故原因没有查清不放过。各单位学习事故通报时，没有针对相关人员的行为及设备、环境的安全状况进行分析，对照本单位安全管理、技术管理、制度落实方面是否存在问题，分析不清不放过。

（2）事故责任者没有严肃处理不放过。不进行一次假如发生这样的事故，对照事故调查处理的法律法规和公司安全生产奖惩制度，哪些岗位、哪些人员应该受到什么样的处理的大讨论不放过。

（3）员工没有受到教育不放过。没有本着举一反三的原则，该吸取教训受到教育的人没有吸取教训、受到教育不放过。

（4）防范措施没有落实不放过。针对本单位实际情况，结合事故单位的防范措施，没有制订本单位的防范措施，并将措施责任到人、落实到位不放过。

5. 具体的做法

（1）学习事故通报，各生产单位、班组都要按照“四不放过”的要求召开事故分析会。

（2）通过学习通报，对本单位相关对应人员行为、设备、环境、工艺的安全状况进行分析，对照安全管理、设备管理、技术管理、制度落实等方面进行自查，能解决的自行整改，需要上级部门协调解决的报相关管理部门备案，由相关管理部门协调责任部门整改。

（3）各职能部门按照“谁检查、谁签字、谁负责”的原则，对整改或防范措施落实情况进行抽查，发现落实不力者，按照安全管理制度追究单位安全第一责任人的责任。

（4）各班组及时总结教训及存在的问题，整治安全管理中的薄弱环节和突出问题，不断提高安全管理水平。

第十三章

展　　望

一、推进精益安全管理是保障施工安全的必由之路

在精益安全管理上，要以“最严、最细、最慎、最实”的工作标准，明确和细化安全生产责任，一个部门、一种管理方法的精益管理不是精益管理，只有企业所有部门、所有管理方法达到精益管理才是真正意义上的精益管理。

企业抓实精益安全管理可以达到零事故。精益安全管理就是要增强防控。视人的生命为企业安全管理的第一需要，如果没有高度负责的思想意识、没有落实到细节的控制措施，零事故也只能停留在口号的层面上，那如何防患于未然，确保零事故呢？那就是要狠抓管理，抓管理上的细小环节，哪怕是一个细小的环节和微妙行为动作；哪怕是一些芝麻大的小事情，都不能放过，确保安全就是要在细微上有所作为。安全工作必须天天检、月月查，现在很多工作任务都分解到了每一天，那么安全责任为什么不能分解到每一天？工作任务各不相同，但安全指标人人相同，那就是安全零事故。所以，笔者认为：员工每天要填写生产检查表，填写每天安全情况，这很有必要，这样可以不断提高作业人员的工作责任感，激发作业人员遵章守纪的自觉性，消除作业人员在安全生产上的麻痹大意思想和侥幸心理。安全工作很重要，零事故企业个个都想要，但仅有主观愿望、仅有宣传口号、仅有制度章程，没有控制到细节的管理、没有跟踪到分秒的执着和认真，愿望只能是愿望。所以制度、规程必须要遵守。

企业抓实精益安全管理可以达到零差错。精益安全管理就是要“眼小聚神”抓排查。按程序办事是减少差错的重要环节，而遵守岗位标准和流程规范是抓零差错的关键环节，安全工作程序性强，既要讲原则，更要关注细节、把握环节，把每一项工作做精、做细、做出特色，就要考虑到每一个细枝末节，养成精细的职业习惯和敢于负责的态度，这才是力争零差错的最有效手段。同时还要勇于向“这个不归我管，是那个部门的事，”“这不关我的事”“这事情不归我负责”“这个事你要去问……”“不是我的问题”“不是我的错”等类似的话语挑战，脚踏实地、兢兢业业地把工作做到位，切实负起责任，零差错就会“随波逐流”。所以，力求求精、力求求细是防止零差错的落脚点。

企业抓实精益安全管理可以达到零缺陷。精益安全管理就是要以科学严谨的管理追求零缺陷。在这个过程中，要达到零缺陷就必须要有良好的工作质量做保证，获取全员对工作质量的责任感，从而持续不断改进不易引起重视的风

险防范思维，把预防在先作为要点，去实施充分做好达到需求的各种准备，同时并利用各种方式、方法不断地排除各种忽视的心理障碍，最终去实现零缺陷这一目标。所以，达到或能做到“零缺陷”，还要有赖于学习、思维的转变、技能的提高，企业的安全管理不只是管理者的责任，而是企业每一个员工的责任，在安全的管理上，要积极将规范化、标准化引入实施精益安全管理过程中，把责任细化到每个人、落实到每一个环节，渗透到每一个接口的“缝隙”上，真正实施“管口前移”来把握安全工作主动权，在这个过程中要常常采取用“显微镜”去排查隐患、用“放大镜”去追查隐患、用“多棱镜”去细查隐患，形成横向到边、纵向到底的相互管控，一环紧扣一环，确保环环相扣，达到疏而不漏，使每一个员工明晰在安全这条链上，抓管理，一点一滴不放松；抓检查，细为在小不放过；抓整改，快速确保不拖延；抓落实，注重实效不怠慢，实实在在把管理控制手段的阀门关得更紧，形成闭合，以达到所需要的目标值。

企业抓实精益安全管理可以达到零延误。精益安全管理就是要发挥立竿见影的行动。安全管理工作要强调整治不安全因素的快速行动，这个行动就是与时间赛跑，去赢得时间，实施有效整治，就能赢得主动，就能避免问题的发生。如果延误了最佳时间的行动，抓而不紧、抓而不力、抓而不实，就会使问题有喘息的机会，就会使问题演变成不安全的因素，最后导致事故的发生。所以，以雷厉风行的工作作风，快马加鞭的落实行动，去深挖、破解、消除安全工作中不安全的“顽疾”。所以说，快的行动落脚点就是落实，抓落实，就是要解决问题和矛盾，确保处置能力“零延误”；抓落实，就是要脚踏实地务实工作，确保工作效率“零延误”；抓落实，就是要付诸行动真抓实干，确保快速响应“零延误”；抓落实，就是要快速行动抓出成效，确保全心工作“零延误”；抓落实，就是要自我加压用心工作，确保全力保障“零延误”。

二、推进管理创新和技术创新是确保施工安全的重要保障

随着我国城乡建设进程的加快，施工行业的发展规模也在不断扩大。在工程项目施工过程中，只有高效的施工管理才能对工程的安全给予保障，从而促进企业的健康发展。但是，有很多企业的施工管理模式较为落后，导致施工效率较低，不利于工程安全质量的提高，因此，近年来发生施工安全事故的概率不断上升。各施工企业管理层应对这一现象给予重视，充分认识到施工管理的

重要性，并不断对其进行完善与创新。当然，施工安全管理创新是一个较为漫长的过程，为了适应竞争力不断上升的市场经济发展，必须不断地对其进行改进才能寻找出适合企业发展的管理途径。

企业要积极推进建设领域本质安全管理。要在建设领域推行本质安全管理，切实提高企业和项目安全管理水平和本质安全度，预防安全事故的发生完善安全隐患排查治理和重大危险源管理机制。完善隐患排查治理机制、源头管理机制。建立重大危险源安全评估、申报、登记、建档和监控。

企业要运用“互联网+”技术推进施工安全信息化工程的建设，实现工程建设安全生产进行全过程的科学化、网络化、信息化监督管理。积极探索科学的施工安全管理方式，以安全信息追踪分析为基础，搭建信息管理平台，动态研判安全风险，有效提升安全管理规范化水平。运用“VR”等技术健全施工安全教育培训体系。

企业要积极推动施工行业安全科技水平的提高。施工行业仍然是劳动密集型产业，机械化程度比较低，这一点在资质较低的建筑企业和偏远地区尤为明显。现场施工危险作业岗位多，很多工作仍然高度依赖工人的体力劳动，这给作业工人生命安全带来不小的威胁。政府和业主要积极引导企业加大安全科技投入，开展建筑安全科技基础研究，改革现有施工工艺，大力推广机械化施工，提高机械化程度，减少危险性高的体力劳动，通过改善行业科技水平。开展工程建设的新工艺、新材料、新设备、新装置、防护技术、监测仪器仪表、防护用品器具、消防设施等研发。如大力发展装配式建筑，将高处作业变为地面作业，现场作业变为工厂作业，将隧道矿山钻爆法施工变为机械程度较高的盾构法和隧道施工机械挖掘法（TBM）施工等。

企业要积极探索施工安全事故防范创新体系建设。在施工内部组织机构和应急救援体系、技防措施、安全文化建设、现场管理等方面取得新突破。积极探索新形势下工程项目施工安全管理新思路。整合社会资源，充分发挥社会组织在施工安全预防中的积极作用，充分调动第三方力量积极参与安全管理。

政府和业主要大力推进企业诚信建设，建立承包商“黑、白名单”制度。建立信用信息共享机制、加大信息公开力度、建立守信激励和失信惩戒机制等工作。定期发布承包商“白名单”和“黑名单”。

三、合理确定精益安全实施路径是推行施工安全精益管理的重要条件

推进精益安全管理不可能一蹴而就，也没有现成的“标杆”。需要我们摸着石头过河，一步一个脚印，找到适合自身的管理方法。

首先，要革新观念，树立精益意识。只有企业的管理者与全体员工树立精益意识，企业才能有救地遏制浪费，达到生产过程和需求的均衡性，提高资金运用效率，增强竞争能力。

其次，加强对精益思维的学习与研究。精益思维是精益管理的核心，目前，我国许多基建企业对精益管理比较陌生，企业应运用精益管理方法，建立精益管理研究和示范中心，举办培训研讨班，灌输精益管理思维，让企业结合自身情况，按照精益思维原理进行改进和改造活动。

最后，是区别对待精益管理模式。精益管理不是企业管理活动的全部，它应与企业的其他管理活动相协调，同时，不同行业不同企业的客观环境不同，企业管理所适宜方法也不一致。精益管理只是生产管理的一种模式，具体实施要因地制宜。各企业要从其自身特点出发，建立适合自己行业甚至企业的精益管理模式。

实践证明，精益管理是一种先进的生产组织管理方式。追求完美是精益思想的精髓所在。企业学习借鉴精益思想一定要结合国情和企业的现状，先学习它的管理思想，转变观念，通过不断的实践、强化使得全体员工接受这些经营理念，逐步形成行为习惯。这样才真正理解精益管理的精髓。

后　　记

写作本书的动因，主因是本人对生活的一些探索，希望能为社会做些有益的事。次因是源于本人对从事工作的思考，希冀本人的一些工作经验和思考成果能够对广大从事工程安全管理的人员有所裨益。

本人1998年大学毕业即入职中央企业工作。从地级市、到省城，再到一线城市广州，时光匆匆，不知不觉就度过了自己最宝贵的青春岁月，慢慢步入不惑之年。随着年龄增长和阅历的增加，自己时常在思考一些问题，针对遇到的实际困难，也会提出自己浅薄的见解。耄耋之年的老母亲，时常在电话中叮嘱我好好工作，要有作为，能为社会多做实事、好事。妻子侯筱蓥女士一直以来尽心尽力支持我的工作，并时常鼓励我不断钻研，做行业的“专头”。还有就是我的专业团队，他们是我的良师益友，对我开展的施工安全管理研究给予了许多有益的帮助和支持，也对我提出了殷切的期望。

基于此，我把自己这些年工作的初步成果和对一些问题的思考进行了梳理，编撰成本书，奉献给社会各界同人，特别是奉献给从事工程项目施工安全管理的各级管理人员和作业人员，希望能对大家的工作具有借鉴意义。应该说，工程项目施工安全精益管理理念的提出是极具挑战性的，但同时也是提升现场施工安全管理水平的重大机遇。本人多年来一直勤学多思、一步一个脚印往前走，采取了许多措施推进工程项目施工安全精益管理，努力在安全精益管理山峰上不断攀登，期间亦有诸多酸甜苦辣和感悟。通过本人以往工作取得的施工安全管理绩效来看，书中阐述的许多措施是有效的，也具有较强的“复制”性。希望本书的出版，能够对促进我国的工程项目施工安全管理工作有所贡献。

“安”者，安定和谐也。家之安，则户纳千祥；国之安，则国运昌盛；宇之安，则万物和谐。也祝愿大家一切平安、一生平安。

作者：袁太平

2017年3月　于广州·天河·猎德花园

参 考 文 献

[1] 罗云. 现代安全管理[M]. 3 版. 北京：化学工业出版社，2016.

[2] 田水承，景国勋. 安全管理学[M]. 2 版. 北京：机械工业出版社，2016.

[3] 教育部高等学校安全工程学科教学指导委员会. 安全管理学[M]. 北京：中国劳动社会保障出版社，2012.

[4] 傅贵. 安全管理学：事故预防的行为控制方法[M]. 北京：科学出版社，2013.

[5] Marvin Rausand. 风险评估：理论、方法与应用[M]. 刘一骝，译.北京：清华大学出版社，2013.

[6] 姚根兴，李文霆. 安全管理一本通[M]. 广州：广东旅游出版社，2016.

[7] 陶永进. 丰田精益管理——生产事故防范(图解版)[M]. 北京：人民邮电出版社，2015.

[8] 刘学映，黄德力. 图解·安全作业精益化管理[M]. 北京：中国劳动社会保障出版社，2014.

[9] 祁有红，祁有金. 安全精细化管理：世界 500 强安全管理精要[M]. 北京：新华出版社，2009.

[10] 崔政斌，冯永发. 杜邦十大安全理念透视[M]. 北京：化学工业出版社，2013.

[11] 崔政斌，张美元，赵海波. 世界 500 强企业安全管理理念[M]. 北京：化学工业出版社，2015.